新 潮 文 庫

原子力政策研究会
100時間の極秘音源

—メルトダウンへの道—

NHK ETV 特集取材班 著

JN267641

はじめに

本書は、日本に原子力発電所の導入が検討され始めた1950年代前半から、東京電力福島第一原子力発電所がレベル7の炉心溶融事故を起こす2011年3月11日までの日本の原子力政策の歴史をたどったものである。

事故から半年後の9月、私たちは福島原発事故の原因を歴史的経緯の中に探ろうと試み、シリーズ原発事故への道程「前編　置き去りにされた慎重論」、「後編　そして〝安全神話〟は生まれた」という2本のドキュメンタリーを放送した。さらに翌12年6月に続編として「〝不滅〟のプロジェクト〜核燃料サイクルの道程〜」を制作。本書はこの3つの番組の取材記になっている。

東日本大震災がもたらした津波により福島第一原発の非常用電源は水没し、冷却機能を失った原子炉はメルトダウン。大量の放射能が放出され16万人の住民が避難を強いられた。私は事故直後に福島に入り、科学者とともに放射能汚染地図を作る番組を制作した。ゴーストタウンと化した福島の町や村をめぐりホットスポットを探し回ったのだが、高濃度の汚染地区が見つかる度に、人の営みを根こそぎにする放射能の猛威にたじろいだ。

第一原発の構内では原子炉や使用済み核燃料プールへの放水作戦が始まった。警視庁機動隊の高圧放水車も自衛隊のヘリコプターからの水まきも効果はなかった。起きるはずがないと言われてきた事故が起き、しかもその危機から人々を守る手立ては用意されていなかった。恐怖と失望のなかで、3・11までは揺るぎなかった「安全神話」は、たちまち「おとぎ話」に、さらに単なる「妄想」へと格下げされ、あっという間に崩れ去った。原発事故までのそもそもの歴史を振り返ってみようと考えたのはそのさなかだった。

なぜ安全神話は生まれたのか。

いつ、どのように作られたのか。

このような幻想が私たちの社会に蔓延《まんえん》したメカニズムを明らかにしたいと思った。それを探るには、日本で原子力発電の開発が始まった最初の時点にまで立ち戻り、福島の破局までの歴史をつぶさに検証してみる必要があった。

事故の後、原発に対する情緒的な反感とともに、国民の怒りや憎しみを集めていたのが「原子力ムラ」と呼ばれる人々だった。日本の原子力政策の中枢《ちゅうすう》を担《にな》った政治家、官僚、電力会社、メーカー、学者たちだ。安全神話の生みの親も彼らと目されていた。福島原発事故の破局を招いた当事者として彼らの責任はいうまでもなく重い。しかし「悪いのは全部、原子力ムラの奴《やつ》らだ」と断じていれば済む話でもないと思えた。原発事故の起きる直前、二酸化炭素を出さないクリーンなエネルギーとして原子力発電は再評価されていた。「原子力ルネサンス」のかけ声のもとに推進された新たな原発建設に対して国民からさしたる反対もなく、むしろ海外輸出を積極的に進めるべしという世論が主流であった。安全神話を、原子力ムラから一方的に押しつけられたといえるのだろうか。なにしろ私たちは原子力ムラの人々の事を、よく知らないのだ。

取材にあたったのは2011年6月にETV特集班に異動してきた松丸慶太（第Ⅰ部、第Ⅲ部執筆）と森下光泰（第Ⅱ部執筆）、二人の中堅ディレクターだった。松丸は広島放送局在籍中に原爆に関する番組を作り、核や放射能について豊富な取材蓄積があった。森下は大阪放送局で丹念な聞き取り調査によって近現代史の番組を作ってきた。大震災の現場取材に向かいたい気持ちを抑え、膨大な文書資料をコツコツ読み解くのは忍耐がいる。二人の粘り強さに託した。

　取材を始めて間もなく、松丸ディレクターが非常に価値のある資料を入手してきた。原子力ムラの人々が原子力政策の来《こ》し方行く末について語り合った１００時間を超える録音テープだった。１９８５年の初会合から94年まで９年間の会話が録音されていた。この資料が優れている点は２つある。ひとつは録音された時期と環境だ。福島原発事故が起きて以来、原子力発電を牽引《けんいん》してきた関係者は「物言えば唇寒し秋の風」とばかりに一様に口をつぐんだ。この会合は事故の前に開かれ、しかもメンバーだけの非公開だったからこそ、事実と本音が語られていた。もうひとつは、音声資料であることだ。声のニュアンスで、自信満々なのか、自嘲《じちょう》気味なのか、心のヒダに触れることができる。テレビドキュメンタリーでは肉声は素材として強い力を持つ。この得難い資料を軸にしながら、関係者の証言を補い、文書記録を丹念に掘り起こし、原子力ムラの舞台裏を描き出していった。

　原子力発電の導入を図った政治家や官僚、研究者たちが原発リスクをどのようにとらえていたのか。１９７０年代以降に巻き起こった反原発の潮流を彼らはどのように受け止め、どのように政策に反映させていったのか。スリーマイル島原発やチェルノブイリ原発での大事故は、日本での安全対策に影響を与えなかったのか。こうした疑問を解き明かしていくうちに、安全神話が作られた真相が次第に明らかになってきた。
書籍化にあたっては、録音テープやインタビューの肉声のニュアンスを出来るだけ忠実に伝えるため、発言は長めに引用し、言い淀《よど》みなどもそのまま書き起こしてある。彼らの生の声に耳を傾けながら、日本の原発の生々流転《せいせいるてん》を見つめていただければと思う。

NHK大型企画開発センター　チーフ・プロデューサー　増田　秀樹

目次

原子力政策研究会100時間の極秘音源

――メルトダウンへの道――

図版製作　ジェイ・マップ

序章　極秘の会合・島村原子力政策研究会

東京電力福島第一原子力発電所の事故が起きてから3カ月を経た2011年6月21日、私は、東京・新橋にある古ぼけた雑居ビルへ取材に向かっていた。路地裏にひっそりとたたずむそのビルは、ゆうに築40年は経《た》っているに違いない。訪問先は2階に居を構える「原子力政策研究会」という団体だった。メンバーは、元官僚や電力会社やメーカーの幹部を務めた原子力界の重鎮たち。日本への原発導入と運営を第一線で担《にな》ってきた人々だ。彼らは現職を退いた後、肩書きが外れたからこそできる提言を発信していこうと、手弁当で活動を続けているのだという。

原子力政策を推し進めてきた人々は、これまで、今回の福島第一原発で起きたメルトダウンのような最悪の原子力災害は、日本では起こりえないと主張し続けてきた。こうした〝安全神話〟の下、日本は原子力大国への道をひた走り続け、54基もの原発を抱えるまでに至った。

なぜ、事故が起こるまで〝安全神話〟は信じられ続けてきたのか。なぜ、安全性を第一に考えた政策の根本的な見直しは行われなかったのか。その歴史的経緯を、日本が原子力導入を検討し始めた戦後まもなくの頃まで遡《さかのぼ》り、徹底的に検証しなければ、今回の事故の本質には決して迫ることはできない——。

そう考え、私は同僚の森下光泰ディレクターとともに、一つの番組企画を提案した。ETV特集「シリーズ原発事故への道程」。

取材を深めていくためには、何はともあれ、日本への原発導入を推進してきた〝原子力ムラ〟の重鎮たちを取材し、率直に口を開いてもらわねばならない。その時、真っ先に取材先として頭に浮かんだのがこの「原子力政策研究会」だったのだ。

ビルの狭い階段を上がると、質素なドアが目に入ってくる。

「ごめんください」

そう言いながらドアを開けると、部屋の奥から、返事があった。

「お久しぶりです。ようこそおいで下さいました」

長身で端正な面持ちの老人が穏やかな笑みを浮かべて、現れた。

伊原《いはら》義徳《よしのり》氏、87歳、旧通産省および旧科学技術庁の官僚だった人物だ。3年ぶりの再会だった。高齢にもかかわらず、優雅さすら感じさせるその立ち振る舞いは、以前とほとんど変わっていなかった。

福島原発事故が起こる前の2008年春、私は日本の原子力導入の歴史的経緯を検証する番組企画を提案し、取材に奔走していた。結局、番組化はかなわなかったが、その際に貴重な証言や資料を数多く提供してくれたのが伊原氏だった。

あれから3年、まさか福島であのような悲惨な事故が起こるとは……。原発のドキュメンタリー番組を制作しようと準備していたくらいだから、原発への知識と関心は相当持っているつもりだった。にもかかわらず、こうした事態を想像すらしていなかった自らの不明を恥じ、同時に二度とこのような事故を繰り返さないために、いったい何ができるだろうか――、そんな思いから、再び伊原氏を訪ねることにしたのだった。

伊原氏は、当時と変わらぬまさに好々爺《こうこうや》という表現がぴったりの、穏やかな笑みで私を迎え入れた。この伊原氏こそが、いまや数少ない日本の原子力黎明期《れいめいき》を知る、まさに生き字引といえる人物である。

私は久闊《きゅうかつ》を詫《わ》びた上で、こう切り出した。

「再び伊原さんにお会いするきっかけが、福島第一原発事故のような悲惨な事故になってしまったことに、何とも言い難い思いを抱いています」

伊原氏は目をつぶり、黙ってうなずいていた。そして、私の話を聞き終えると、こう答えた。

「今回の事故は、本当に起こってはならない事故でした。関係者はみんな深く心を痛めております。日本にとってこれからも原子力が必要だという考えは今も変わりませんが、従来のやり方のままでいいのかどうか。国民のみなさんが将来に向けて議論していくためにも、ぜひ私たちの歩んできた道を知っていただき、糧《かて》にしていただけたらと切に思っております」

伊原氏は、1947年に東京工業大学を卒業後、商工省機械局に入局。54年に通産省工業技術院に異動し、日本で最初の原子力予算の編成を担当した。翌年には、日本初の原子力留学生として、当時世界最先端の原子力研究を行っていたアメリカのアルゴンヌ国立研究所へ国費留学。日本で最も早く、実用的な原子力の技術を学んだ。その後は、科学技術庁で、原子力局次長や事務次官を歴任。さらに日本原子力研究所理事長や、日本原子力学会会長、原子力委員会委員長代理を務めるなど、常に中枢部《ちゅうすうぶ》で原子力政策の立案に深く関わってきた。

半世紀に亘《わた》って日本の原子力界を牽引《けんいん》し続けてきた伊原氏の原動力とは、どこから生まれたものだろうか。伊原氏は改めて自らの出発点を、静かな口調で語り始めた。

「あなたたち若い世代にはピンとこないかもしれませんが、全《すべ》ての始まりは、我々、太平洋戦争を経験した世代が、資源問題からいかに解放されるかを真剣に考え始めたことからでした。ご存じのように、太平洋戦争は資源獲得の争いでした。そのため、戦争に突入するようなことを二度と繰り返してはならないと痛感したことが、我々の出発点だったんです。そこで最も注目されたのが、原子力だったんです」

そして伊原氏は、1冊の分厚い資料を取り出した。タイトルは「原子力政策研究会資料」。伊原氏の主導の下、文部科学省原子力計画課（現・原子力課）の職員たちが編《へん》纂《さん》し2008年8月に刊行した資料で、文科省の官僚や原子力関係者などのごく一部だけに配付されたものだという。

「ここに、私たち関係者がどんな思いで原子力の推進に半生を捧《ささ》げてきたのか、本音が全て記録されています」

どうやら関係者だけが極秘に開いていた会議を記録した議事録であるらしい。早速、私はページを開いてみる。その瞬間、目次に並ぶ、会議に参加した人々の名前を見て、私は驚いた。その顔ぶれは、皆ただ者ではない。官僚、電力会社、メーカーのトップたちのみならず、各大学や研究機関の主要な研究者など、日本の原子力界のあらゆる分野における重鎮たちの名前がずらりと並んでいるのだ。

さらにページをめくっていくと、私の目に、彼らが会議で発した衝撃的な言葉が次々と飛び込んできた。

「電力会社あたりからね、安全性の研究なんてやってもらったら、いかにも軽水炉が不安全のようだからやめてくれとか何とか、そういうねプレッシャーがかかったような気がするんですよ」（元日本原子力研究所職員）

「電力会社じゃね、もう今やね、コストダウンをやれやれって相当な圧力がかかってきている」（元東京電力副社長）

「後のことを考えないうちに、みな既成事実でできあがっちゃったわけですな」（元科学技術庁官僚）

「しょうがないんじゃないですかね、現実」（元住友原子力工業副社長）

無資源国日本が、再び戦争という過《あやま》ちを犯さないためにも原子力に未来を託したという、伊原氏の理屈はわからないでもない。しかしその過程で、最優先にされるべき原発の安全性が、まるで置き去りにされているかのような発言が、議事録の中に繰り返し飛び出しているのだ。〝原子力ムラ〟の内部で、いったい何が起こり、どのようにして福島原発事故に至る布石が敷かれていったのか。その謎《なぞ》を解くには、この資料こそが一級の記録であると私は直感した。

「この会議は、いつ、誰が、どんな目的で開いたものなのでしょうか」

私の問いかけに、伊原氏は穏やかな表情で答えた。

「実は私たちは、ごく限られたメンバーだけで極秘の会合を開いていました。『島村原子力政策研究会』です。この冊子は、その会合での発言を記録したものです。いずれみなさんに公開すべき時がくるのではないかと思っていました」

伊原氏によると、「島村原子力政策研究会」の主宰者は、伊原氏の上司だった旧科学技術庁の官僚・島村武久《たけひさ》。1956年、島村は、発足したばかりの科技庁で原子力局政策課長に就任。日本初の原子炉導入に携わった後、原子力局長や原子力委員会委員などを歴任。引退後も1996年に82歳で亡《な》くなるまで、日本の原子力行政において指導的立場にあり続け、政策決定に深く関わった人物だ。

その島村が、1985年から94年までの9年間、開催していたのが「島村原子力政策研究会」だった。島村が亡くなったため会は開かれなくなってしまったが、この時のメンバーは強い絆《きずな》で結ばれ、後に伊原氏を始めとする有志たちが、現在の原子力政策研究会を結成。その志は、いまも引き継がれているのだという。

島村武久が開いていた「島村原子力政策研究会」とは、どのような集まりだったのだろうか。

「メンバーは、原子力政策に携ってきた各界の重鎮ばかりでした。島村さんを慕って集まった方々による会員制の会合で、一般の方は参加できませんでした。会の存在自体も、ごく限られた人々にしか知られていませんでしたね」

伊原氏はこの研究会のメンバーの一人で、月に1度のペースで開かれていた会合に、ほぼ毎回参加していたという。

「会合が開かれていたのは、都内にある雑居ビルの一室でした。十数名の会員の方々がお集まりになって、そこにかつて活躍された方々が講師としてお出《い》でになって、1時間ぐらい昔の話をされました。昔話の中には、当時は語れなかったけれども、今となってみれば話してもいいということも含まれていましたから、参加者にとっては大変興味のある話が多かったと思います」

専門知識が必要とされる原子力の分野は、〝原子力ムラ〟と称されるように、特定の人々によるいわば閉じられた世界である。官庁から研究機関への天下りや、電力会社から他の組織への出向など、同じ人物がグルグルと関係ポストを行き来しているため、いつの間にか、みなどこかで仕事を共にしたことがある顔見知りばかりになっている。島村原子力政策研究会のメンバーたちも、そうした顔見知り同士ばかりであった。そのため、心許し合える仲間内で、ざっくばらんな話ができた。このことから、結果としてこれまで公《おおやけ》にされてこなかった原子力政策の裏側が、島村原子力政策研究会では、赤裸々に記録されることになったのだという。

それにしても島村は、なぜこのような会合を開くことにしたのだろうか。

「表向きの記録は、まあ立派な本になっておりますけれど、その裏側にどんなことがあったのかというのは、なかなか記録に残らないで散逸してしまいますから。それは惜しいというのが島村先生のお考えだったと思いますね」

伊原氏は、さらにもう一つの情報を教えてくれた。実は会合の内容は、島村自身の手によって、すべてカセットテープに録音されているのだという。そしてそのテープは、今も伊原氏が自宅に保管しているとのことだった。肉声記録は貴重だ。島村たちはどんな声色で、自らの思いを語り合っていたのか。肉声から伝わってくる彼らの思いを、取材者としてぜひ感じ取らなければいけないと感じた。

私は、伊原氏に島村原子力政策研究会の録音テープを、ぜひ聞かせてほしいと頼んだ。全巻を徹底的に聞き込むことで、島村たちが推し進めてきた日本の原子力政策の足取りを追体験し、構造的な矛盾を徹底的に検証していく。そこから初めて、福島原発事故に至る過程が明らかにされるとともに、次世代に伝えるべき教訓が導き出せるかもしれない。伊原氏は私の申し出に、「後の世代に事実を伝える一助になるのであれば」と、テープ全巻の貸与を快諾してくれた。

第Ⅰ部　置き去りにされた慎重論

第1章　残されていた極秘の証言記録

科学者たちが抱いた原子力研究の夢

私たちが伊原義徳氏から受け取った録音テープは50本。１００時間を超える音声記録だった。まずはバラバラに段ボール箱に入れられていたカセットテープを、森下ディレクターと共に古いものから時系列に沿って並べ直していった。

作業を終え、最も古いテープを再生機にかけてみる。１９８５年7月11日、「島村原子力政策研究会」初会合の録音テープだ。タイトルは「学術会議と三原則」。島村武久が司会を務め、講師には戦後日本の原子力研究の第一人者である大阪大学名誉教授の伏見康治《こうじ》が招かれている。テープ冒頭、初めて聞く島村武久の声は、押しの強いダミ声だった。

「原子力政策の歴史を研究する場合に、注意しなければいかんと思っているんですけど、間違いが多いんです」

　これに対し伏見はこう答えている。

「僕の記憶なども、頭の中で理解している間にだんだん校正するというか、よくないところはだんだん消されて、よいことだけ残っているという気配があります」

　録音から26年が経《た》っているものの、音質はかなり良好。島村たちが、コーヒーをカチャカチャとスプーンでかき混ぜる音まで明瞭《めいりょう》に聞くことができた。

　この会合で島村がテーマとしたのは、戦前、そして戦後まもなくの日本における原子力研究の実態を、ありのままに記録することだった。当時はまだ世界でも、産業として原子力が成り立つ以前の時代。原子力の分野で活躍する主人公は、科学者たちだった。

　日本での原子力研究の黎明《れいめい》は、戦前まで遡《さかのぼ》る。理化学研究所の仁《に》科芳雄《しなよしお》や朝永振一《ともながしんいち》郎《ろう》、長岡半太郎や菊池正士といった物理学者たちが原子力研究に取り組んでいた。なかでも仁科は、原子物理学の基礎を築きノーベル物理学賞を受賞したニールス・ボーアの研究室で5年半学び、帰国後は大型の実験装置サイクロトロン（粒子加速器）を完成させ、世界に比肩《ひけん》しうるレベルでの原子核研究に取り組んでいた。

　島村原子力政策研究会に招かれた伏見康治は、１９３３年に東京帝国大学理学部物理学科を卒業。先に紹介した大物の物理学者たちの一回りから二回り下の世代だ。しかし、伏見は早くから、持ち前の博覧強記を発揮。仁科らの研究所を頻繁に訪ねて研鑽《けんさん》を重ね、次世代を担《にな》うホープとして頭角を現し始めていた。

しかし、太平洋戦争が物理学者たちの運命を大きく変える。１９４０年４月、陸軍航空技術研究所長の安田武雄《たけお》中将は、研究が進みつつあったウランの核分裂に注目。ウランを使用した爆弾の開発命令が発せられた。

その任に当たることになったのが、理研の仁科芳雄の研究所だった。１９４３年、仁科は陸軍に「核兵器出現の可能性が相当あり」と記した報告書を提出。この報告書を受けて、仁科研究所には若手研究員が集められ、具体的な原爆開発がスタートしていくこととなった。「二号研究」と呼ばれる、日本陸軍による原爆開発だ。同じ頃、海軍も「Ｆ研究」と名付けられた原爆開発計画を極秘裏にスタートさせていた。

しかしこの研究は、爆発に必要な濃度までウランを濃縮させることができず、空襲により施設が被害を受けたこともあり頓挫《とんざ》。結局、原爆が開発されることはなかった。それでもこの経緯が、戦後の日本の物理学研究に大きな禍根を残すこととなった。ＧＨＱは、各研究機関にあったサイクロトロンを全《すべ》て破壊。日本の原子力研究は、アメリカによって完全に禁じられることになったのである。

この事態を脱することができたのは1952年。サンフランシスコ講和条約が発効し、原子力研究が許されることになった時だった。伏見康治はいち早く研究を再開させたいと、日本学術会議で提言を行うことにした。このとき伏見に協力したのが、東京大学教授の茅誠司《かやせいじ》だった。茅は日本学術会議で、原子力を含む科学技術全般の課題を扱う第4部会の部長を務めていた。茅は伏見のことを、日本の物理学の将来を担う人物として、大いに期待していた。そして茅自身も、科学者の一人として、戦前の日本の物理学者たちが築いてきた実績を蘇《よみがえ》らせることが、日本の戦後復興の要《かなめ》になると考えていた。茅と伏見は共同で、原子力研究の再開を望む提案を作成し、学術会議に提出することにした。ところが、学術会議に提案が出されると、議論は思わぬ方向に進んでいったと、島村研究会で伏見は証言している。

「学術会議の会員の議論の中では、非常に皆さん楽観的で、なんとなくうまくいくような気配であったわけです。ところが、いざ総会が近づいたら、皆脱落してしまって、残ったのが伏見、茅二人になってしまった」(伏見康治)

伏見と茅が孤立した理由。それは多くの科学者たちが、研究の再開が原子力の軍事利用への道を開くことを危惧《きぐ》したためだった。日本は広島・長崎に原爆を投下された世界で唯一《ゆいいつ》の被爆国であった。しかも、茅と伏見の提案が出された1952年は、アメリカとソ連による東西冷戦の真っ只中《ただなか》。両国は国を挙げて、強力な核兵器の開発を国家目標に据え、莫大《ばくだい》な資金と大量の科学者をその研究のために投じていっていた。そして日本では、被爆地の広島・長崎で原水爆禁止を求める運動が国民的な運動として隆盛していた。

そうした状況の中、茅と伏見を批判する急先鋒《きゅうせんぽう》となった一人の科学者がいた。その人物について、伏見は島村研究会で証言を残していた。

「一番、案をつぶす意味で効果があったのが、広島大学の先生、三村剛昂《よしたか》です。本当に声涙共に下る大演説で。というのは三村さんは側頭部に変な傷跡がある。これは原爆被災の後遺症なんです。それでまず、原爆症の人であるということがものをいう」

三村は広島に原爆が落とされたとき、爆心地近くで被爆。九死に一生を得たものの、同僚の研究者や教え子の多くを亡《な》くし、自身も顔に後々まで跡の残る大きな火傷《やけど》を負った。その三村について、茅誠司も島村研究会で証言を残している。伏見が招かれた4カ月後、第3回目の会合での証言だ。

「彼（三村）はね、（原爆が投下された）中心からそんなに遠くないところに住んでたんですよね。そのときの光景を彼が言うんです。三途《さんず》の川っていうのはこれかと。どの人もみんなね裸でいたんだ。皮が裂けて血がいっぱい出てる。真っ赤だった。彼の提案は、アメリカとソ連の仲がね、平和になったときに初めて原子力の研究はすべきであって、それより前にすべきではないと。その男に一座はすっかりやられたってわけ」

研究再開の是非を巡り、茅・伏見と三村、両者の意見はまっぷたつに割れた。両者とも譲らず議論は膠着《こうちゃく》状態に陥った。茅は続けてこう証言している。

「僕はやめる意志は毛頭ない。たった一人でもやろうと思った。そしたら伏見君が敢然として一人でついてきて。伏見が座席からひょっと立ち上がって『私は研究をしたいからです』、それだけ一言答えて座っちゃった。結局、茅・伏見提案は取り下げろってなった。こんなに大勢の人が取り下げてくれって言うんで取り下げたんです」

この時の学術会議では、茅と伏見の主張した原子力研究再開の提案は、時期尚早ということで継続議論とされた。学術界で交わされたこの議論を、島村武久たち官僚はどう受け止めたのだろうか。私は島村のプロフィールを改めて取材し、当時の状況を振り返る必要を感じ取った。

島村武久は何を目指そうとしたのか

島村武久とは、どんな人物だったのか。公式に残されている原子力行政の記録上に

1955年、経済企画庁原子力室長時代の島村武久。この後、科学技術庁原子力局長、原子燃料工業社長などを歴任する（写真提供：共同通信社）

は、その足取りはほとんど記されていない。島村の部下だった伊原義徳氏を始め、島村と親交のあった人々への取材、そして彼自身が残した島村研究会での発言記録から、私はその足取りを辿《たど》ってみた。

島村武久は、1938年に東京帝国大学法学部を卒業。日産自動車に勤務後、通産省に入省した。伊原氏とは異なり、原子力の専門教育を受けたことはない。本格的に原子力に関わり始めたのは、1954年以降。この年、日本初の原子力予算が成立したことを受け、予算の使い道を決めるために発足した原子力利用準備調査会調査部の調査官に就任したことがきっかけだった。2年後の56年、科学技術庁が発足。島村は庁内に置かれた原子力局政策課の課長に抜擢《ばってき》され、本格的な原子力政策の立案に取り組み始めた。伊原氏と出会ったのはこの頃だ。

それから1996年に亡くなるまで一貫して原子力に関わり続けた島村は、自身が目《ま》の当たりにしてきた半世紀を、どうとらえていたのであろうか。伊原氏は、晩年の島村は、当事者のみが知る事実や本音をありのままに記録し、後世に伝えることに執心していたという。島村は、原子力政策研究会を始めて程なくの1987年、『島村武久の原子力談義』(電力新報社刊)という本を出版している。この著書の中で、島村は日本の原子力政策の矛盾を手厳しく批判している。

「日本政府がやっているのは、ただのつじつま合わせに過ぎない。電気が足りないのでも何でもない。あまりに無計画にウランとかプルトニウムを持ちすぎてしまったことが原因です。そして日本はそれらで核兵器を作るんじゃないかと世界の国々からみられる、その疑惑を否定するために核の平和利用、つまり原発をもっともっと造ろうということになるのです」

島村が生涯をかけて挑んだ原子力は、なぜここまで歪《ゆが》んだ結果となってしまったのであろうか。その理由を知るために、私は改めて、島村自身が残した研究会の録音記録を、丹念に聞き込むことにした。

原子力に最も早く注目した人物

島村研究会の録音テープには、一般にはあまりよく知られていない、日本で最も早く原子力に注目したある人物についての証言が残されていた。後藤文夫《ふみお》。戦前の内務省官僚上がりの政治家で、戦後はA級戦犯に指名され、巣鴨《すがも》拘置所に勾留《こうりゅう》されていた人物である。

「昭和23年（1948年）の終わり頃、後藤文夫さんが巣鴨から出てきた。戦犯解除になって出てきたんで迎えに行ったら、後藤さんが『大変だ。アメリカは原爆で発電をしているそうだ』と。『日本はエネルギーで戦争をやったんだから、日本も考えなければいかんじゃないか。英語の新聞にそう書いてあったぞ』と。あの方は英語も非常に勉強しておられたし、巣鴨の獄中で英語の新聞を読んで気付くらい、向こうの新聞にはかなり出ていたと思うんですね」

この後藤についての証言を残した人物が、森一久《かずひさ》だ。森は1956年、原子力の平和利用を進めていくことを目的に、経団連、電力経済研究所、電力中央研究所などによって設立された社団法人「日本原子力産業会議」（原産＝現・日本原子力産業協会）の発足当初からのメンバー。森は、当時、原産の上司だった代表常任理事の橋本清之助《せいのすけ》から聞かされたエピソードとして、この証言を残していた。

森一久、後藤文夫、橋本清之助。それぞれ、島村武久と深い交流があった人物である。その中でも森一久は、原産の設立当初からの中心メンバーであり、その後も原産の事務局長や専務理事を歴任するなど、島村と並び原子力行政の中でもひときわ存在感のある、原子力のご意見番ともいえる存在だった。貴重な歴史の生き証人である森は、福島第一原発事故の1年1カ月前、2010年2月に84歳でこの世を去っている。

しかし、奇遇にも私は、2006年から森が亡くなる1年前まで、何度も取材で訪ね、直接、話を聞く機会を得ていた。実は森は、原子力推進の重鎮でありながら、広島に投下された原爆の被爆者でもある。当時、私はＮＨＫ広島放送局に所属しており、主に原爆関連番組を担当していた。その取材の過程で、原爆被爆者でもある森一久という人物を知り、彼の経歴に非常に興味を抱き、以来、機会を見つけては取材を続けていたのである。

初めて森に会った時、小柄ながらも80代とは思えないパワフルさと人間的な魅力あふれる人物という印象を受けた。当時、森は原産を引退し、日本の原子力黎明期を支えた人物を集め、ＵＣＮ会（Union of Concerned＝共に憂《うれ》える会）という一風変わった名前の組織を立ちあげていた。

ＵＣＮ会で、森は、原子力の現役世代へ箴言《しんげん》も交えた提言を行っていたほか、日本の原子力政策の歩みを記録する仕事にも取り組んでいた。島村武久と半世紀に亘《わた》る旧知の間柄だった森は、島村研究会のメンバーであり、島村が亡くなった後、ＵＣＮ会でその志を継いでいこうとしていたのだった。森が亡くなった後、ＵＣＮ会は原子力政策研究会と名を変え、島村の部下で、今回録音テープを提供してくれた伊原義徳氏をはじめとする人々がその遺志を継いだのである。

私は、亡くなる前の森へ取材した時のメモを再び取り出した。森が私に語ったのは、日本の原子力黎明期の貴重な証言。１９４８年、橋本清之助が巣鴨プリズンに、釈放となった後藤文夫を迎えに行った時のエピソードだ。

「後藤文夫さんこそが、日本で最も早く原子力に注目した人物でしょう。橋本さんは後藤さんの言葉を聞いて、初めて原子力を知ったと言っていました。そこから、彼らは原子力の猛勉強をし、日本中から優秀な研究者を集め、陰の牽引役《けんいんやく》となって、我国への原子力導入の第一歩を築いていったということです」

戦前は内務官僚として活躍しながら、戦後はA級戦犯となった後藤文夫。一方の橋本清之助は、後藤の10歳年下。元々は時事新報社の記者だったが、後藤が内務大臣に就任したときに、その秘書官を務めるなど、いわば部下のような存在として共に行動する仲だったと森は話している。

後藤と橋本は、1952年、ある組織を立ち上げた。「電力経済研究所」だ。森によると、この電力経済研究所こそが、日本で最初に具体的な原子力導入の研究を行った組織だという。しかしこの時は、原子力の専門家である物理学者の茅・伏見と三村らとの間で、日本が原子力研究を再開するか否《いな》かの論争が、猛烈に繰り広げられている最中だった。こうした中、後藤と橋本は、なぜ彼らより先んじて、日本への原子力導入を急ごうとしたのか。その理由を知るためには、もう少し時代を遡って、戦前からの二人の足跡を辿る必要がある。生前の森一久への取材メモから、その経緯をたどってみよう。

後藤文夫は、1908年に内務省に入省し、台湾総督府総務長官などの要職を歴任した。しかし、1920年代から30年代にかけての日本の政治は、後藤ら若き内務官僚たちの目には、何とも歯がゆく映っていた。当時は二大政党制による政党政治が成熟期を迎えていたが、その内実は政権奪取を目的とした政党同士の争いに終始。国民に強い不信感を抱かせる事態となっていた。1925年、41歳の後藤は、志を同じくする内務官僚たちと共に、政治団体「新日本同盟」を結成。その後、貴族院勅選議員となり政治家へと転身した。その目的は、従来の政党政治のあり方を批判し、新たな政治・経済の体制を構築することだった。

やがて、ヨーロッパで第二次世界大戦が勃発《ぼっぱつ》。国際情勢に緊張が増してくると、近《この》衛《え》文麿《ふみまろ》内閣の下「一国一党の強力な政治体制を目指す」ことを目的に、大政翼賛会が結成された。後藤はこの近衛の方針を強く支持し、翼賛会の発足と共に、事務総長や副総裁といった要職に次々と就任。その後1941年に東条内閣が成立すると43年には国務大臣となり、戦時下の日本の国政を担う責務を負った。こうした経歴から、戦後はA級戦犯に指名され、巣鴨拘置所に勾留されることになった。

一方、橋本清之助は、時事新報社の記者時代から後藤たちの考えに共鳴。新日本同盟に参加し、以降も後藤とは歩を一にし、翼賛政治会事務局長を務めるなど、大政翼賛会の運営に深く関わった。1944年には後藤と同じく貴族院勅選議員となったが、戦後、公職追放の処分を受けている。

後藤文夫が東京裁判で不起訴となり釈放が決まったのは、1948年12月。この日を待ち望んでいた橋本は、まだ公職追放中の立場だったが、直ちに巣鴨拘置所まで後藤を出迎えに上がった。

そして、1951年。橋本清之助の公職追放が解除された。同年、GHQの指令により、戦時下の日本の発送電事業を一手に担っていた特殊法人「日本発送電」が解体され、9電力会社による純民営の体制ができあがった。

この状況の下、自由に行動できるようになった後藤と橋本は、誰もが予想もしなかった行動に打って出た。それが、財団法人「電力経済研究所」の設立である。発足のための財源は、日本発送電を解体する時に出た余剰金1億円を利用。研究所の理事長には、日本発送電の最後の総裁である小坂順造が就任。橋本は後藤の推薦を受け、常務理事に就任した。

それにしても、なぜ後藤と橋本は、政治ではなく電力に注目し、大胆な行動に踏み出していったのか。森一久によると、その理由は、戦後日本の復興をいち早く進めなければならないという、二人の〝義勇心〟から始まっていたという。

「民営となっても電力消費者の利益がしっかりと保護されなければならない。そのためにはしっかりとした電力の生産が必要というのが後藤さんの考えでした。その研究を進めるために、電力経済研究所を設立したのです」

当時の日本では、日本発送電を解体し地域ごとに9つの民間電力会社が発足したものの、その実態は誠に頼りないものだった。どの電力会社も資本力や設備は貧弱であり、戦後復興に必要な電力を賄《まかな》うまでの能力はなかった。新たな発電所を造ろうにも、その投資すらままならない状態だった。そのため、「電力は国の宝」というスローガンの下、国家による計画停電が定期的に実施され、産業活動のみならず国民の日常生活も大きな苦労を強いられていたのである。

ソ連に対抗したアイゼンハワーの国連演説

こうしたなか後藤と橋本が注目したのが、欧米やソ連で急速に研究が進み始めていた原子力発電だった。アメリカではすでに、人類史上初の原子力発電が、実験炉EBR－1で成功していた。その後を追い、イギリスやソ連でも原子力発電の実用化に向けた研究が競って行われ始めていた。この状況を見て、後藤と橋本は、日本がいち早く復興を成し遂げるためには、原子力に着手することこそが重要であると考えたのである。

しかし日本国内では、学術会議での科学者たちの議論のように、そもそも原子力の研究を再開すべきか否かを論じ合う状況が延々と続いていた。だからこそ、後藤と橋本は、電力経済研究所を設立させたのだと、森一久は証言している。

「電力経済研究所の設立という既成事実を先手を打って作り上げることで、学術界の停滞ムードを打破しようとしたのです」

さらに後藤たちは、科学者たちに先んじてもう一つの手を打ったと、森は私に語った。

「後藤さんたちは、『日本は被爆国といえども原子力平和利用の研究を早急に始めるべきである』という声明を、電力経済研究所を設立してすぐに出したんです。いわば大いに原子力の研究をやるべきだというようなことを言って、それが新聞に載ったんですね」

科学者たちの議論を飛び越え、いち早く原子力の平和利用、つまり原子力発電を実用化するための研究を始めるべきだと明言した、後藤文夫と橋本清之助。しかし、この時米ソが中心となって進めていた原子力研究の目的は、平和利用とは全く異なるものだった。

東西冷戦が激化する一方だった当時、アメリカとソ連は、熾烈《しれつ》な核兵器開発競争を続けていた。１９４９年８月、ソ連は初めての核実験を実施。ついに核保有国となった。アメリカのトルーマン大統領は、ソ連に対し優位を保とうと、これまでの原子爆弾よりも遥《はる》かに強力な水素爆弾の開発を決定。１９５２年11月、太平洋エニウェトク環礁《かんしょう》で水爆実験を行った。ところがその翌年の53年８月、ソ連も水爆実験に成功。ソ連が原爆開発でアメリカに追いつくまでには４年かかったが、水爆開発ではわずか９カ月間しかアメリカは優位を保つことができなかった。この事実にアメリカ政府は大きな衝撃を受けた。もはや軍事利用で優位を保ち続けることは困難であり、さらにソ連の技術提供を受けて東側諸国や第三世界の中からも核武装する国が現れる可能性もある。

そこで、トルーマン大統領の後を継いだアイゼンハワー大統領は、大胆な方針変換を行った。これまで最高機密とされてきたアメリカの原子力技術を西側諸国と第三世界の各国に積極的に提供することにしたのである。こうして各国を自陣営に引き込むことをねらうと共に、アメリカの意図に沿った形で各国の原子力研究をコントロールできるよう、自国の主導で新たな国際機関を設置することにした。そこで行われたのが、1953年12月のアイゼンハワー大統領による、国連での「Ａｔｏｍｓ ｆｏｒ Ｐｅａｃｅ（平和のための原子力）」演説だった。アイゼンハワー大統領は、国連の下に国際的な原子力機関を設立し、電力の乏しい国や地域にも十分な電力を供給できるようにしたいとし、アメリカはそのために惜しみない協力をする用意があると訴えたのである。

こうした国際状況を、当時の後藤文夫と橋本清之助は、どう理解していたのであろうか。その真相はわからない。しかし、二人が打ち出した、日本はいち早く原子力に進むべしとの主張は、被爆国である日本の国民には、すぐには受け入れられなかった。特に広島原爆の被爆者である森一久は、二人が電力経済研究所を立ち上げ、間髪いれずに新聞を使ってこうした主張をし始めたことに、強い違和感を覚えたという。当時、森は中央公論社で科学雑誌「自然」を担当する記者だった。森は、この新聞記事を見たときの衝撃を、取材時にこう語っている。

「これはけしからん。放っておいてはいけない。強く抗議しなければと思いました」

森が「けしからん」と思ったのは、骨身にしみる原爆での被爆経験があったからだった。この時の思いを、森は私に涙を浮かべながら語った。

広島市内の医者の家系に生まれた森は、幼い頃から科学に強い関心を抱きながら育

1953年12月、国連で「Atoms for Peace」演説をするアイゼンハワー大統領。原子力技術を積極的に各国に提供するようになった背景には東西冷戦激化があった（写真提供：ＮＨＫ）

った。日本から傑出した物理学者が次々と現れるようになると、森は森羅万象を解き明かす学問として、物理学に強い興味を抱くようになったという。そして、京都大学理学部物理学科に進学。湯川秀樹《ひでき》の研究室で理論物理を学ぶようになった。湯川からは、研究室に残ることを勧められるほど、目をかけられていた教え子だった。

そんな森の進む道を大きく変える出来事となったのが、1945年8月6日、広島への原爆投下だった。

原爆が投下される3日前の1945年8月3日、森は、下宿先の京都から故郷の広島市に一時帰省をしていた。森の生家は、広島市内の中心部。父はこの地で30年にわたり、産婦人科の医院を営んでいた。日本の敗戦が濃厚となる中、主要都市は空襲で壊滅的な被害を受けていた。ところが広島は、この時まだ全く空襲を受けていなかった。森は、日本有数の軍都である広島が、まだ空襲を受けていないことを不自然に思い、いずれ標的とされるのは時間の問題と考え、疎開《そかい》するよう両親を説得するため帰省したという。

しかし、8月6日、広島に原子爆弾が投下された。実家は、爆心からわずか1・5㎞。この時、家の中にいた森と父は、倒れた家屋の下敷きとなった。森は必死に這《は》い出したが、父の姿は見えない。森は瓦礫《がれき》の下に向かって、大声で父の名を呼んだという。わずかな気配も逃すまいと、何度も大声で呼んでは瓦礫に耳をつけたが、ついに声は聞こえなかった。程なく、周囲から猛火が襲ってきた。森はその場を離れざるを得なかった。

翌日、ようやく火の手が収まったのを見て、森は自宅に駆けつけた。父は猛火に焼かれ、瓦礫の下でまっ直《す》ぐ仰臥《ぎょうが》した白骨となっていたという。

母は、原爆投下の直前、「Yさんに挨拶《あいさつ》に行ってくるね」と言って家を出て行ったきり、消息がつかめていない。Yさんの家に行くまでには、爆心地を通らなければならない。家を出た時間を考えると、母はちょうどその途上で原爆に遭ったことになる。その後も手がかりを探して、爆心地をさまよい続けたが、結局、行方はわからなかった。そして、当時、たまたま広島に滞在していた兄と妹も、原爆で命を落としていたことが後にわかった。

森はかろうじて生き延びることができたが、ほどなくして原爆症に襲われた。強烈な残留放射線に覆《おお》われた爆心地を、母の消息を求めて２週間歩き回ったことが原因と思われた。白血球は正常値の10分の１に減少。40度を超える高熱が続き、３カ月間、生死の境をさまよった。手足はスリコギのようにやせ細り、尻《しり》は床ずれで血染め。森が寝ていた布団《ふとん》の下の畳は、高熱のため芯《しん》まで腐り落ちたという。命を取り留めたのが奇跡といえる状態だった。

戦後、大学に戻った森は、大学院に残って湯川秀樹の下で研究を続ける道を断念せざるを得なかった。両親を失い、経済的なゆとりはなく、卒業後すぐに収入が得られる職を探さねばならなかった。その時、湯川から「これからは科学と社会との関係が大事になってくるから、科学に強いジャーナリストになりなさい。私も応援するから」と勧められたのが中央公論社だった。

雑誌記者となった森の下には、原子力の最新情報が入ってきた。中でも世界で数十万部を売り上げるアメリカの科学雑誌「サイエンティフィック・アメリカン」は、原子力発電についての記事を次々と掲載するようになっていた。森は同誌の編集者と契約を結び、自身が担当する雑誌「自然」に翻訳を掲載していった。

この仕事を続けていくうちに、森の心の中で、新たな感情が芽生えていった。「被爆国だからといって原子力に一切触れないというわけにはいかないのではないか」

一方、同じく物理学を学んだ仲間たちは、大学の助手や講師となっていた。日本の学会が、原子力研究の再開の是非をめぐって紛糾を続ける中、彼ら若き科学者たちは、自分たちの将来を見据えかね、悩み続けていた。

こうしたなか、森は雑誌記者として働きながら、恩師の湯川秀樹や朝永振一郎から資金を借りて、ある組織を立ち上げた。「原子力談話会」だ。被爆者であり、物理学者を目指した身でもあり、さらに雑誌記者として最新の原子力の知見を見聞きしていた森は、独自の考えを持つようになっていた。原子力研究の再開の是非を論じあう前に、まずは原子力について最新の科学的な知見を正確に知り、その上で自分たちの行動を決めていこう。それが、森の出した答えだった。

原子力談話会の第1回の会合は、1952年10月、富士山の麓《ふもと》、精進湖《しょうじこ》のほとりにある小学校の講堂を借りて行われ、40人の若き科学者たちが集まり、熱い議論が交わされた。

その翌年6月に、森たちが目の当たりにしたのが、後藤文夫と橋本清之助が立ち上げた「電力経済研究所」による、「日本は被爆国といえども原子力平和利用の研究を早急に始めるべきである」という声明だった。森と若き科学者たちは、この声明に強い憤《いきどお》りを感じたという。

「俺たちがこれから科学的な知識と議論を積み上げていこうとしているときに、あまりにも一方的な発表じゃないかと。お前たちは原子力の何も知らないくせにと。そういう思いでしたね」

森は取材時に私にそう語った。そして直ちに仲間たちと共に、抗議に立ち上がったという。この時の森の思いは、島村研究会の録音テープにも残されていた。

「(電力経済研究所がある)丸の内の何号館か、赤煉瓦《れんが》の薄暗い建物へ行ったんです。当時は〝納骨堂〟なんて、私たち若い者は悪口を言ってましたけれど。そこへ行ってみたら、新聞で見たことのある後藤文夫さんとか年寄りたちが、論語だか孟子《もうし》だかを声を出して読んでいるんです。そうしたら『おまえたちよく来た』と。それで『いや俺たちは戦犯でもあったけれど、日本をめちゃくちゃにした責任をいたく感じている。原子力が日本の復興の役に立つんだろうと思ってやっとるんだ』と」

森たちは、この言葉をすぐには信じなかった。電力経済研究所は財界のバックアップを受けた財団法人だった。そのため、産業界は原子力を新たな金儲《かねもう》けのための術《すべ》として見ているのではないかと疑ったからだ。私が取材した時の森の証言によると、後藤たちとの間で、続けてこんな応酬があったという。

「財界の人間が原子力を儲けのために仕事にしようとするなんてとんでもない」

「儲けようなんてそんなケチなことは考えていない。お前たちも外で文句を言っていないで中に入ってこい」

「冗談じゃない。それに、そんなことを言っているけれど、財界の人間は私たちの『原子力談話会』をアカが集まって勉強していると思っているそうじゃないか。どうせ私たちのことをアカだとか何だとか言って、入れるわけないでしょう」

「そんなことはない。これから原子力基本法という法律を作って、誰でも参加できる体制を組もうという話になっているんだ。その話には中曽根《なかそね》康弘《やすひろ》なども賛成してくれている。君たちもそんなふうに外から反対しているよりも、中に入って一緒に間違いのないようにやっていくべきじゃないか」

　こんなやりとりがあった後、森たちは、いったん引き下がることにした。そしてその帰り道、森は橋本清之助の言葉を思い出し、考えが少しずつ変わり始めたという。

「原子力を人類の滅亡をもたらすものとするか、それとも繁栄をもたらすものとするか。それは使う人の志次第でいかようにも変えられるものではないだろうかと。そう思うところも、自分の心の中に、一部あったんですよね」

　この後、森は雑誌記者の仕事を終えると、電力経済研究所に出かけて行き、英文の原子力資料の翻訳などを手伝うようになっていった。その理由は、後藤文夫や橋本清之助たちが、どんな思いで原子力に向き合おうとしているのかを、少しでも理解していこうと思ったからだったという。

「電力経済研究所では、これから何をやっていくべきかという議論があったんです。この時、当時、主婦連合会（全国組織の消費者団体、１９４８年発足）の会長だった奥むめおさんたちが理事に加わって、電力コストを合理的にきちんとしていこうという話になったのです。日本はまだまだ電力不足で苦しんでいた。国全体が電力を必要としていた。そのためには、原子力が間違いなく必要になるだろうと。だから新しいことを考えていかなければいかんと。それで橋本さんも含めて何人かの方で、もっと原子力を勉強していかなければいかんということになっていったのですね」

原子力へのためらいも

しかし、他方で後藤たちも、大手を振って原子力を進めていくべきかどうか、迷っていた様子だったという。

最大の理由は、当時、電力会社が原子力発電に対して非常に慎重な姿勢を取っていたためだった。戦前の日本では、発電の主となっていたのは水力だった。日本の国土の特徴である急峻《きゅうしゅん》な地形と豊富な水量、そしてこれまでの技術的な蓄積を生かせることから、戦後も大規模な発電所は、ダム建設による水力発電を軸に進められた。さらに、アメリカで高効率な火力発電プラントが開発されたことから、各電力会社はこぞって火力発電所の導入にも取り組み始めていた。

これに対し原子力発電は、当時はまだ実験レベルの発電にしか成功しておらず、実用化にはほど遠い状態だった。さらに米ソの核開発競争が激化し、核実験が繰り返されていたことから、原爆被爆国である日本では、多くの国民が心の内に〝核アレルギー〟を抱いていた。

そのため電力会社の経営者たちは、当面、発電事業は水力と火力を軸に進めていくべきであり、原子力については安易に手を出すべきではないと考えていたのである。中でも最も原子力に慎重だったのが、「電力王」の異名を取った松永安左ヱ門だった。松永は、戦前、民間電力会社の魁《さきがけ》である東京電燈《でんとう》の取締役を務め、戦後はGHQの方針の下、電力9社体制を作り上げた、民間電力界のたたき上げの人物だ。

「どうも後で聞いてみますと、かなりためらいがあったんです。やはり核アレルギーというか、うっかり原子力利用なんていうと、大衆からの大きな反発を食らうかもしれない。やっていいのかねっていう感じは、かなりあったようです。この気持ちは、松永安左ヱ門さんにもあったようです。ですからなかなかエンジンがかからない。(そこで電力経済研究所では)最初は原子力といわずに、新資源エネルギー研究委員会という名前をつけて、実際には原子力の研究会をやっていました。伏見康治さんとかいろんな学者に原子力の原理を聞こうと、定期的に会合を持っていました」(森一久)

そんな中、森や橋本たちにとって大きな転機となる出来事が起こった。その端緒となったのが1952年9月、国の特殊会社「電源開発株式会社（電発）」が設立されたことだった。

民間電力会社が年々高まる電力需要に応じきれない中、行き詰まった状況を打破するため、国会で電源開発促進法が成立。この法律を受けて、国の主導の下、新設されたのが電発だった。電発は、民間電力会社に代わり、大規模な発電所の建設などを一手に担っていくことをその任務とした。その第一歩として行われたのが、当時、世界有数の発電力を持つ水力発電所・佐久間ダムの建設であった。

しかし、国内に同様の大規模ダムを建設できる場所は、そう多くはなかった。そこで、電発の社内には、将来をにらんで新たな部署が作られた。「原子力室」である。そこで指揮を執ったのは、電力経済研究所から電発に移ってきた小坂順造だった。その小坂が、原子力室を創設するにあたり、原子力の専門家をリクルートするために頼ったのが、森一久だった。

当時の日本では、原子力の専門的な知識や技術を持っている人物はまだまだ数少なかった。人材獲得のための白羽の矢が、森とその仲間の若き科学者たちに向けられていったのは、いわば自然の流れとも言えた。

「小坂さんが、『原子力のように研究段階のものを商業化していかなければならないとしたら、大規模水力発電と同等の研究が必要だ』ということで、原子力室を置いたんです。それで専門家が必要だ、誰か推薦してくれという話が私の所に来た。みんなで議論した結果『行きたいという奴《やつ》がいれば行けばいい』となって、私が何人か推薦して原子力室に入れました」（森一久）

他方、電発が本格的に原子力へ踏み出すというこの動きは、民間電力会社に強い危機感を抱かせた。国が主導する電発と民間電力会社。双方の間で微妙なねじれが、この時から生まれていったと森は回顧する。

「電源開発が佐久間ダムなどをやるわけですね。そうすると、何くそ民間だってやれるぞというわけで、関西電力が資本金の4倍にも上るお金を投入して黒部ダムをムキになって成し遂げたわけですね。その電発が今度は原子力をやるというので、これは大変だということで電力会社はかなり慌《あわ》てたようですね」

電力会社がこれほどまで電発の動きに敏感に反応したのには理由があった。それは、電力会社の経営者の中にある、根強い〝国家管理アレルギー〟だったと森は指摘する。

「戦前は、各地の民間電力が独自の経営を行っていました。それが戦争となり、国の方針でいわば強引に日本発送電に一社化された。経営も何もめちゃくちゃにされたという思いを持っているんです。ですから、民間電力としても原子力は放っておく訳にはいかん。放っておくと国がやるぞ。また国家管理時代が来たら大変だぞと。それまで松永安左ヱ門は『原子力なんかに手を出したら火傷する』なんて言っていたんですが、電発が原子力の勉強を始めると聞いて、重い腰を上げることになったんです」

しかし、電力会社にとって致命的だったのは、社員の中に原子力の専門知識を持っている人物がほとんどいなかったことだった。そのため電力会社は、まずは海外の文献を手当たり次第に集め、原子力のイロハから勉強し始めた。

しかし、そもそも電発への対抗上、原子力を始めなければならないという動機でしかなかったことから、調査・研究は形ばかりの内容に終始した。当時の電力会社の様子を、島村武久はこう証言している。

「電力会社は先を見てやったわけじゃなくて、国営反対論なんです。電力さんが我々にやらせてくださいと言われたのは、原子力を民間でやらせろという意味とは違って、反電源開発なんです。国営反対だという意味で、一所懸命になっておられたんで。原子力発電を一所懸命やるというお気持ちは、どうも無かったように思うんです」

他方、電発には、森一久の推薦を受けた若き原子力の科学者たちが、続々と集まっていった。その中には、後に日本初の原発である東海発電所の導入から運転までを手がけた立花昭《あきら》など、原子力界の重要な人物が名を連ねている。

森自身も、電発が原子力に乗り出したことを契機に、雑誌記者と電力経済研究所との二足の草鞋《わらじ》から決別することとなった。森は電源開発の幹部であった津野田知重《ともしげ》から「課長を務める人がいないんだ。君も来てくれよ」と声をかけられ、中央公論社を辞め電源開発に移ることとなった。この時の心中を、森はこう答えている。

「私は〝原爆の子〟ですからね。広島のあの光景を見た人間としては、原子力は大変なものだけれど、ちゃんとやるのは大変だ。原子力をちゃんとやることが大事だと。それに物理学の端っこを囓《かじ》った人間としての責任感があります。原子力は平和利用に徹して使ってほしい。また世界中で絶対に人殺しに使わないようにしてほしい。そういう考えを持ちましたね」

電発の社員となった森は、周囲から原子力分野におけるその才能と人脈を高く評価され、さらに、新たに発足した組織へと出向することになった。その組織こそが、森が晩年まで活躍する場となる日本原子力産業会議だった。取材の最後、森は私に向かってこう締めくくった。

「私など、いわばミイラ取りがミイラになったようなものですよ」

原子力は、被爆国・日本が戦後復興に向かって立ち上がろうとしていく中で、多くの人々の期待を背負う、新たな希望の象徴になろうとしていた。

政治主導で切られたスタート

電力経済研究所を立ち上げた後藤文夫が、森一久に語った言葉を、ここで改めて振り返りたい。

「これから原子力基本法という法律を作って、誰でも参加できる体制を組もうという話になっているんだ。その話には中曽根康弘なども賛成してくれている」

戦前、内務官僚であり、貴族院議員でもあった後藤は、政治家たちとも密接な関係を持っていた。後藤と政治家たちは、水面下で原子力の最新情報を交換し合いながら、二人三脚で導入に向けた準備を進めていた。

特に熱心だったのが、自由党の前田正男、社会党右派の松前重義《しげよし》、社会党左派の志村茂治《しげはる》、そして民主党の中曽根康弘の4人だ。彼らは1955年、超党派の国会議員団としてジュネーブで開かれた原子力平和利用国際会議に出席。帰国すると羽田空港で直ちに原子力開発に関する声明を発表。そして4人を軸に、原子力基本法をはじめとする関係法令の骨子がまとめ上げられ、日本への原子力導入の具体的な道筋がつけられた。

この4人は、原子力の何に魅せられ、これほどまでのスピードで導入を急いだのか。その理由が、1987年5月21日に開かれた島村研究会で語られている。島村武久と、自由党の衆議院議員だった前田正男の会話だ。

「前田先生は一番古くから科学技術に関係し、原子力を始める時に最初からその仕事をおやりになった。科学技術の大先達であります。どういうきっかけで、あれだけ一所懸命原子力のことをおやりになったのか」（島村武久）

「当時、朝鮮戦争がありまして、占領軍もだんだん日本を弱体化する政策ではいけないと気づき、日本をある程度充実した国にしなければならないとなってまいりました。その頃、占領軍がいろいろとアメリカへの視察団をガリオア・ファンド（占領地域救済基金）で出すんですけれど、我々にもぜひ勉強させてくれ、そうしないと科学技術の行政を確立できないと申し入れた。おかげさまでアメリカの様子を調べることができました。（議員視察団で）大学その他研究機関に行ってきましたし、最後には大統領の科学技術補佐官に会いました。帰ってから科学技術庁の設置案をまとめました。松前君もがんばって、みなが賛成するところへ持っていかなくてはいけないということで、だいたいの案ができておりました。そこにこの原子力の問題が出てきたんです」（前田正男）

この時の前田の主な関心事は、日本に科学技術行政を司《つかさど》る新たな機関を作ることだった。そこではまだ、原子力の導入までは、具体的なねらいとして定められていなかった。原子力の問題は、後から出てきたものだった。

前田正男は、山梨高等工業学校（現・山梨大学工学部）機械科を卒業。三井物産に入社。セールスエンジニアとして活躍するなど、10年間、実業界で過ごした経験を持っている。そのため、もともと産業や科学技術には強い関心を持っていた。

貴族院議員を務めていた前田の父親は、終戦後、貴族院の廃止と共に議員を辞めることになった。前田自身は出馬を全く考えていなかったが、支持者たちとこんな会話を交わしたことから、政治家への転身を決意することになったと証言している。

「敗戦になってこれからどうするんだっていうから、日本はとにかくもう少し合理的な世の中を作らなくちゃいけない。私は技術出身だし実業界におったので、今度の戦争で科学技術が非常に遅れてると痛感したから、科学技術を中心にした日本の再建策を考えなきゃいけないと話したところ、お前がやったらどうかという話になりまして」

前田は吉田茂《よしだしげる》が率いる与党・自由党の衆議院議員となったが、当選後、さっそく大きな課題に直面した。

戦争中の日本には、科学技術行政をまとめる機関として、内閣直属の技術院という組織があった。その技術院が、戦後、ＧＨＱにより解体され、科学技術を司る行政機関がなくなってしまっていたのである。

そこで前田は、同じく技術者出身である右派社会党の衆議院議員・松前重義らと科学技術行政を担う議員の集まりを作り、行政機関の設置を進めていくことにした。ちょうどこの頃、経団連も、実業界の将来を考え、科学技術委員会という新たな組織を立ち上げたばかりだった。前田たちは、まだ当選回数も浅く活動資金も潤沢ではなかったが、経団連会長の石川一郎たちから資金援助を受け、共に会合を開いては、新たな科学技術行政機関の設置案を煮詰めていったという。

「とにかく議員連盟には金がありませんから、会合は俺たちが支援するということで、食事代と会合する場所代を経団連にご協力願いまして。それでそういう会合を持ったわけです。お互いに大体の案を作ってきて議論する」

こうした前田のような技術者出身の議員とは異なり、当初から原子力の導入にねらいを据えて、全く別の行動を起こしていた議員がいた。

改進党（のちに民主党）の中曽根康弘である。中曽根は１９４１年に東京帝国大学法学部政治学科を卒業後、内務省に入省。戦時中は海軍で主計少佐の任についていたが、戦後は内務省に復帰。官房調査部や香川県警警務課長を歴任し、当時、勢力を拡大しつつあった共産党の調査などの任に当たっていた。

その後、官職を辞し、〝修正資本主義〟を旗印に政治家へと転身。吉田茂首相ら戦中派の大物に対して歯に衣《きぬ》着せぬ物言いで「青年将校」と称され、若手の保守政治家として注目を集めつつあった。

中曽根は、自身が原子力に関心を持ったきっかけを次のように述懐している。

「原子力というものに心掛けましたのは、じつは戦争に行きまして、負けまして復員して帰ってきて、なんで負けたのかということをいろいろ反省してみて、結局一つは科学技術だと、科学技術を日本がこれで思い切って発展させなければ永久に四等国家、農業国家になってしまうぞと、終戦直後のことですから、日本の将来を心配して痛感したわけであります。それは丁度、昭和20年の終戦直後にマッカーサーの連合軍の兵隊が、仁科博士がやっとった理研の、平和利用のサイクロトロンを品川の沖に捨てたのであります。それを私は新聞で見まして、非常に大きな憤りを感じたものでありまず。『これはもう、アメリカは日本を農業国家にしてしまうつもりかな』とそういうふうに思ったものであります。爾来《じらい》、科学技術で日本を再建しなければ駄目だと、そういう信念を固めておりました」（茨城原子力50周年記念講演会要旨）

中曽根は、1951年1月23日、自ら作成した建白書をGHQのマッカーサーに提示し、日本における原子力の平和利用を禁止しないよう訴えている。さらに、来日した講和特使のジョン・フォスター・ダレスにも直接面会して同様の申し入れを行った。
「ダレスは立ちながらそれを読んで、その部分を指差してニヤリと私の顔を見ましたね。いまでもそれを覚えている。これはおそらく原子力について触れたのを、彼らは初めて日本に来て見たのではないかと思うし、そういう関心を持っている日本人がここに居るというので、まあ、『若造が何を考えているのか』とニヤリとしたのではないかと思う」(前出同)
中曽根が初めて原子力に接したのは、1953年。ハーバード大学の夏期国際問題セミナーに参加するため、アメリカに渡ったときのことだった。
セミナー参加のきっかけを作ったのは、マッカーサー司令部のCIC(対敵国諜報《ちょうほう》部隊)所属で、国会や各党に出入りして諜報活動をしていたハーバード大学出身のコールトンという人物。中曽根は、コールトンが自身をセミナーに誘った理由を「新しい若い政治家を育てなければいけない、と考えたんだと思います。そこで眼にとまったのが私だったのでしょう」(『天地有情――五十年の戦後政治を語る』文藝春秋刊)と振り返っている。

セミナー自体は原子力とは直接関係がないものだったが、修了後、中曽根はアメリカ国内の原子力施設を見学して回り、ニューヨークにも出向いて財界人から色々と話を聞いたと述懐している。

中曽根は、アメリカの突然の方針転換に大きな衝撃を受けたという。

「今までは原子力は戦争のためにアメリカは使ってきたわけです。その、いろんな資料を民間に手渡してしまう。民間でそれを思い切って活用しなさいと、それを『アトムズ・フォア・ピース』という名前でアイゼンハワーは民間に渡した、民間では原子力産業会議というものを作りまして、いよいよ、民間でそれを活用するというのが新聞に出ておった。私はそれを見まして『これは大変だ、これを放っておいたら日本はまさに農業国家だけに転落してしまう』と考えまして、いろいろ情報を取ってみたのです」（茨城原子力50周年記念講演会要旨）

そして日本への帰国の途上、わざわざある人物を訪ね、アドバイスを求めている。バークレーにあるローレンス研究所にいた、理化学研究所の嵯峨《さが》根遼吉《ねりょうきち》である。

嵯峨根は日本を代表する物理学者・長岡半太郎の五男。戦時中は、理化学研究所の仁科芳雄の研究室でサイクロトロンを使った核物理学の研究に従事していた。戦後、日本での原子力研究が禁止されたため、嵯峨根は一人アメリカに渡り、ローレンス研究所で原子力の研究を続けていたのである。
中曽根は、サンフランシスコの日本領事公邸で、嵯峨根と2時間に亘って話し込んでいる。嵯峨根は日本から要人が訪米する度に接触を図り、原子力について説明をしていたといわれており、島村研究会では、中曽根は嵯峨根との出会いによって、原子力に強く関心を寄せるようになったのではないかとの証言が残されている。
「菊池正士さんだって、朝永振一郎さんだって、あの頃はみな米国に行っておられたんですけれども、嵯峨根さんだけが、あの方ちょっと異常な感覚持っておられたから、他の方はただ勉強ばっかりしておられたみたいだけど、嵯峨根さんはくる人くる人つかまえては原子力施設を見せておられた。（経団連会長の）石川一郎さんも原子力に興味を持ったきっかけは嵯峨根さんなんです。訪米してサンフランシスコに着いたとき、嵯峨根さんから電話が掛かってきて、この際研究所を見にこないかって言われて見にいった。そうだとすると、嵯峨根さんに源を発しておる人たちは多いんだ。中曽根康弘さんはいったい、何で原子力にああなったのかと。中曽根さんに言わせりゃ、それより前だったと言うんだけど、やっぱりこれは、嵯峨根遼吉さんの影響が」（島村武久）
「嵯峨根さんの先見性は大変なものでした。あの人はやっぱり新しいことが好きだっ

た。来る人来る人つかまえちゃあ、洗脳してたんですよ」（森一久）

嵯峨根に会ったとき、中曽根はどのような話をしたのか。自著の中で中曽根は、嵯峨根から次のように聞かされたと回想している。

「国家としての長期的展望に立った国策を確立しなさい。それには法律をつくって、予算を付けるというしっかりしたものにしないと、ろくな学者が集まってこない」（『天地有情——五十年の戦後政治を語る』）

当時の日本では、伏見康治と茅誠司が出した原子力研究再開の提案が、学術会議で否決されていた。中曽根は嵯峨根のアドバイスに背を押され、状況を変える決意をしたとみられる。

「当時、学術会議では（中略）共産党系の民主主義科学者協会（民科）が牛耳っていました。それで、こうなったら政治の力で打破する以外にない、これはもう緊急非常事態としてやらざるを得ない、そう思いましたよ。研究開始が一年遅れたら、それは将来十年、二十年の遅れになる。ここ一、二年の緊急体制整備が日本の将来に致命的に大切になると予見しました。そしてその打開はあんな民科の連中なんかに引きずり回されるような学界では不可能だと」（前出同）

しかし、当時、中曽根が所属していた政党は、少数野党の改進党。単独で予算や法律を通す力はなかった。

原子力予算成立

そうした中、突然、思わぬ機会が巡ってきた。1953年、吉田茂内閣が「バカヤロー解散」を断行したことが裏目に出て、与党・自由党は過半数割れとなった。野党・改進党の協力がなければ、予算も法律も成立させられない事態となったのである。この機に乗じ、改進党の中から中曽根に先んじて、行動を起こしたもう一人の人物がいた。中曽根より20歳年上の先輩議員、齋藤憲三だ。

もともと齋藤は科学技術への関心が強く、行動力にあふれた人物だった。戦前は、東京工業大学の加藤与五郎が発明したフェライト（磁性材料）に注目し、その工業化を目指して東京電気化学工業株式会社（現TDK株式会社）を設立。その一方で、翼賛体制協議会の推進候補として、1942年に初当選して以来、衆議院議員も務めていた。戦後は公職追放となっていたが、51年に解除となり、その2年後の選挙で改進党から出馬し衆議院議員に返り咲いていた。

前田正男によると、齋藤憲三は国会議員の中では中曽根よりも早く原子力に注目し、具体的な調査を行っていたという。

「齋藤さんは議員レベルで科学技術の研究会を開いて、先々のことを研究しておられるんです。その中にウランの問題も提起しておられまして。そういう新しいものを次々と持ってきた。その時に彼は、ことに原子力の問題をやろうじゃないかって話をした」

齋藤は、アメリカ視察から帰国した中曽根のほか、川崎秀二《ひでじ》、稲葉修といった改進党の議員たちにも幅広く声をかけ、日本初の原子力予算の成立に向け水面下で行動を開始。1954年3月から始まった予算審議の場で原子力予算を成立させるため作戦を練った。

その作戦とは、予算審議の成立直前に、突如、修正動議として原子力予算案を提出することだった。単独では過半数割れの自由党に対し、この原子力予算案を飲まなければ、予算案には賛成しないと突きつける。自由党が、反対するわけがない。齋藤はそう考えた。

当時の様子が、島村研究会での島村武久と前田正男との間で、詳細に語られている。

「改進党の県連の大会が秋田であって、そこに改進党代表が行った時、帰りに車中で予算修正の相談ができたっていうんです。その時、中曽根さんは一行の中にはいなかった。言い出したのは齋藤憲三さんなんだ」（島村武久）

「私の方も原子力はもちろんやらなきゃいけないけれども、科学技術をやる役所がなくては、原子力だけやったって無理じゃないかと思ってた。私の考えでは、原子力はまだちょっと早いと思っていた。ところが予算を通す時に、改進党の協力が必要だとなった。そこでその妥協案にひっつけろということを斎藤君が言い出して、中曽根さんたちが賛成した。あれは自由党じゃなしに改進党がやったわけです」（前田正男）

斎藤憲三の作戦は、ねらい通りの結果をもたらした。採決直前の予算案をひっくり返されてはたまらないと、自由党は改進党が持ち込んできた原子力予算案を飲むことになった。

原子力予算は、提出の翌日に衆議院本会議を通過。参議院に送られた。参議院では、予算案は30日経てば自然成立する決まりとなっている。こうして1954年4月、日本初の原子力予算は、一部の政治家たちが完全に主導権を握る形で、「自然成立」という形で誕生した。

その総額は2億6000万円。うち2億3500万円が、原子炉建造のための研究や調査費として計上された。当初、斎藤たちの原案では9億円が要求されており、それに比べれば減額されたものの、当時としては莫大な額の国家予算だ。島村研究会の証言によると、どのような根拠でその額が決められたのかは実に曖昧《あいまい》だ。

「当初の改進党の要求は9億円だったんです。それはいったい誰が原案を出したかと」（島村武久）

「それは詳しくは知らないけれども、とにかく原子力をやらなきゃいけないから、それにとにかく予算をつけようと。言い出したのは齋藤君です」（前田正男）

「私の疑問はいったい9億円の内訳は、まあ2億6000万円にしたっていい加減なもんであったけど、誰がいくらと言って齋藤さんなんかに9億円をたきつけたのかと」（島村武久）

「どっかのパーティーで中曽根さんが、ウラン235にかこつけて2億3500万円を説明したと言っていた」（元通産省・後藤正記）

齋藤憲三たちは、原子力予算案を成立させるにあたり、事前に情報が漏れて反対議論が巻き起こることを極度に警戒していた。準備はごく限られた政治家たちの手で、極秘裏に進められた。そのため、日本学術会議で原子力研究の再開をめぐり議論を続けていた伏見康治たち科学者は、政治家たちの動きを全く知らなかった。

「民主・自主・公開」の原子力三原則

1954年3月、唐突に現れた原子力予算案に、科学者たちは驚愕《きょうがく》した。当時の驚きを伏見康治は、島村研究会で語っている。

「朝、目を覚まして新聞を見たら、そこに〝中曽根予算〟が書いてある。びっくり仰天して、藤岡さんのところに電報を打って。学術会議の中で原子力問題の議論をしている時に、非常に思い上がった考えといえばそうなんですけれども、原子物理学者がイニシャティブを取らなければ物事が動くはずがないという大前提を皆さん持っていたんです。アメリカの原爆を開発するマンハッタンプロジェクトは、全部、原子物理学者のイニシャティブで始まったわけです。そのことが皆の頭にあるものだから、日本でも原子力というのは原子物理学者が始めなければ始まらないものだという前提があったわけです。原子物理学者さえ動かなければ一切動かないものだという前提でやっていたものですから、中曽根予算が非常なショックだったわけです」

この頃、学術会議の中には物理学者の藤岡由夫《よしお》による「原子力問題委員会」が作られ、研究再開に向けた準備がようやく整い始めていた。１９５４年２月、藤岡たちは原子力シンポジウムを開催。原子力の平和利用の一例として、当時、注目を集めていた原子力潜水艦がテーマに取り上げられ、科学者たちの間では、研究再開を歓迎する雰囲気が生まれかけていた。原子力予算案はこうした科学者たちの動きを無視し、全くの政治主導で出現したのである。

さらに国会への予算案提出の二週間後、今度は、アメリカがビキニ環礁で行った水爆実験によりマグロ漁船の第五福竜丸の乗組員たちが被爆したことが報じられ、国内は騒然となった。

科学者たちの意見は、またしても四分五裂の状態に陥った。こうした中、大阪大学の伏見研究室の卒業生である物理学者の大塚益比古《ますひこ》によると、学術会議の科学者たちは、一方的な政治主導の流れに歯止めをかけようとしたという。

「茅誠司さんと藤岡由夫さんのお二人で、直接国会議員の方へ出向かれて、原子力予算をいま出すのは、いかにも時期的に、まして原子炉を建造する予算などというふうなものは、とてもじゃないけどもいまは出せないということで。その辺は中曽根さんも受け入れて。予算の目的は原子炉建造から原子力平和利用研究費補助金に変わりましたけれど、予算そのものは通過しまして」

科学者たちの予想を遥かに超えるスピードで事態が進行していく中、伏見はこのまま政治家たちを野放しにしておくわけにはいかないと、急遽《きゅうきょ》、原子力憲章の草案を作成。これを受け取った朝永振一郎は、藤岡由夫とともに伏見案を練って「民主・自主・公開」の原子力三原則をまとめた。

この文書は、内閣総理大臣宛《あて》に学術会議からの申し入れとして提出された。齋藤や中曽根ら政治家は、この時は聞く耳を持ち、その内容を容認。三原則は原子力基本法の第2条に、次のように反映されることとなった。

「原子力の研究、開発及び利用は、平和の目的に限り、安全の確保を旨《むね》として、民主的な運営の下に、自主的にこれを行うものとし、その成果を公開し、進んで国際協力に資するものとする」

しかし、科学者が関与することができたのは、ここまでだった。予算成立後、中曽根康弘と前田正男が中心となって、早速、具体的な原子力政策立案のための動きが始まったが、その過程で、彼らは科学者たちを頼ろうとはしなかった。

すでに欧米を中心とした海外では、原子力発電の実用化研究が具体的に進められていた。反面、日本の科学者たちは、基礎研究に重きを置いており、産業に直結するような知見を持っている人物はほとんどいなかった。そのため、政治家たちの関心は、国内ではなく海外へと向けられていったのである。

1955年の夏、前田正男と中曽根康弘に加え、松前重義、志村茂治の4人による超党派国会議員団が結成され、具体的な原子力政策の検討が始まった。

彼らの最初の行動は、ジュネーブで開かれる原子力平和利用国際会議に出席し、最新の知見を得ることだった。4人は国際会議へ出席した後、ヨーロッパとアメリカの現地視察に向かった。この視察の間、連日、膝《ひざ》を交えた議論が重ねられ、帰国するまでの間に、この4人の国会議員だけでほとんどの構想がまとめ上げられたという。

「科学技術全体の問題は前からやっていたわけですが、原子力の問題は原子力予算が付いたその時から始めたわけです。しかし、ぐずぐずしてはおれない。4つの党の超党派ですから、意見をまとめなければ。帰っちまうとみな選挙区の仕事を持ったりしてなかなかまとめられませんから。この4人で固まっている間にまとめようということで」（前田正男）

帰国後、4人は視察団の団長だった中曽根を委員長として、各党による「合同委員会」を結成。合同委員会は、国会の場ではなく総理大臣官邸の一室を借りて開かれ、視察の間にまとめられた4人の原案をベースに原子力基本法が作り上げられた。

他方、中曽根らの合同委員会に先んじて、内閣には原子力政策立案のための組織が新たに作られていた。「原子力利用準備調査会」である。調査会には自由党の大物政治家・緒方竹虎《たけとら》や愛知揆一《きいち》、経団連の石川一郎、さらに学術界から茅誠司や藤岡由夫といった錚々《そうそう》たるメンバーがそろっていた。

この他にも各省庁の内部には、原子力を司る新たな組織が次々と立ち上げられ、通産省には原子力課が、経済企画庁には原子力室が設置された。

しかし当時、通産省の官僚たちは、日本学術会議で科学者たちが原子力の研究をどのようにして再開するか議論をしている最中なので、その結果が出るまで待とうと考えていた。そのため、政治家たちによる突然の原子力予算案の成立は、全く予想すらしなかった出来事だった。

「１９５４年３月３日の朝、堀純郎《すみお》課長が『昨日から新聞で報道されている衆議院の予算修正動議のうち、原子炉建造費補助金は、調査課で担当することとなった』という話をされ、これは大変だと思いました」（伊原義徳）

伊原氏の上司だった調査課長・堀純郎は、島村研究会で当時をこう振り返っている。

「日本は連合軍が占領している間、原子力のことを触ってもいけなかったんです。サンフランシスコ講和条約が発効して独立してからは、原子力をやっていいような状態になったんですが、産業界その他の方がどなたもこれに手をお付けになること、口になさることがなかった。その時、物理学の一部の人間が、原子力の研究をやるかやらんかで議論したことは確かです。ところがこの議論は、やるべきだという人間と、やるべきじゃないという人間と、やりようによってはやったらいいという人間と、賛否中立の三論に分かれて、小田原評定を繰り返しておったわけです。小田原評定で時間だけ食っていたので、これを中曽根さんなんかがやきもきして、札束でひっぱたいたとおっしゃったかどうかは知りませんが、国会で予算を決めたのです」

この時、島村武久は、通産省から経済企画庁原子力室に異動し、室長の任に就いている。島村によると実質的に決定権を握っていたのは、中曽根たち政治家による合同委員会だったという。

「私なんかも原子力室ではいろいろやったんだけれど、呼び出されて合同委員会に陪席して、そこの空気を持って帰ってそれに対応する仕事に忙しくなっちゃったんです。どんどんそっちの方で毎日やられるでしょ。議論について行くのに忙しいわけです。先生方を追っかけ回すのに」

そして、合同委員会での審議により、原子力政策を決定する機関として「原子力委員会」が設置されることが決まった。また、今後の予算の見積もり配分や、研究所の設置などの様々な原子力政策は、原子力委員会によって決められていくこととなった。併せて、科学技術を司る行政機関として、科学技術庁が設立されることが決まった。以降の原子力予算は科学技術庁が一括計上し、各省に配分することと定められた。

さらに重要なのが、1955年10月に、研究炉から国産1号炉に至るまでどのような型式の炉を導入していくか、その基本方針が定められたことだった。公式にはこの方針決定は内閣の原子力利用準備調査会によってなされたことになっているが、島村研究会での証言によると、中曽根康弘らによる合同委員会が全てを取り仕切っていたという。

「ジュネーブから先生方が帰られて以降はもう、原子力利用準備調査会は開店休業みたいになって。みんな国会の合同委員会でいろんなことを決められるようになって。基本法の審議その他も、ほとんど合同委員会で進められるようになった」（島村武久）

こうして日本の原子力行政は、一部の政治家たちの主導によってその原型が形作られ、スタートが切られていったのである。

原子力の知識は皆無に等しかった官僚たち

政治家たちの主導で原子力政策の大方針が定められていく中、その方針に沿った具体的な施策を考えるよう命じられたのが官僚たちだった。

まず命じられた仕事は、2億6000万円の原子力予算の細かな使い道を定めることだった。管轄《かんかつ》は通商産業省と決められた。通産省には外局の一つとして、工業技術院が設置されていた。目的は科学技術の研究を行い、それを広く社会に普及させていくこと。この通産省工業技術院が、具体的な原子力予算の使途を考えるには、最もふさわしい組織と判断されたのである。

島村研究会の録音テープを提供してくれた伊原義徳氏は、この時、工業技術院の調査課に入ってまもない、若き技術官僚だった。伊原氏は、東京工業大学の電気工学科の出身。理研の仁科芳雄や物理学者の武谷《たけたに》三男らとの交流もあり、もともと原子力発電には関心を持っていた。しかし、通産省では、本省のみならず工業技術院においても、原子力に対する知識や関心は、全く心細いものだったという。

「武谷三男先生を囲む会で原子力研究の話を聞いたりして、仲間と相談しアメリカで販売されている『ニュークレオニクス』という雑誌を定期購読するという案を、堀純郎調査課長に上げました。しかし『原子力はまだまだ先の夢のような話だ』ということで、取り上げてもらえませんでした」

原子力についての知見をほとんど持ち合わせない中、突然、原子力予算の使い道を決めるよう命じられたわけであるから、通産省の内部では大変な騒ぎとなった。

「予算が成立しますと、その仕事を業務としてやらなければならない立場になったのですが、当時、通産省には原子力の知識というのはありませんでした。通産省の本省になかっただけではなくて、付属の研究所その他にもありませんし、日本に当時何百という大学がありましたが、これにも原子力の知識は皆無といっていい状態でした」（堀純郎）

こうした中、堀と伊原氏がまず取り組んだ仕事は、頼れる相手を探すことだった。真っ先に名前が挙がったのは、戦前から原子力研究を続けていた理化学研究所の仁科芳雄だった。当時、理化学研究所はGHQによって解体され、株式会社科学研究所という組織に変わっていたが、仁科はそこに在籍して研究を続けていた。

堀たちの申し入れに対し、仁科からは「場合によっては全部引き受けてもいい」という返事が返ってきたという。

「全部引き受けていただければ、行政官庁としては非常に楽になるわけです。そこで科学研究所の知識を使えばやっていけるという見通しが立ったわけです」（堀純郎）

しかし、原子力予算は、通産省が要求して手に入れた予算ではない。通常ならば要求した官庁がそのまま使えばいいところだが、もし予算の使途について、国民や大蔵省から詳しい説明を求められたとき、科学研究所のいうなりにやっていますというのでは納得が得られるはずがない。

「棚からぼた餅《もち》が落ちてきたような予算ですから、そう勝手に使うわけにもいきませんので、大蔵省に対する手前もあって、これの使い方には非常に慎重を期そうということになりました」（堀純郎）

そこで堀たちは、通産省内に原子力予算を審議するための「予算打ち合わせ会」を設けることにした。通産次官を委員長として、官房長や工業技術院長、さらに原子力に関連する技術や学識を持った人物を集めて、予算の使い道を検討してもらうことにしたのである。

その結果、一つの使い道が定められた。それは、研究用の原子炉を導入することだった。ただし、導入を決めたとはいえ、堀たち工業技術院調査課は、原子力の他にも様々な科学技術の研究調査を抱えていた。研究炉は小型で単純なものとはいえ、日本で初めて導入される原子炉であり、その重要さを考えればとても片手間でできるような仕事ではない。それに、アメリカやイギリスでは様々な型式の原子炉が研究されていたが、そのどれを導入すべきかも、まだ十分にわからない状態だった。

最初の1年間は万事このような状態で、堀によれば通産省は終始、後手に回り、最終的には与えられた2億3500万円を持て余してしまう状態だったという。

「2億3500万円で仕事を進めてきましたが、準備段階ではそう金も使えなくて、大半のお金を余してしまったわけです」(堀純郎)

同じ調査課の課長補佐だった田中好雄《よしお》も、当時の困惑ぶりを証言に残している。

「私の印象では、おおざっぱにいくらでもいいから付けてやろうというような考えで、ぽっと出てきたような感じでした。予算要求の根拠がないから、内訳を作るのに困った。どうやっていいのかさっぱりわからない。１９５４年度で使ったのが６０００万円だったような記憶がある。あとはみんなキャリーオーバーしちゃった」

原子力予算が成立してからの最初の１年間、通産省は政治家たちの期待に沿う内容を示すことができなかった。そして国会の場で説明を求められた時には、経済企画庁に責任を押しつけ、自ら責任を負おうとしなかった。当時、島村武久は、通産省から経済企画庁に異動し、原子力室の室長を務めていた。島村武久は、一連の通産省の体たらくを痛烈に批判している。

「質問通告に対して誰が返事をするかということで、その時通産省は逃げた。いつ産業化されることになるかわからない話は、通産大臣ではないと。そして長期計画をやっているから経済企画庁だと。それで経済企画庁長官の高碕達之助《たかさきたつのすけ》が答弁に当たった。通産省全体としては、原子力に取り組む意欲がその頃は全くなかった。通産省としては、ちょっとぬかったところがあったんだな」

島村研究会では、島村のこの指摘に対し、通産省の堀純郎は「見通しを誤っていました」と、素直に認めている。そして遅れを取り戻すべく、翌１９５５年、通産省は原子力の導入に向けて本格的な活動を開始した。

アメリカで実感した技術と資本力の圧倒的な格差

通産省は、まず、これまで原子力を担当していた調査課から独立して、新たに原子力課を設立した。原子力課の課長には、堀純郎をスライドして据えた。この時期、堀が真っ先に取り組んだのは、省内で専門家を育成することだった。その矢先、堀は絶好のチャンスといえる情報をつかんだ。外務省から、アイゼンハワー大統領が各国の原子力の専門家を育成するために留学生を受け入れる方針を打ち出していると聞いたのだ。堀は早速外務省と話を進め、第一号の留学生として、部下の伊原義徳氏を派遣することを決めた。伊原氏は当時をこう振り返っている。

「堀さんから『君は英語は話せるのか』と聞かれ、『読み書きはできますが、話す方はどうも』と答えましたら、『今から勉強しておくように』と言われました。それから、仕事が終わると夜間の英語学校に通う日々が始まりました」

それからわずか数カ月後の1955年2月。伊原氏はアメリカ・シカゴ郊外にある世界最先端の原子力研究所、アルゴンヌ国立研究所へ留学するよう命じられた。研究所に付設された「School of Nuclear Science and Engineering」には、欧米、中南米、アジア諸国から39人の科学技術者が第一期生として入学し、伊原氏は彼らと机を並べて8カ月間、原子力の知識・技術の猛特訓を受けた。留学生たちを指導したのは、世界初の原子炉CP－1を建造した研究者たちだった。伊原氏はまず彼らから、原子力の基礎について学んだ。

さらに、すでにアメリカ国内の各地に建造され、実験が進められていた、あらゆる型の原子炉を精力的に見て回った。高速増殖炉、熱中性子炉、ガス冷却炉、ナトリウム冷却炉……。8カ月間の留学は、原子力におけるアメリカの圧倒的な技術力と資本力に圧倒されっぱなしだった。

伊原氏が帰国すると、日本でも原子力の導入に向け、ようやく具体的な施策が実行され始めた。1956年1月1日、原子力基本法が施行され、原子力委員会が発足。

5月には科学技術庁が設立され、通産省の伊原義徳氏、経済企画庁の島村武久といった各省庁のコアメンバーが集められ、原子力局が設置された。島村は原子力局の政策課長に就任。伊原氏は管理課に配属となった。

そして、翌6月には、日本初の原子力の研究拠点として、特殊法人「日本原子力研究所」が設立された。

しかし、アメリカから帰ったばかりの伊原氏には、日本はまだまだ原子力の導入に踏み切れるまでの状態に至っていないと感じられたという。

「自分は日本に帰って原子力行政の仕事に携わるのだけれども、アメリカでは全土に亘ってこれだけ立派な研究施設を持ち、たくさんの人が働いている。日本では科技庁が発足し原子力局が立ち上げられましたが、原子力局はたいへん小さな所帯で、机やイスも通産省から持ち込んでこないとそろっていない状態でした。日本ではとてもアメリカのような充実した研究施設は、自分の生きている間には持てないだろうと思いました」

こうした状況の中、伊原氏は、次のように気持ちを切り替えることにしたという。

「当面は、アメリカのような立派な施設ではなく、もう少しお金のかからない研究施設をどういうふうにして作っていくかが重要だ。それが自分の仕事の重要な部分になるだろう」

しかしこの後、日本への原子力導入は、伊原氏の想像を遥かに超えるスピードとスケールで進められていくことになるのであった。

第2章　巨大産業と化していく原子力

原子力の父・正力松太郎の登場

科学技術庁が立ち上がり、官僚たちが原子力導入に向け具体的な動きを始めた頃、前章で触れた後藤文夫と橋本清之助らが立ち上げた「電力経済研究所」では、湯川の門下生だった森一久らによって、海外の原子力の論文を読み込むなどの地道な活動が続けられていた。

「外務省にジュネーブ会議の論文が来た。僕らは押しかけていってそれを持ってきて、複写して読んだ。そういう熱気にあふれていた」（森一久）

やがて電力経済研究所は、欧米の原子力産業の開発状況などを紹介する書籍を次々と出版。日本にもいち早く原子力を導入すべきとの提言を、積極的に行うようになっていった。

こうした電力経済研究所の活動に強い関心を示し、近づいてきた人物がいた。正力松太郎だ。正力は戦前の貴族院議員で読売新聞社社主、戦後は日本テレビ放送網を立ち上げ、政財界で大きな影響力を持ち始めていた。森の証言によると、正力と電力経済研究所の橋本清之助とは旧知の間柄であったという。

「橋本さんと正力さんというのはご存じのように最後の貴族院議員です。戦争末期に華族でもなく多額納税者でもない貴族院議員ができたんです。3人いてそのうちの2人が、橋本さんと正力さんだった。まあそういう仲間で非常に親しい。橋本さんは何かあると正力さんの所へ行って相談するんだと言っていました」

橋本が仕えていた後藤文夫と同様、正力も戦後にA級戦犯とされ、巣鴨拘置所に収容されていた。1947年に不起訴となり釈放された後は政界を離れ、日本テレビ放送網の初代社長として活躍していたが、55年2月の衆議院総選挙で当選を果たし、国会議員に返り咲いていた。

再び国会議員となった正力は電力経済研究所の橋本清之助と接触する中で、極秘裏にある組織を立ち上げた。その時の様子を、当時、経済企画庁原子力室の室長だった島村武久が証言に残している。

「後に読売新聞の副社長として采配《さいはい》をふるった佐々木芳雄《よしお》君は、その時一介の経済部記者として、財界人説得に奔走させられていた。彼の回想によると、電力界の鬼といわれた松永安左ヱ門や、鮎川義介《あいかわよしすけ》までが、ダムをつくれば半永久的に利用できるから、原子力発電などやる時期ではないと言って容易に聞き入れなかった。松永安左ヱ門さんだって、原子力に対しては躊躇《ちゅうちょ》しておったんだ。そういう頭の固い大物を次々と口説いて、ついに経団連会長の石川一郎を筆頭に、藤山愛一郎、小林中《あたる》、小坂順造、菅禮之助《すがれいのすけ》、石坂泰三《たいぞう》等々はじめ、学界からは八木秀次《ひでつぐ》、亀山直人《かめやまなおと》、内田俊一《しゅんいち》等々、66人を網羅して、1955年4月28日、日本工業倶楽部《クラブ》で発会式を行い、正力が代表に選ばれたと」

正力が自ら世話人代表となって立ち上げたこの組織とは「原子力平和利用懇談会」。日本を代表する主要企業がこぞって名を連ねていた。原子力平和利用懇談会は、産業界による初の原子力導入のための大合同組織だった。その後、正力は鳩山《はとやま》一郎内閣の国務大臣に就任。原子力行政を一手に引き受け、日本初の原子力発電所の導入に向けて突き進み、「原子力の父」と呼ばれる存在となった。その正力の下で補佐役を務めていたのが、経済企画庁原子力室長の島村武久だった。

「正力さんに私呼ばれたんです。正力国務大臣（原子力担当）の副官みたいなことをやっていたんです。まだ科学技術庁はできていない、原子力委員会もできていない時です。自分の部下が誰もいないから、誰か一人派遣してくれということで、私が兼任みたいな形で、辞令を用いずして正力さん付きになっていたわけです」

島村によると、政治家としての正力の目的は、最初から明確に日本への実用的な原子力発電所の導入と定められていたという。

「正力さんという人は奇妙に放射能を出す人で。もう、自分自身が鳩山氏の次は総理になるつもりでおったんです。そのくらいビリビリ、ビリビリした人でしょ。だから、鳩山さんも第三次鳩山内閣（1955年11月）の時に、正力さんを防衛庁長官にと交渉した。ところが、正力さんの話によると、そんなものはやりたくないんだ、原子力だ。ところが、鳩山さんも知らないんです。原子力なんかやる役所は無いんですから。原子力省なんてものは無かったんですから。それでしょうがなしに、北海道開発庁長官に任命して、原子力担当国務大臣を兼ねさせることにした。正力さんは原子力をやるために内閣に入ったんだから、北海道開発庁などはつけ足しと思っているから。あの人は原子力のことしか考えないんです。私はあれだけの人は、ちょっとその後も出なかったと思います。あれだけ強い人は、原子力開発に強い人は」

CIAの暗躍も

それにしても、なぜ正力はこれほどまでの熱意を原子力に注いでいたのか。それを

原子力の導入に熱意を注ぎ、「原子力の父」と呼ばれる正力松太郎
（写真提供：共同通信社）

知るためには、原子力平和利用懇談会発足の前年に起きたアメリカのビキニ環礁《かんしょう》水爆実験による第五福竜丸乗組員被爆事件まで遡《さかのぼ》らねばならない。

1954年3月、ビキニ事件が日本で報じられると、広島・長崎に続く3度目の被爆として、国内では激しい反米世論が巻き起こった。さらにビキニ近海でとれたマグロや国内で降った雨から放射性物質が検出されたことが追い打ちをかけ、反米世論はさらに強まった。

アメリカ政府は、この事態に非常な危機感を抱いた。ソ連はすでにビキニ水爆実験の前年の1953年8月、実用的な水爆の開発に成功。アメリカは核開発競争で初めて劣勢に立たされていた。そこで開発されたのが、ビキニ実験で使用された水爆ブラボーだった。この実験が思わぬ形で日本に激しい反米世論を巻き起こすことになったのである。

アメリカにとって、事態を収める唯一《ゆいいつ》の方法と考えられたのが、原子力の平和利用をPRすることだった。

このPRには、もう一つのねらいがあった。それは、ゼネラル・ダイナミックス社やウェスティングハウス社、ゼネラル・エレクトリック社（GE）といったアメリカの名だたる企業が、原子力を新たなビジネスチャンスとしてとらえていたことだ。特に軍産複合体であるゼネラル・ダイナミックス社は、ビキニ事件の2カ月前に世界初の原子力潜水艦ノーチラス号を進水させていた。この時、ノーチラス号の動力として開発されたのが小型・高出力で構造もシンプルな「軽水炉」であり、ゼネラル・ダイナミックス社はこの軽水炉を発電用に転用することで、原子力発電に乗り出そうとしていたのである。

アメリカ政府はこうした企業の活動を水面下でバックアップしていた。虎ノ門にあるアメリカ大使館には広報宣伝活動を行うための文化交流局（USIS）が設置されていたが、このUSISが最も力を入れていたのが原子力の平和利用の宣伝活動だった。USISは日本が世界で唯一の原爆被爆国であり、多くの国民が原子力に強いアレルギーを持っていたことから、新聞や放送、映画などのメディアを通じて盛んに平和利用の宣伝活動を行っていたのである。

こうした状況の中、二人の人物が銀座の寿司屋《すしや》で密談を重ねていた。一人はCIA局員のD・S・ワトソン。もう一人は、正力松太郎の〝懐刀《ふところがたな》〟と呼ばれた日本テレビ放送網の重役・柴田秀利《しばたひでとし》だ。柴田はもともと読売新聞のGHQ担当記者であり、吉田茂といった政治家の他、経済界の上層部にも通じていた。また国内のみならず、アイゼンハワー大統領など海外にも幅広い人脈を持っていた。その柴田が最も危惧《きぐ》していたのが、ビキニ事件で火が付いた日本国民の反米感情が共産主義の台頭につながることだった。事実、この頃、社会党や共産党といった左翼勢力は、アメリカを、戦争にひた走る国として強く非難。さらにアメリカと結びついた保守勢力に対しても攻撃を強めていた。

このことについて柴田は後年に刊行した手記で次のように記している。

「日本人全体の恨みと怒りは、それこそキノコ雲のようにふくれ上がり、爆発した。その動きを見逃す手はない。たちまち共産党の巧みな心理戦争の餌食《えじき》にされ、一大政治運動と化した」（『戦後マスコミ回遊記』中公文庫）

その柴田に肩書きを隠して接触を図ってきたのが、CIA局員のD・S・ワトソンだった。

「日米双方とも日夜対策に苦慮する日々が続いた。このときアメリカを代表して出てきたのが、D・S・ワトスンという私と同年輩の身分、肩書を明かさない男だった」（前出同）

銀座の寿司屋での密談で、柴田はワトソンにこう告げた。

「このまま放っておいたら、せっかく営々として築き上げてきたアメリカとの友好関係に決定的な破局を招く」（前出同）

「私は告げた。日本には〝毒は毒をもって制する〟という諺《ことわざ》がある。原子力は双刃《もろは》の剣だ。原爆反対を潰《つぶ》すには、原子力の平和利用を大々的に謳《うた》い上げ、希望を与える他はない」（前出同）

二人の密談の後、アメリカでは一つの対日政策が定められた。それは「日本に対する心理戦略作戦」と名付けられた政策だった。この作戦について、アメリカ国務省の内部文書は次のように記している。

「核兵器に対する日本人の過剰な反応は、日米関係にとって好ましくない。核実験の続行は困難になり、原子力の平和利用計画にも支障をきたす可能性がある。そのために日本に対する心理戦略計画をもう一度見直す必要がある」

ワトソンによると、実はビキニ事件の前から、アメリカは日本での原子力の平和利用宣伝を進めるために、極秘裏に柴田を通じて正力との接触が行われていた。そしてこの時、ワトソンによって、正力に対して原子力についての具体的なレクチャーが行われたという。1994年に放送されたＮＨＫ「現代史スクープドキュメント・原発導入のシナリオ」での取材で、ワトソンは次のように証言している。

「正力は実に鋭い男で、的確な質問をしてきました。私はすぐに本題に入り、原子力の平和利用について説明しました。日本は原子力の平和利用にうってつけの国である。

なぜなら国内にエネルギー源がほとんどない。それが私の話のポイントでした。すると私の話を聞いていた正力は目を輝かせたのです」

この頃から、正力は急激に原子力に強い関心を抱くようになっていった。さらに読売新聞では、原子力発電の将来性を伝える連載「ついに太陽をとらえた」が始まった。連載では、原子力は電力不足を解消するだけでなく、水力・火力より低いコストで発電ができるため、将来、電気料金は格段に安くなると紹介された。この頃の正力について、島村原子力政策研究会のメンバーたちは、次のように証言している。

「正力さんは『私は、職業野球をやった、民間テレビもやった、その次は原子力だ』と。そういう講演を聴かされたな、僕は、いっぺん何かの時に」（物理学者・伏見康治）

「中身は分からなくてもやる必要があるんだということで、国会答弁しておられました。もう、絶対にやる必要があると言うだけで、中身を説明しないんです」（元日本原電取締役・別府正夫）

「大人物というのはああいうものかと。大人物にも色々ある。が、自分の都合の良いことだけしか聞かないんです。いくら説明しても、自分にはわからんこと、あるいは気に食わんことは、ちょっとも頭に入らない。受け付けないんです。苦労もないです。

あれこれ悩むことはないんで、いいことだけ聞いて『よし』と、こう」（島村武久）

「原子力平和利用博覧会」による大プロモーション

原子力に魅せられた正力は、ビキニ事件後にアメリカが取った「日本に対する心理戦略作戦」の実行においても、非常に重要な役割を果たした。正力の〝懐刀〟柴田秀利は、CIAに次のような提案を行っている。

「最も効果的な方法は、原子力の著名な科学者を来日させることである。正力松太郎は、彼の新聞とテレビネットワークを通じて、最大限に啓蒙《けいもう》プロパガンダを行う用意がある」

そして行われたのが、民間使節の形を取った原子力平和利用使節団をアメリカから招き、原子力の平和利用を広く国民にPRすることだった。東京の日比谷公会堂で開催された原子力平和利用使節団の講演会には、長蛇の列ができた。この講演会で壇上に立ったのは、使節団団長のジョン・ホプキンス。ホプキンスは原子力の平和利用が無限の未来を約束すると演説し、満場の拍手喝采を受けた。

このホプキンスの本当の肩書きは、原子力潜水艦ノーチラスを建造し日本への原子炉の売り込みを虎視《こし》眈々《たんたん》とねらっていたアメリカの軍産複合体ゼネラル・ダイナミックス社の社長だった。講演会は読売新聞で連日に亘《わた》って紹介されたほか、日本テレビによって全国放送も行われた。まさにメディアキャンペーンである。

さらに正力は、1955年11月、キャンペーンの決め手として、アメリカ情報局との共催で「原子力平和利用博覧会」を開催した。原子炉や原子力飛行機の模型などが展示され、訪れた人々の夢をかき立てた。東京で始まった博覧会は、1年半をかけて全国11カ所の都市を巡回。およそ300万人が訪れ、その様子は逐一、読売新聞と日本テレビによって紹介された。

被爆地・広島では何と平和記念資料館が会場となった。開催に当たっては展示されていた被爆者の遺品や写真を撤去して、原子炉の模型などが展示された。そして、100万人目の来訪者である広島の地元の中学生にマジックハンドで花束が贈呈される様子が、日本テレビによって華々しく紹介された。

正力によって行われた一連の平和利用キャンペーンのすさまじい効果に、島村武久ら原子力政策を担当する官僚たちは驚かされた。彼らは、博覧会が日毎《ひごと》に世論を変えていく様に目を見張った。

「正力さんが力を入れてですね、アメリカからいろんなものを持ってきて、原子力平和利用博覧会っていうのをおやりになってね。多大の一般日本国民に感銘を与えたも

のを初めて開いた。原子炉の模型なんか出てましたよ」（元経済企画庁・村田浩《ひろし》）
「平和博っていうものが、相当なものであったことは確かだろうな。ずいぶんそのPRになったことは確かでね。時あたかも久保山《くぼやま》さん事件（第五福竜丸の乗組員・久保山愛吉《あいきち》さんは、1954年9月23日、被爆による黄疸《おうだん》が悪化してなくなった）が起こっているわけだろ。杉並の主婦から出た反原子力運動、反核運動もね、ずいぶん広がり始めている頃ね。56年にあれだけ華々しく原子力がスタートできたというのは、国会議員のあれだけじゃなくて、それ以前のやはり耕したものが相当生きとると思うんだな。やっぱり我々は役所サイドにおって、あんまり大して評価も関心も読売ほどは持たなかったけど、実質的にはかなり役に立っとるなあという気がしたんですよね」（島村武久）
広島、長崎、そしてビキニ——。3度の被爆を経験した日本国民は、いかなる心理で原子力の平和利用を受け入れていったのだろうか。その葛藤《かっとう》を理解するために、広島で原水爆禁止運動を立ち上げた被爆者・森瀧市郎《もりたきいちろう》について触れたい。
広島で平和利用博覧会が開かれるとき、森瀧は平和記念資料館が会場として使われることに強く抗議した。しかし、その後、森瀧は原子力の平和利用を支持する側へと立場を変えていった。長崎で開かれた第2回原水爆禁止世界大会では被爆者たちにより日本被団協が結成されたが、森瀧が草案を記した結成宣言「世界への挨拶《あいさつ》」には次のような言葉が記されていた。

「破壊と死滅の方向に行くおそれのある原子力を決定的に人類の幸福と繁栄との方向に向わせるということこそが、私たちの生きる限りの唯一の願いであります」

後に森瀧は、当時の心境をこう振り返っている。

「このような考え方は、原爆後四半世紀近くもつづいた。それは、あたかも国民の原子力についての合意であるかのように見えた。すなわち、原子力の『軍事利用ノー』『平和利用イエース』であった」

「一般には『平和利用』のバラ色の未来が待望されていたのである。原子力の『軍事利用』すなわち原爆で、あれだけ悲惨な体験をした私たち広島、長崎の被爆生存者さえも、あれほど恐るべき力が、もし平和的に利用されるとしたら、どんなにすばらしい未来が開かれることだろうかと、いまから思えば穴にはいりたいほど恥ずかしい空想を抱いていたのである」

森瀧市郎の次女・森瀧春子氏は、父・市郎について尋ねた私たちのインタビューに対し、こう答えている。

「当時の広島には、アメリカ文化センターというものが設置されて、広島市民に新しい文化をもたらすという形で原子力の平和利用が浸透してきていた頃でした。そのため被爆者の間には、悲惨な目に遭っているからこそ、同じ原子力が人類の未来に平和と繁栄をもたらすものであってほしいという期待があったのです。平和利用博覧会は、広島だけじゃなくて全国をずっと巡回して、たくさんの人が見に行って、一大ブームを巻き起こしていました。原子力の平和利用に対する夢という意識に〝洗脳〟されたという言い方のほうがいいかもしれません」

森瀧市郎が平和利用について疑問を呈し、具体的な行動を起こすようになったのは、1960年代後半になってからだった。きっかけとなったのは、四国で起きた、伊方原発訴訟だった。四国電力の伊方原発の建設を巡り、地元住民そして原発の危険性を指摘する科学者たちが国を提訴。最終的には、住民・科学者側が全面敗訴となったが、その顚末《てんまつ》については第Ⅱ部で述べる。森瀧は度々この裁判の傍聴に訪れては、住民や科学者たちの声に耳を傾けた。そして、裁判の行く末を見守る中、森瀧は1971年の原水禁世界大会で、初めて「反原発」を中心スローガンに据えた。その4年後には、さらに考えを進め、平和利用も含めた「核絶対否定」を唱えた。

正力による原子力導入への大号令

正力松太郎の登場により、日本への原子力導入は勢いよく進み始めた。1955年6月、日米原子力協定が仮調印され、日本に初めて原子炉の燃料である濃縮ウランがアメリカから供給されることになった。鳩山内閣の原子力担当大臣となった正力は、この半年後、アイゼンハワー大統領宛《あて》に1通の手紙を送っている。

「原子力平和利用使節団の来日が、日本でも原子力に対する世論を変えるターニングポイントになり、政府をも動かす結果になりました。この事業こそは、現在の冷戦における我々の崇高な使命であると信じます」

明くる1956年1月1日、前田正男や中曽根康弘らの働きで成立した原子力基本法に基づき、原子力委員会が設立された。原子力委員会は、日本の原子力行政を計画的に進めていくことをその任とした。正力松太郎は、初代委員長に就任。委員には、経団連会長の石川一郎、物理学者の藤岡由夫、そしてノーベル物理学賞受賞者の湯川秀樹らが選出された。

原子力委員会は、発足当初から正力の独壇場だった。その様子が、島村研究会の録音記録に残されている。

「原子力委員を選んだのなんかも、みんなあれは総理が選んだんでなくて、正力さんでしょう。超一級でしょ。財界からは経団連会長の石川一郎さんを引っ張り出す。学界からは湯川さんが一番いい。一番えらい人、ノーベル賞を貰《もら》った原子物理学者だからこの人はどうしても引っ張ってこなければと、こう言うわけです」（島村武久）

さらに、学術会議の第４部長を務めていた茅誠司によると、委員の選考に当たっては正力と意を共にする政治家たちが水面下で動いていたという。

「原子力委員会の委員をどうするかっていうのが大変な問題になって。これオフレコードかもしれないけれど、本当なんです。中曽根康弘が私の家を訪ねてきて。この位の高さの竹の棒でつくった垣根を中曽根がひょいと飛び越えて、家の中に平気で入ってくる。そして、原子力委員をどうするか。実業界では第一の人を選ぶ。ついては学界でも第一の人を選んでくれと。実業界での第一人者は、時の経団連の会長・石川一郎。あなたは学者の第一人者といったら誰を考えているのかと聞いてくるから、湯川秀樹さんだと。とにかく湯川さんに電話したら、『僕は一人で原子力委員をやるのは、忙しくてなかなかできない』と。それなら、もう一人湯川さんの代わりをできる人を入れたらどうだと。茅さんそれは誰だって中曽根が言うから、藤岡だって言った、藤岡がなりたがっているからどうかと」

湯川は原子力の導入に当たっては、慎重派だった。日本ではまだまだ基礎研究が足りないため、実用化を急ぐのではなくまずは基礎研究を積み重ねていくべきと主張していた。そのため早期導入を目指す正力の考えと真っ向から対立し、原子力委員への就任を渋っていたが、湯川の門下生である森一久が引っ張りだされて説得に当たり、ようやく就任を了承することになった。

そして1月4日、初めての原子力委員会が開かれた。この委員会で、正力は独断で次のような声明を発表した。

「原子力発電は、すでに実用段階にある。5年以内に実用的な原子力発電を始める」

この声明に驚いたのが、島村武久だった。

「正力さんから、12月28日に命令がきて、声明出すから原稿つくってくれっていうから、僕が書いたんですよ。我ながらよくできたと思って渡しておいた。ところが1月4日、正力さんから配られた声明を見てみると、僕が書いたのとは全然違うんです。『5年以内に原子力発電をやる』という声明を出せと柴田氏が正力さんに進言して、正力さんもだけど、この人も相当曲者《くせもの》ですよ。ばかなこと勝手にしてもらっちゃ困ると思って、怒鳴り込みにいった」

しかし、正力は声明の内容を覆《くつがえ》さなかった。これに怒ったのが、委員の湯川秀樹だ

1956年１月に設立された原子力委員会には、ノーベル物理学賞受賞者の湯川秀樹も加わったが……（写真提供：共同通信社）

った。門下生の森一久は、委員会が開かれたその日の夜、湯川に呼び出された。

「私の家に湯川さんから電話が掛かってきたんです。『すぐ来い』と、『原子力委員を辞めようと思うから』と。湯川さんが定宿にしていた福田家に呼び出されたんです。湯川さんは声明を読んで『頭にきた。基礎研究なんてしなくていいって言っとる、こんなのお前たちが原子力委員会に入れっていうから入ったけどもう辞める』って。『先生いくら何でも今日入って1日目に辞めるってことはないでしょう』と、まあ、なだめたんです。湯川さんの奥さんのスミさんと一緒になだめた。島村さんたちの側でどんなことがあったのかを知らないから、役所もいい加減だなあ、どうしてこんな声明出したんだろうなと思ってたんだけど」

　森の説得を受けて湯川はなんとか委員に踏みとどまったものの、正力の考えとは相《あい》容《い》れなかった。さらに湯川を追いつめたのが、原子力予算を成立させた政治家たちが、原子力委員会に度々顔を出すようになり、実用的な原子力の導入に向けて意見を述べるようになっていったことだった。

「1956年1月に原子力委員会がスタートしても、合同委員会の先生方がちょいちょいと原子力委員会に出てこられました。中曽根さんもそうだし、前田正男さんあるいは齋藤憲三さん、そういう方が出てこられました」（村田浩）

結局、湯川はわずか1年で原子力委員を辞任した。この出来事は、行政と科学者たち双方の間に、抜き差しがたい不信感を植え付けることとなった。

「正力さんというのは、原子力委員会の委員長としては、あんまり適当ではなかったんではないですか。なぜ正力さんを抱え込んだんです。僕は、未《いま》だに良く分からない。湯川秀樹さんが、原子力委員を辞めたのは、何が原因だったんですか」（伏見康治）

「まあ、私なりに解釈すれば、学者らしい生活と相容れなかったということじゃないですか。とにかく、湯川さんは毎日毎日、来ては心配事が多すぎてもう嫌みたいになられたんじゃないですか。心配事が多すぎて。湯川さんというのは、原子力のことは何でもご存知と人は思っていたかも知れんけれども、（原子力発電の具体的な技術については）何のことやら先生自体わけがわからんのですよ。良いのやら悪いのやら。悩まれるわけですな。とにかく、責任が重いのにわからないという点がおありになった。それを普通の人だったら、まあ良きに計らえでもいいかも知れないけれども、それを心配されたんですね。だから合わないということだよ」（島村武久）

委員を辞任した湯川は、こんな言葉を残している。

「情勢の急変が今後も予想されるが故《ゆえ》に、発電炉に関しては慌《あわ》ててはいけない。我が国には『急がば回れ』という言葉がある。原子力の場合には、この言葉がぴったりと当てはまる」

湯川の辞任によって、原子力委員会で正力に異議を唱える人物はいなくなった。そして、この出来事をきっかけに、国の原子力政策と距離を置く科学者が相次ぐようになった。湯川のもう一人の門下生である東京大学原子核研究所の元教授の藤本陽一氏は、こう証言している。

「正力さんたちに、湯川先生のアイディアを生かそうという気持ちはほとんど無かったですね。ただ政府が作った政策に、湯川さんの署名が欲しいだけでした。それで湯川先生は随分憤慨されて、結局、辞めてしまった。原子力は専門家の意見というものを非常に重要視しなければならない分野であるにもかかわらず、そういう理解が政府にはなかったんだと私は思っています」

時間のかかる基礎からの研究よりも、早期の実現を重視する――。この方針は、原子力担当大臣であり原子力委員会委員長である正力松太郎によって国の政策として定められた。

原子力に群がり始める経済界

慎重論を唱える科学者たちが原子力行政の場から去っていくのと入れ替わるように、

原発建設をめざす流れの中に新たな集団が続々と参入してきた。それは経済界の人々だった。

正力の方針の下、経済界がにわかに活気づいていく様子が、元住友原子力工業の佐々木元増《げんぞう》を招いて開かれた島村研究会の会合で語られている。

「私が後にいろいろ勉強したのでは、商社の動きというのは無視できないなという気がするんです。商社。商社が先に動いているんですよ。どこかが火をつけてねえ。これ本当に面白い現象なんですよ。何カ月かの間に5グループが揃《そろ》ったんですよ。三井、三菱《みつびし》、住友さんあたりがね。まだ技術導入なんてところまでいかないけれども、とにかく商社が先をいって」（島村武久）

「自分でこのことをやりましたけれども、持ち込んできたのは商社です。商社を通じてやってます。みなそうですね」（佐々木元増）

日本にはまだ、自前で原発を造り上げるだけの技術力はなかった。そのため原子炉は、海外から導入するしか方法がなかった。この導入に名乗りを上げたのが、旧財閥系の企業だったのである。

その下地は、原子力委員会委員長の正力松太郎によってすでに作られていた。１９５６年１月27日、正力は第８回原子力委員会定例会議で、社団法人・原子力産業会議の設立を提言。原子力産業会議は、経団連や電気事業連合会、電力中央研究所、電機工業会などがメンバーとなり、まだ研究段階にある原子力を商業化していくことを目的とした。すでに正力は経済界の重鎮たちからなる原子力平和利用懇談会を設立しており、他方、元貴族院議員時代からの盟友・橋本清之助は電力経済研究所を設立していた。それぞれバラバラに活動していたが、正力によって「5年以内に実用的な原子力発電を始める」という方針が示されたことから、組織を一本化し経済界が一丸となって原発導入に取り組める体制を整えようという声が上がってきたのである。

その立ち上げに関わった湯川秀樹の門下生・森一久によると、原子力産業会議の設立構想は、正力と橋本の間から自然発生的に生まれてきたものだという。

「ぼつぼつ原子力予算も消化しないといけないし、島村さんはじめ役所の体制もだんだん整ってきて、日本の産業界もあまりばらばらにやっていてはいけないと。確か或《あ》るトップの人を呼んだときの講演会の帰りの車中で、橋本さんが『日本でも政府が一本になったのだから、民間もまとまらなければいかん。民間に一本になれって正力大臣から言わせよう』っていうことになって、『今からそれじゃちょっと行くから、お前ここで車を降りろ』ってんで、私たしか日比谷あたりで放り出された覚えがあるんですけど。橋本さんが正力さんにネジ巻いたんでしょう。それで表は正力さんが呼びかけて、民間は一本になれと。そこで原子力産業会議が発足したわけです」

当時、経済企画庁原子力室長で正力の補佐役を務めていた島村武久によると、正力は原子力産業会議を発足させるに当たり、極秘裏に経済界の主要人物たちと会合を重ね、メンバーを厳選していたという。

「私が総理官邸にいた記憶によると、橋本の爺《じい》さんや私が見たこともない爺さんが、ひょこひょことやってきて、正力さんの部屋に入って行かれて、その後、私が呼ばれたことは確かなんです。総理官邸に財界人を集めろと。そして、まず名簿をつくって持って行く。正力さんが見て、あれはいい、あれも呼ぶ、正力さんは、下の方はどうでもいいわけです。大物でないと。正力さんが、いの一番に真っ先に一番いい席に付けたのが松永安左ヱ門なんです」

この時、正力が注目したのは「電力王」の異名を取った松永安左ヱ門だった。

しかし、森一久によると、この時になってもなお、松永は原子力は未完成の技術であり商業化するにはまだ時期尚早であるとして、電力会社が原発に手を出すことには慎重だったという。

「松永さんがまだ原子力に積極的でもなかったし、やっぱりあの人の顔を使わないと電力付いてこんし。やっぱりそれは前に据えたんでしょう」

電力会社が重い腰を上げようとしない中、原子力産業会議は1956年9月に第1回の原子力産業使節団を結成。財閥系企業の他、電力会社幹部や島村武久ら官僚もメンバーに加え、欧米の最新の原子力事情を視察させた。しかし島村によると、この視察でも電力会社の慎重姿勢は変わらなかったという。

「私なんか肩書きは課長だったんだけど、役人だから顧問として入れてもらって、お供してぐるっと回ったんです。2カ月半くらいだったかな。1956年のことで、海外は初めての方も多い。特に電力会社は、とにかくその時代なんか国内の産業ですから。メーカーさんと違って輸出入についての知識がない。まあ輸入はあるけども、電力の人なんていうのは国外に出たことないでしょう。大きな発電所でもつくるって時、借款《しゃっかん》もらいに、経理担当の方がやっと行かれるくらいで。原子力なんてことで電力さんから海外へ出たのは、その時に参加した木川田一隆《かずたか》さん（当時東京電力副社長）がそれこそ初めてくらいのものじゃないですか。木川田さんだって、あれだけ偉い方でも、原子力発電を大いにやれとは全然考えておられなかったです。電力さんはそんなに熱心でなかった」

電力会社の判断は、当時の状況を考慮すればもっともといえるだろう。アメリカはすでに1951年12月に実験炉EBR－1で世界初の原子力発電に成功していたが、たった4つの200ワット電球をともすことができたに過ぎなかった。その上EBR－1は、55年の11月には、運転員のミスによる部分的な炉心溶融事故を起こしていた。ソ連は1954年にオブニンスク原子力発電所で世界初の民用の原子力発電を始めていたが、アメリカとの関係を考えれば日本がソ連の炉を導入することは不可能だった。

松永たちは、リスクを冒して原発を導入するよりも、今ある水力発電や火力発電を軸に発電事業を進めていくことの方が重要だと考えていたのである。

「今日じゃ電力でなければ原子力にあらずって時代になりましたけど、あの頃は電力っていうのは本当に控えめでした。ずいぶん長く控えめだったという気がします。メーカーの方が非常に積極的だったけど、電力の方はずっとかまえて、なかなか。一本化される前の研究団体にしたって、電力の人が中心になってるわけじゃない」（島村武久）

〃聖域〃となった原子力予算

こうした中、正力はひとまず行政側の体制作りを推し進めていくことにした。1956年5月、原子力の科学行政を所掌する専門の省庁として科学技術庁が設立されると、自ら初代長官に就任した。

同年6月には、研究機関として「日本原子力研究所（原研）」が設立。8月には核燃料の製造会社として、「原子燃料公社」が発足。研究炉の導入や燃料ウランの買い付けなど具体的な計画が次々と実行に移されることになった。

同時にこれまでにない巨額の国家予算が動き始めた。科学技術庁に移った村田浩は、この頃から原子力予算が特別扱いされるようになっていったと証言している。

「原子力委員会で決定したものは大蔵省が絶対手を触れないという習慣をつくるようにしたいと、委員の藤岡由夫さんが言っているんだな。それで中曽根康弘さんが出てこられて、原子力委員会の査定だけで大蔵省にタッチさせないという形にしたいと、中曽根さん、非常に積極的なことを言って」

1956年1月、原子力導入のために要求する予算額の見積もりが始まった。概算の算出には、原子力委員会が当たった。ところがここでも驚くべきことが起きたと、村田は証言している。

「19億くらいの予算を、原研のほうから積み上げてきたんです。ところがそれじゃ少ないんじゃないかと。特に中曽根さんがその日も午後になって出てこられて、50億ぐらい要求しろという話で。ところがどう積み上げても50億にならなくて。結局36億何千万円かで。その通りで通っているんだよね。36億何千万。ほとんど満額ついちゃったんだ」

１９５４年の初めての原子力予算は、２億６０００万円だった。それがわずか２年後には、およそ14倍の36億２０００万円にまで膨れあがった。しかも村田の証言によると、増額には明確な科学的根拠がなかった。しかし、根拠はどうであれ、巨額の国家予算が付けられたことは事実だ。

そして、この出来事を大きなビジネスチャンスととらえて動き出したのが、財閥系企業だった。最も早かったのが三菱グループ。１９５５年10月には、原発の導入について独自に調査・研究を進める「三菱原子動力委員会」を結成している。

三菱の後を追って他の財閥グループも次々と組織を立ち上げ、１９５６年３月には日立グループが「東京原子力産業懇談会」、同年４月には住友グループが「住友原子力委員会」、６月には三井グループの東芝が「日本原子力事業会」、８月には旧古河財閥の富士電機製造が「第一原子力産業グループ」を結成している。そして、１９５６年３月に発足した「日本原子力産業会議」が、これら５大グループのとりまとめ役となった。

原発導入に消極的だった電力会社とは異なり、財閥系企業がこれほどまで熱を上げたのには、実は大きな理由があった。島村武久は原子力政策研究会に、最も早く行動を起こした三菱グループの浮田禮彦《のりひこ》を招き、貴重な証言を引き出している。

「三菱さんの場合はね、一体、原子力というものに、誰が関心を持ち、どんな経緯があったんだろうか。そういうことも伺いたいわけなんです。役所のことだとかなんとかというのは、記録に残っているものもありますけどね。研究成果などは、これまた文献で分かるけれども、原子力産業のことになると全然残ってないんで。いま思い出される範囲でいいですから、自由にお話願います」

島村の質問に、浮田は次のように答えている。

「私は三菱商事出身なんだけれども、三菱商事はご承知のとおり、戦後、三井物産と相並んでGHQの財閥解体により解散を食っちゃったわけですね。1947年です。それで力がグーッと弱くなったわけですね。その日暮らしで、毎日どうやって暮らすかと。もう本当にね、いつ倒れるか会社が破産するか心配な時期もずいぶんありました。要するに我々としては、世界的視野で物を考える力を失って、その日暮らしになっていたんです。そこへ原子力の国家予算が1954年につき、その他、なんとなしに新聞の論調や学界の方も原子力ムードというのが追々できてきて。相当強い刺激になって、少なくとも三菱グループについては、原子力について勉強しようじゃないかという気運が生まれたと、そう思っています」

戦前の財閥系企業のグループの中で特に大きな力を持っていたのが商社だった。世界中のあらゆる物資を商取引する商社は日本独特の形態の企業体であり、そのトップに君臨していたのが三井グループの三井物産だった。三菱グループでは三菱商事が力を付けてきており、トップの三井物産を猛追していた。

しかし、戦後の財閥解体が両社の運命を大きく変えた。商社の中で際《きわ》だった規模を誇っていたこの2社は、財閥解体の対象とされたのである。三菱商事は3つの会社に分社化され、スケールメリットを失ったことから経営難に陥った。ようやく1954年に大合同が実現し三菱商事が再興したものの、後発の商社である伊藤忠《いとうちゅう》商事や丸紅が力を付けてきており、航空機産業などにおける海外エージェントとの契約で次々と先を越され、三菱商事は苦戦を強いられていた。

そんな中、新たなビッグビジネスとして注目されたのが原子力だったのである。三菱はグループを上げて、いち早く原子力への取り組みを始めた。浮田によると1954年頃から、三菱長崎造船所の技師長だった奥田克己《かつみ》によって、三菱電機や九州電力と共に原子力の研究会が開催されるようになったという。

同じ頃、さらに三菱重工が、関西電力や京都大学、大阪商船と組んで原子力船の研究を始めていた。

三菱グループが他グループよりも早くこうした取り組みを始められたのには理由があった。戦前からグループ内の三菱電機がアメリカのウェスティングハウス社と深い関係にあり、原子炉の製造などに乗り出していた同社の資料が手に入りやすい状態にあったのである。

この流れを受けて、1955年10月、原子力を三菱グループ挙げての次なるビジネスとして焦点に据え、しっかりと掘り下げていくことを目的として「三菱原子動力委員会」が結成されたのである。

「バスに乗り遅れるな」

この三菱グループの動きを、ライバルの他グループが黙って見過ごすはずがなかった。時あたかも政府によって日本原子力研究所が設立され、将来の実用化に向けた初の研究炉導入計画が進み始めていた。そのシェアを巡って、苛烈《かれつ》なグループ同士の競争が始まったのである。

そこに名乗りを上げたのが、住友グループだった。しかし、元住友原子力工業の佐々木元増によると、グループ内における原子力への知識や理解は非常に心許《こころもと》ないものだったという。

「住友が原子力関係に入りますについては、当初グループ内に、大屋敦《あつし》さんという偉い人もおりました。住友化学の社長までなさり、原子力産業会議ができてからその副会長をなさるようなお人で、原子力に大変ご熱心でしたけれども、その人だっておそらく、原子力についてのはっきりした知識は持っておりません。臨界実験装置ってナンジャっていうくらいの知識しかないぐらいでありまして、従って、何をしていいのかわからないというのが事実です。ただ三井さんも三菱さんもやる、また日立さんもやる、それじゃあ我々もやるかというんで〝バスに乗り遅れるな〟というのが、どうも正直なところのようです。何かやらにゃいかんじゃないかという形です」

各グループが原子力事業への進出のために立ち上げた組織のメンバーには、グループ傘下《さんか》のメーカーに社員として雇われていた研究者や技術者たちがいた。その中には物理学の出身者も多く、彼らは各大学や研究機関の物理学者たちと連携しながら原子力の基礎研究に取り組んでいた。

しかし、まだ基礎的な分野での研究が中心であり、ビジネスとして成り立つ実用技術を確立するまでには至っていなかった。そのため、いきなり社命で実用的な原子力をやらなければならなくなった各メーカーの研究者や技術者たちは、いわば走りながら様々な実用技術を身につけていかなければならない状態となった。

日立製作所の研究者で、後に日本初の研究炉の運転に携わることになる神原豊三《かんばらとよぞう》は、島村研究会で次のような証言を残している。

「とにかく海外の状況を調べようってことで、調査団が行くようになるわけです。1954年のクリスマスに羽田を出発したわけですが。調査団で行った人達は、各国で原子炉を見せてもらったんです。それからジュネーブ会議に行きましたら、米国が実際の原子炉、スイミングプールの小さい奴《やつ》を、展示してたんです。我々日本のグループが行くと、割に好意的で動かさせてあげますと。それでボタンを押して、原子炉を起動したり止めたりしたんです。そういうことは確かあったんですが、原子炉の運転とはどんなものか、チェレンコフ放射の青白い光とはどんなもんだとか。そんなのは皆あまり見たこともありませんし、全然何にも知らないですから。それからトレーニングする格好になって。その当時いろいろ皆の議論に出たのは、原子力って息が長いから、人を育てていくことを相当中心にやらんと駄目だろうと。原子力は実用になるのはあと10年や20年かかるんだから、もっと長期の計画の予算にしてもらうべきじゃないかとか、いろいろ意見がありまして」

神原の証言を聞くと、現場を預かるメーカーの研究者や技術者たちは、基礎研究を積み上げていくべきという湯川秀樹たちに近い感覚を持っていたと感じられる。
しかし、基礎からじっくり時間をかけて研究を積み上げていくことは、各グループのトップたちからは許されなかった。この時の状況を、神原と島村武久は次のように振り返っている。
「原子力は不思議なもんで、はじめの頃は何もわからんで、皆トップの方が騒いだんです。商売になる。実際に自分がやるっていう問題でない。夢みたいなものですから、かえってもう老人が夢を持つんですな。メーカーの方はやっぱしこれは、競争だから鋭敏だな。やはり会社のトップが、トップで誰かがやれと調べろと。メーカーの方では、研究者が始めたってわけじゃないでしょう。もうその頃から競争意識が皆あるわけですから。一日も早く何か自分の方でやっていかにゃいかんという焦燥感もあって、皆やったんだろうけど。会社の実質的な経営責任者である社長さんぐらいは、そんなことやっとったんじゃ損益にも影響するし、うっかり手を出せないっていうのに、会長さんぐらいになると、やれやれと」（島村）
「やっぱり原子力みたいなものが一つの日本の成長の引き金になるんじゃないかと非常に思ってたんでしょう。１９５５年頃からですから、まだ高度経済成長になるちょっと前ですから。年取った方、会長とか相談役。年寄りは先のことが心配なんです。

今でも、若い人よりも年寄りの方が先のことを気にします。産業界とかなんて、偉いお年寄りばっかりでしょう。ですから、そういったのが原子力とか何とかやられるわけですから」(神原豊三)

政府も、いち早く原発を実用化させることを急いでいた。そのため、まずは外国のメーカーが開発した研究炉をそのまま導入し、建設から運転までを経験することで、技術を学び取っていくという方針が決められた。

これを受け、神原たちメーカーの研究者・技術者の多くが、政府が発足させた研究機関・日本原子力研究所(原研)に出向となった。研究炉の建設と運転は原研が主体となって進めることとなっており、将来の実用化に備え、神原たちがその任に当たることになったのである。これは、メーカーにとっても大きなメリットであった。将来、原子力がビジネスとして成り立っていく際に備え、事前に研究や知識を蓄積していくことができるからである。

そして、第一号の研究炉をどのメーカーから買い付けるかを巡って、財閥系企業グループが激しい競争を繰り広げていくことになっていったのである。

〝想定外〟のトラブル続きだった初の研究炉

茨城県東海村。松林に覆《おお》われた海岸沿いに広大な敷地を有する日本の原子力研究の要諦《ようたい》、日本原子力研究開発機構（ＪＡＥＡ）がある。原研などが統合再編され、２００５年に発足した組織だ。

このＪＡＥＡの敷地の一角に、古ぼけた一つの施設が建っている。施設は東日本大震災で被災し、出入り口には地盤のずれによって大きな段差ができている。建物内の天板は崩れ落ちて、今は立ち入り禁止となっている。この施設こそが、日本に初めて導入された研究炉ＪＲＲ−１だ。

震災から４カ月後の２０１１年７月、私たちは、ある人物と共にこの施設を訪ねた。ＪＲＲ−１の建設から運転まで携わった、元原子力安全委員会委員長の佐藤一男《かずお》氏である。佐藤氏は東京大学電気工学科を卒業後、原研初のプロパー職員として採用された一人。当時の上司は、日立製作所から出向していた神原豊三だった。佐藤氏が原研に入所した頃、敷地内にはまだ簡易な宿舎があるのみだったという。

「松の木を切り倒しては根を掘り出し、研究炉を建てるための敷地をみなで一生懸命整地していました。電話も引かれていなくて、東京に連絡をしなければならない時には、舗装されてないでこぼこ道をジープで30分かけてとばしていかなければなりませんでした。雨が降るとぬかるみがひどくて、轍《わだち》にはまってにっちもさっちもいかなくなったこともありました」

佐藤氏は苦笑混じりに当時を振り返る。JRR－1の建設が始まったのは、1956年8月。この炉はアメリカの新進の原子炉メーカーであるノース・アメリカン・エイビエイション社製のものだ。当時、アメリカでは研究炉が新たなビジネスとして脚光を集めており、様々なメーカーが原子炉の開発・製造に新規参入していた。ノース・アメリカン・エイビエイション社も、そうしたブームの中で原子炉ビジネスに乗り込んできた1社だった。

研究炉の導入は、とにかくスピードが重視された。まだ原研が設立される前の1955年9月9日、通産省はすでに研究炉の第一号をアメリカから導入することを決めていた。

当時、燃料となる濃縮ウランの製造はアメリカがほぼ一手に引き受けていたが、日米原子力協定によって、アメリカから濃縮ウランの提供を受けることができるようになった。燃料も原子炉もすでに工業製品化が進んでいるアメリカ製のものでいけば、日本もいち早く世界の原子力先進国レベルに追いつくことができる。通産省は、そう判断したのである。

この決定に基づいて、1956年3月、神原豊三はアメリカに渡った。実際どのメーカーの炉を購入するかを決めるためだ。同じ頃、それまで検討されていた様々な候補地の中から東海村が原研の建設地として決まった。あわただしく事態が進行していく中、とにかく先に進むことが急がれ、選ばれたのが、ノース・アメリカン・エイビエイション社製の原子炉だった。当時の様子を、神原はこう振り返っている。

「僕が米国へ1号炉のことで原研の杉本栄三さんと一緒に行ってましたら、電話がありまして。原研の立地は東海村に大体決まったよって話を受けたのが3月末か4月はじめ。それでああもう敷地も決まったかということで。原子炉の契約では、杉本さんも一緒に下打ち合わせをして、大体これでいいということを決めて、その後で本部で契約書にサインになったということです。それでノース・アメリカン・エイビエイション社に決まりまして。その年の8月から建物の建設が始まったわけです。あの当時は、何とか早くしないと、こんなに日本が遅れてるんじゃだめだというわけで、皆やってる人も一所懸命でした」

建設地が東海村に決定されたのも、スピードを重視しての結果だった。選定に当たっては合同委員会の政治家たちが、それぞれ地元への誘致を画策し、中曽根康弘は群馬県高崎市、社会党左派の志村茂治は神奈川県横須賀市の武山《たけやま》地区を強く推していた。検討の末、原子力委員会が下した結論は、武山地区を第一候補地とすることだった。

しかし、正力は当初から候補地を東海村と定めていた。その理由は、東海村には100万坪という広大な国有林の松林があったからだ。〝5年以内に実用的な原子力発電を始める〟と掲げていた正力は、研究炉に続けて商業用原発を建設することを構想していた。その実現のためにはとにかく広い土地が重要だった。東海村であれば、直ちに100万坪という広大な土地を確保することができる。加えて茨城県知事の友末洋治《ようじ》らは、農業県である茨城の将来的な振興のためにと誘致に積極的だった。そのため正力は、原子力委員会の決定を覆し、建設地は東海村と定めたのである。

建設用地の決定を受け、神原には、もう一つ早急に取り組まなければならないことができた。人材育成である。原研が設立されることになったものの、現場を担う人材は、神原たちが自ら奔走し確保しなければならなかったのである。

「米国から1号炉を買うとしても運転員がいない、建設の人もいない。とにかく人をつくらんと一人もいない状態で。あの当時は東京の旧東電ビルに原研の本部がありまして。募集をかけたら人がダーッとくる。副理事長の駒形作次《こまがたさくじ》さんと一緒に面接して、あなたはこれとこれを担当、すぐに明日から東海村に行ってくれって。東海村の研究所には、専門家はまだ一人もいないんですから。メーカーから何人か、日立からは私を入れて3人、三菱さんも東芝さんからもそれぞれ2人から3人ずつこられて。みな出身会社のことなんか別にして、いろいろやろうってわけで、相当人が集まったんですが、なんといったってわずかで」

こうして各メーカーから生え抜きの研究者・技術者が集められたほか、将来をにらんで佐藤一男氏のような大学を出たての人材も採用されていった。

建設も今日では考えられない急ピッチで進められていった。現場にはアメリカ側からも技師が派遣され、たった１年で日本初の研究炉ＪＲＲ－１は完成した。しかし、神原によると、完成後のテスト運転の時から予想もしなかったトラブルが続出したという。

「アメリカからきた人が全体の進捗《しんちょく》を見るところと、制御室関係のところに張り付いていた。制御室関係は、向こうからいろいろ指示があって、こっちがテストしていくわけですが、やってるとリレー（継電器）が湿気でぽんぽんパンクするんです。『壊れました、どうしますか』って持ってくる。見ると、１００ボルトにしては極めてお粗末な絶縁がしてあるんです。ロサンゼルスは乾燥してるから、あれでもつんですかねえ。ぼくもそれはしょうがない、どうしようかと思って一番困って、米側にリレーがどうしたこうしたって言うと、また遅れますわねえ。もうこれ以上遅らすわけにいかんから、今ならとても規制当局がＯＫしてくれんでしょうが、神田のジャンク屋に行って、電話用のリレー買ってこいと。あれは40ボルトか50ボルトだけども、日本の奴は100ボルトは絶対もっていうんで」

神原たちは現場で創意工夫を重ね、何とかテスト運転を乗り切った。ところが本格運転を始めた直後、さらなるトラブルが発生した。JRR－1の原子炉は建屋内の地下1階に設置されていたが、その室内に地下水があふれ出し、あわや原子炉が水没という事態が発生したのである。佐藤一男氏は、この時のトラブルの様子を次のように語った。

「水浸しになりかけたんで、何とかその水を排水しなきゃいけないというんで。しかし何ともしようがないわけですよ、地下ですから。それでもうどうにもならなくて、村の消防団にちょっとお願いして、消防団の所有の手押しのポンプを借りたんです。それをジープで引っ張ってきて炉室に運び込んで、ホースを垂らして下げてね。入れかわり立ちかわりで、エッサホイサとそのポンプを突くわけですな。必死になってね、ポンプを突いてやっと排水に成功した。後で聞いたら土地の人はね、あそこは地下水の水脈のところに建ててるんだと。そんなのはこう見渡して、松がいっぱい生えてるから、松の木の背丈見りゃわかるじゃねえかと。ここは昔は一面の砂地で、水がないから木はあんまり育たない。地下水のあるところは木がよく育つから、見渡して木の高さを見りゃ、どこを水が通ってるかわかるはずだと言われて、みんなもうえらく腐ったという。こういう珍談奇談のたぐいは、かなり山ほどありましたねえ」

こうしたJRR－1で発生したトラブルは、正式の報告には何も書かれなかった。そして、十分な検証を行う時間もない中、立て続けに研究2号炉であるJRR－2の建設が始まった。

ボウリング場設備メーカー製の原子炉も

JRR－2ではノース・アメリカン・エイビエイション社ではなく、同じく原子炉ビジネスに新規参入したばかりのAMF社製の原子炉が選ばれた。この炉の契約をとりまとめたのは、浮田禮彦が現場を率いる三菱グループだった。神原によると、AMF社の炉が選ばれた最大の理由は、価格が安かったことだった。しかし、神原をはじめ技術者たちの間では、AMF社の技術力が非常に疑問視されていたという。

「AMFとGEとノース・アメリカン・エイビエイションと、3社が見積もり出したんですが、そのうちノース・アメリカン・エイビエイションは値段も高かったし、2号炉は違うところがいいんじゃないかと。一番安いのはAMFだと。それでGEは落ちまして、AMFに決まって、AMFのサブコントラクターを三菱グループがやるという風に決まったんです。私はAMFの会社をその前に見に行ったことがあるのですが、これはタバコの機械の会社なんです。原子炉なんていうのは、初めて手掛ける。米国はちょうどあの頃原子炉というのがブームになりまして。ACFなんて会社もあったんですが、『American Car and Foundry』でしょう。『Car』つまり客車とかああいうものをつくってる会社が、原子炉の専門家をバッと雇い入れて、研究炉の売り込みを始めたわけです。そうそう、AMFはボウリング機械の製造もやるんです。ちょうどAMFに契約が決まってから、仕様の打ち合わせに行ったわけです。そしたら、担当者がボウリング場に連れてってくれまして。まだ日本ではボウリングが入ってない時ですから、ボウリングってこうやるって、そういうこと教わったりしたんです。ウェスティングハウスはその時応募しなかったんですが、GEとかそういうちゃんとしたメーカーだったら非常に安心だったんですけど、とにかくAMFに決まって大変なことになったなって皆思ったわけです」

神原の不安は的中した。AMFから運ばれてきた原子炉の熱交換器をチェックしてみると、数千本ある配管の中からクラック（ヒビ）が見つかったのである。このクラックは三菱化工機の工場に持ち込まれ修理されることになった。

品質に不安を抱いた神原たちは、1週間かけて、何千本もある配管の全《すべ》てを漏れがないかチェックすることにした。すると、あろうことか至る所から漏れが発見され、とてもそのまま使える代物《しろもの》ではないことがわかった。神原たちはＡＭＦ社と粘り強く交渉し、結局、熱交換器を送り返すことになったが、この一連のトラブルにより完成は1年近く遅れた。

１９５９年末、ＪＲＲ－２はようやく完成。テスト運転を開始するが、またしてもトラブルに見舞われた。

「24時間テストすると、もう次から次と不良品が、燃料のところに出てきたわけです」（神原豊三）

燃料が次々と破損した原因は、アメリカから輸入した燃料ウランの質の問題だった。そもそもウランには、核分裂を起こしやすいウラン２３５とその他の燃えにくいウランとがある。アメリカでは濃縮工場でウラン２３５の濃度を高め、燃料として製造されていた。

当時、日米原子力協定で日本がアメリカから供給を受けることができたのは、濃縮度が20％という低めの濃度の濃縮ウラン。他方、アメリカ国内では原子炉の燃料には、90％という高濃度の濃縮ウランが使われていた。ＡＭＦの炉も90％濃縮ウランの使用を前提に設計されていた。この濃縮度の違いがトラブルを引き起こす原因となったのである。

ＡＭＦ炉の燃料は、ウランとアルミを混ぜた合金で作られていたが、日本は低濃縮の燃料ウランしか手に入れることができなかったため、規定のウラン２３５の濃度に達するには、燃料ウランを５倍も多く混ぜ込まねばならなかった。そのぶんアルミの含有量を減らさざるを得ず、結果、非常にもろい燃料となってしまい、運転して発熱すると亀裂《きれつ》が入ってしまうという事態が発生したのである。

燃料を製造したアメリカのメタル・アンド・コントロール社は、「我々は契約通りのことをやっただけだ」と言うばかり。急遽《きゅうきょ》、神原はアルゴンヌ研究所に飛び、研究所のスーパーバイザーに意見を求めたが、得られた答えは「いや我々の炉だって、燃料が破損してプルトニウムが炉の底に溜《た》まっている。だから、仮に壊れても驚くようなことじゃない」というものだった。

ＡＭＦ社も「20％の濃縮ウランを使った燃料というものは、これは我々も経験がないことである。それは従って不可抗力であり、我々のミスではない」という態度だった。神原たちは現場の努力で独自に改善策を探らなければならなかった。

結局、ＪＲＲ－２は、当初見込まれた出力２０００から３０００キロワットではなく、安全を見てその半分以下の１０００キロワットで運転せざるを得なかった。これらの日本初の研究炉導入の経緯を、神原はこう振り返っている。

「僕はもう、この炉は一体どのくらい寿命がもつんだろうと心配したこともある。今でも動いてるんです（1988年8月11日の島村研究会開催当時）。2号炉が原研ではいま一番大きな柱になってるんです。途中で1回だけ溶接がおかしくなって、どうするかって相談されて、だいぶ前に直させたことがある。いやそれは何でもない外のところですが。だけどよく動いていますよ」

しかし、JRR－2の導入でAMF社のサブコントラクターを務めた三菱グループは、神原たちとは異なるとらえ方をしていた。浮田禮彦の証言によると、三菱グループ内ではJRR－2の導入は成功体験として受け止められており、今後も原子炉の導入をビジネスとして大いに成長させていこうと考えられていたという。

「まあ我々としては、当時は非常にこれを光栄に思いましてね。とにかく三菱グループとしては、鬼の首を取ったというと変だけれども、非常に喜んだわけです。これが非常に強い刺激剤になりまして、三菱グループ全体として、この契約を取ったということが非常なジャンプ台になったわけです」

JRR－2の導入後、三菱グループはビジネスとして本格的に原子力に取り組むために組織を改変。三菱原子動力委員会に、三菱重工・三菱電機・三菱商事の各社の社長クラスが新たに加わり、「三菱原子力政策委員会」を立ち上げた。そして委員会では、三菱電機社長の関義長《よしなが》が提案し、三菱重工がこれに賛同する形で、今後はアメリカの大手原子炉メーカーであるウェスティングハウス社と技術提携していくことが決まった。

さらに具体的にグループ各社が何を分担していくかも決められ、研究炉以降に始まる本格的な発電炉の導入に向けてのグループ内の体制が整えられたのである。

この頃の様子を、浮田禮彦の妻・久子さんが証言してくれた。浮田の家にはビジネス仲間たちが度々集まっては、原子力の将来性について語り合っていたという。

「主人とお仲間たちは、うちに集まっては、今日はどこそこの会社とどんなことがあって、どういう点で競争しているのかとか、いろんなそういう裏話をしていました。後になって原子炉でいろいろなトラブルが起きたこともちろんみなさんご存じでしたが、安全について真剣に話し合われていたことはありませんでした。次はどこの原子炉を買ってくるか、そういう商売の話が中心でした。そんな話を聞いていると、まあ、原子力をそんな商売にしていいのだろうか、恐《こわ》いな、本当にいけないって思いましたね」

久子さんは、取材当時90歳。福島第一原発事故後、週末になると街頭に立ち〝卒・

原発〟を訴えるビラを配っていた。久子さんは夫から原子力についての話を聞かされるうち安全性に疑問を抱き、50歳を過ぎた頃から独学で原子力の勉強を始めたとのことだった。以来、久子さんは講演会や勉強会などに足繁《しげ》く通い、専門家たちに安全性について繰り返し尋ねたという。しかし「素人《しろうと》が専門分野に口を出すな」と一顧だにされなかったと振り返る。

「もし夫の禮彦が生きていたら、今回の福島第一原発の事故をどう受け止めていたでしょうか」

そう静かにつぶやいた久子さんの言葉が、私たちの心にいつまでも残った。

第3章　初の商業炉導入の〝真相〟

正力の一存で決まったイギリス製商業炉

茨城県東海村にある日本原子力発電株式会社の敷地内では、現在、ある原発の解体作業が続けられている。1966年、研究炉JRR－1、JRR－2に続き日本初の本格的な商業炉として建設され運転を開始した「東海発電所」だ。

東海発電所は、その後、各地に作られたアメリカ製の軽水炉原発とは異なる、独特の構造を持ったイギリス製のコールダーホール改良型という原子炉だ。その導入を決定したのは、原子力担当大臣で原子力委員会委員長の正力松太郎だった。

コールダーホール改良型炉は、軽水炉に比べ図体《ずうたい》が巨大な割に出力が低く、当初からその経済性の低さが指摘されていた。また地震のない国であるイギリス製であることから、もともと十分な耐震強度がなく、導入に際し根本から設計を見直さなければならなかった。さらに運転開始直後からトラブルが相次ぎ、結局、最後まで予定された出力16万６０００キロワットで運転し続けることはできなかった。

営業運転開始から32年後の１９９８年、東海発電所は設計寿命を残したまま運転を終了。その後に始まった解体作業は２０２６年までかかる予定であり、その費用は８８５億円と見積もられている。そして、解体によって生じる半減期数万年という高レベル放射性廃棄物を、誰がどうやって処理・管理していくかは、今後の課題として残されている。

東海発電所の歩みを振り返ってみると、なぜこれほど不完全な原発が日本初の商業炉に選ばれたのか、不思議でならない気持ちになる。私たちはその謎《なぞ》を解くため、商業炉の導入が本格的に検討され始めた１９５６年まで時代を遡《さかのぼ》り、あらゆる資料・証言を集めていった。そこから見えてきた事実は、長期的な安全性や信頼性の確保よりも、実用化を急ぐあまり短期的な経済効率ばかりに目が向き、重要な指摘や検討が置き去りにされていったという、驚くべき事実だった。

正力松太郎が、イギリスの原子炉の詳細な情報をつかんだのは、１９５６年5月。自らが開催した原子力平和利用博覧会の時だった。当時、発足したばかりの科学技術庁では、原子力局の島村武久や伊原義徳氏らが、日本が将来選択すべき原子炉の炉型について、検討を始めたばかりだった。その矢先、突然、正力から持ち込まれたのが、イギリス製の炉を導入せよという指令だった。伊原氏は当時をこう振り返っている。

「正力松太郎さんが大変ご熱心で、読売新聞社で日比谷公園に原子力平和利用博覧会を開催し、外国からいろんな人たちを呼んできたのですが、その中にイギリス原子力公社の産業部長だったクリストファー・ヒントン卿《きょう》がいたんです。1956年の5月に来日されたヒントンさんは、原子力発電は英国ではもうコマーシャルベースに乗るんだと言って、正力さんにコールダーホール原子力発電所の状況を説明されました。発電コストは十分にペイすると主張されたんです」

ヒントンが来日した当時、アメリカとイギリスは、次世代を担《にな》う商業炉でどちらが世界的なシェアを支配できるかを巡り、激しい競争を繰り広げていた。

イギリスが原発の実用化に力を入れた背景には、第二次世界大戦後に直面していた深刻な経済状況があった。支配していた植民地が次々と独立していく中、イギリスは発電のための天然資源を、国内の炭坑から採掘される石炭に頼っていた。こうした中、戦後、急速に勢力を拡大した労働党は、第二次大戦で壊滅的な打撃を受けたイギリスの産業を立て直すための政策として、石炭を始めとする基幹産業の国営化を行った。ところが、この政策が新たな問題を巻き起こした。国営化されたことによって、石炭産業に競争原理が働かなくなった上、労働運動の高まりも相まって、労働者の賃金ベースを確保するために、政府はこれまでよりも高い値段で石炭を買い取らざるを得なくなってしまったのである。

こうした中、イギリス政府は、石炭に代わるより安価な資源エネルギーの確保を目指すようになった。その中軸に据えられたのが、原子力だったのである。そして、１９５４年、イギリス原子力公社が設立され、西側諸国で初の原子力発電所として、セラフィールドにコールダーホール原子力発電所の建設が始められた。

イギリスがこの国策を進めていく上で重要な存在としてとらえたのが、日本だった。科学史研究家の奥田謙造氏は、英国立公文書館およびケンブリッジ大学チャーチル公文書センターに保管されていた公文書の中から、５００ページを超える貴重な資料を発掘。イギリスがどのような思惑を持っていたのか、解明につながる文書を発見した。

その一つが、１９５５年６月、東京のイギリス大使館が本国に宛《あ》てて送った書簡だ。時まさに、正力がアメリカから原子力平和利用使節団を招き、国民へのＰＲを始めたばかりの頃。アメリカのゼネラル・ダイナミックス社のホプキンス社長が行った演説に日本中が大きな感銘を受けていた最中だった。書簡にはこう記されている。

「ホプキンス氏の訪問によって、イギリスは乱された。日本の注意がアメリカに向けられるならば、原子力市場に関してイギリスは不利かもしれない」

文書からは、イギリスが自国の原子炉を何としても日本に輸出したがっている様子がうかがえる。この書簡に続けて、イギリス大使館は本国のマクミラン外相宛に、さらに次のような文書を送っている。

「日本の原子力に対する恐怖を克服することができるのならば、日本は技術力とビジネスのすばらしい資源となる」

イギリスは自国の原発を日本に輸出できれば、ビジネスとして大きなメリットとなるだけでなく、もともと高い技術ポテンシャルを持つ日本がパートナーとなれば、研究や開発面で様々なフィードバックが期待できると考えていたのだ。

この頃、アメリカでは、研究炉の開発は次々と行われていたものの、実用段階まで持って行ける商業炉はまだ完成していなかった。そこでイギリスは、アメリカに対して優位に立つことを最優先し、研究炉を飛び越して、いきなり商業炉に着手することにした。そのために国を挙げて建造が始められたのが、コールダーホール原発だったのである。そのイギリスが、自国の国策を進めていく上で重要なパートナーとして選んだのが、日本の正力松太郎であった。

奥田氏が発掘した文書によると、イギリスが水面下で日本の調査を開始したのは、

1956年1月。イギリス大使館が本国の外務省に送った文書には、「日本当局からの申し入れはなかったが、イギリスのビジネスマンが原子炉の需要の調査のため日本を訪問」と記されている。

この2カ月後、イギリス本国で、コールダーホール原発の建設を担当するイギリス原子力公社のクリストファー・ヒントンに日本を訪問させる計画が進み始めた。これと並行して、日本のイギリス大使館は、正力松太郎との極秘会談を行なっている。会談でイギリス側から正力に告げられたのは、まもなく運転を開始するコールダーホール原発の発電コストは、1キロワット時当たり0.6ペンス（約2円50銭）で済むという内容だった。

当時の日本の発電コストは7円から10円。最新鋭の火力発電所でも、約4円はかかっていた。イギリス側が示した、約2円50銭という価格は、正力に大きな衝撃を与えたことだろう。そしてイギリス側は、正力に、さらに詳しい説明は、イギリス原子力公社のヒントンが行うと伝えた。

説明を受けた正力は、早速、科学技術庁原子力局の村田浩らに、一刻も早くヒントンの来日の手はずを整えるよう命じた。官僚たちは詳しい事情はわからないまま、正力の言うがままに、あわてて準備を始めることとなった。当時の混乱を、村田浩が証言している。

「あの時に正力さんは、世界の一流の人を呼んでこいってことで、ヒントンさんに白羽の矢が立ったわけですが、ヒントンさんは丁度コールダホール原子力発電所が一応大体形がついてきたものだから、引き受けてくれたわけです。ところがヒントンさんは、丁度そういう仕事が終わったところで休みを取って来るので、飛行機じゃ嫌だ船便じゃないと嫌だとこう言った。ところが、役所のほうで招聘《しょうへい》する予算っていうのは飛行機代で計算してあるんで、ファーストクラスの船で延々と奥さんまで付いてくると、とてもじゃないけど間に合わん。それで困った困ったと言った時に、正力さんがそうかそれじゃあっていうわけで、自分のところから足らない金を出して、ヒントンご夫妻をお招きすることができた」

イギリス大使館での密談からわずか2カ月後の1956年5月、前述した通りヒントンの来日が実現。発電コストについて、正力にさらに詳しい説明が行われた。ヒントンは、コールダーホール原発は試験済みのものとしては世界唯一《ゆいいつ》であり、コストは火力発電所と十分に競合できると力説。さらに、イギリスから原子炉を導入するのであれば、最初から10万キロワット以上の大きさのものにすべきであり、小型の実験炉は必要ないと主張した。

この説明を受け、正力は、イギリスのコールダーホール型の原発の導入へと大きく傾いていった。イギリス外務省は、ヒントン来日の成果を本国に次のように報告している。

「ヒントン卿が正力に深い印象を与えることに成功したことは明らかである。動力炉をイギリスに発注し、１９５７年度予算案として１５０億円を要求するでしょう」

経済性、耐震性への疑問にもかかわらず

原子力の平和利用は、「民主・自主・公開」の三原則に従って進めていかなければならないと、原子力基本法では定められている。その三原則を率先して守るべき立場であるのが、原子力担当大臣および原子力委員会委員長である正力松太郎だ。しかし、この頃から正力は、周囲のアドバイスに耳を傾けなくなっていったという。科学技術庁原子力局管理課長だった藤波恒雄《つねお》と物理学者の伏見康治は、当時の正力について、次のように振り返っている。

「正力さんはあまり三原則的でなかったです。人の話を聞いて、この男の話ならば信用できそうだなと思い込んだら、もうとことん。コールダーホールもヒントンさんに言われて」（藤波恒雄）

「そうですね。あれもヒントンに言われてほれ込んで」（伏見康治）

正力の独走が続く中、官僚そして科学者の間では、ヒントンの説明が果たして本当に正しいのか、疑問の声が上がり始めた。

まず問題となったのは、コールダーホール原発は、当時まだ実際に営業運転を開始していなかったことだった。ヒントンの説明は、あくまで原価を机上で計算した試算値に過ぎなかったのである。

そこで科学技術庁では、ヒントンの説明内容は緻密《ちみつ》に検証する必要があると考え、コストの再計算が行われることになった。その担当となったのが、証言を残していた藤波恒雄と部下の伊原義徳氏だった。その試算の結果、いくつもの落とし穴が判明したと伊原氏は語っている。

「イギリスと日本とでは、発電原価一つ取っても事情が違うんです。イギリスの場合は石炭産業を国営化したため、石炭の値段が上がった。しかし、国営化は石炭産業の維持という社会政策として行われたため、いかに値段が高くとも国が買い上げて火力発電所で焚《た》かねばならない。それと比べれば採算に合うというだけの話だったのです」

伊原氏たちは、コストの比較のため、この頃、電力会社が導入し始めていたアメリカ製の火力発電所の発電コストも試算した。その結果も、ヒントンの説明とは全く異なるものだった。

「日本はアメリカから最新鋭の火力発電技術を導入しておりまして、発電所の規模もイギリスの3倍くらいの大きさで、非常に能率が良かったんです。したがって日本の火力発電所のコストは、コールダーホール原発よりもかなり安いということがわかったんです」

さらに、伊原氏たちは、正力が見落としていた重要な問題点を見つけた。そもそもコールダーホール原発の原子炉は、核兵器を製造するためのプルトニウムを造り出すことを目的に設計された炉が原型であり、純粋に発電を目的として開発されたものではなかった。そして炉内で造り出されたプルトニウムは、イギリス政府が核兵器の材料として買い上げることになっており、この売り上げが「プルトニウム・クレジット」として計上されていることが判明したのだ。発電コストが低く抑えられている理由は、このプルトニウム・クレジットが上乗せされているからだったのである。

当時、正力の主導で設立された原子力産業会議の森一久は、後にこんな証言を残している。

「コールダーホール型原子炉というのは、原爆用のプルトニウムを作るためのものだったのです。それを商業発電用に改良したわけです。プルトニウムをつくる炉を、発電用のタービンを回せるようもう少し高い温度を出せるように改良し、燃料も長持ちするよう改良した。そういうものだったのです。それでもイギリスは宣伝がうまかったし、正力さんは日本でも原子力発電をやりたいといきり立っていたものですから、向こうの宣伝に乗せられたというわけです」

検証の結果、一連の事実をつかんだ伊原氏たちは、急ぎ正力の下へ説明に向かい、再考を促そうとしたという。

「日本ではプルトニウム・クレジットを利益として計上するなんてことは、ありえないわけです。プルトニウムを日本政府が買い上げて爆弾を作るなんてことは許されないことですから。それでみんなで資料を作って正力大臣に、コールダーホール型の原発は、イギリスでは採算に乗るでしょうけれども、日本では採算に乗りませんという結果を上げたんです」

しかし、正力は、伊原氏たちの忠告には全く耳を貸さなかったという。

「正力さんは、『ヒントンがペイすると言ったらペイするんだ。木っ端《こぱ》役人は黙っとれ』とこう言われまして。その頃は、我々木っ端役人は、原子力委員会の会合の場には出させていただけなかった。それで報告書はどこにも持って行きようがなくて、正力さんの一言で、この一件は終わってしまいました」

そして正力は、伊原氏の上司である藤波恒雄にこう告げたという。

「お前達は、悪くなる方に悪くなる方にと計算するからそうなると。それなら、イギリスに行って見てこいと。そういうことで、１９５６年10月に訪英調査団が派遣されたんです」

この時、正力が命じた訪英調査団の団長には、原子力委員で財界代表の立場だった石川一郎（元経団連会長）が任命された。石川も正力と同様、日本にできるだけ早期に原発を導入したいとの思いを抱いていた。10月17日、石川の率いる調査団は、運転を始めたばかりのコールダーホール原発を見学に訪れた。

しかし、実はこの時、一行を迎え入れたイギリス原子力公社は、複雑な思いを抱えていた。それは、コールダーホール原発の耐震性の問題だった。

原発の原子炉では、原子爆弾のように核分裂が急激に進んでしまわないよう、炉内で飛び交う中性子の速度を抑えるために、「減速材」を用いる。現在、日本で普及している原発は、減速材に軽水（普通の水）を用いる「軽水炉」であり、頑丈な原子炉圧力容器内に水を満たし、その中に核燃料が浸《つ》かる構造になっている。

これに対しコールダーホール原発は、減速材に固形物である黒鉛を用いる「黒鉛炉」だった。黒鉛のブロックを、積み木のように高く積み上げ、ブロックに空けられた穴の中に燃料が挿入されるという構造である。この積み木状の構造は、振動に対して非常に弱く、さらに地震のない国イギリスでは、原子炉の耐震設計の研究は全く行われていなかった。

地震国の日本に、黒鉛炉はふさわしい炉型であると言えるのか――。イギリス原子力公社の内部では、疑問の声が上がっていた。調査団が訪英する2カ月前の1956年8月、原子力公社が出した見解には次のように記されている。

「日本で頻発する地震は、原子炉の設計を非常に困難なものにしている。黒鉛炉はわずかな土台の変動でさえ転覆しそうである」

この事実は、訪英調査団および日本の多くの科学者たちにも、程なくして知られることとなった。そして、危険性を指摘する声が相次ぐようになり、国会の専門委員会で対策が議論されることとなった。東京大学原子核研究所の教授だった藤本陽一氏は、委員会に参考人として招致された一人。コールダーホール型原発を日本にそのままの設計で建設すれば、地震で原子炉が崩壊し、大量の放射能漏れの危険性があると指摘した。

「イギリスは地震のない国ですから、黒鉛のレンガを積み上げただけでいいんですけ

コールダーホール改良型原子炉（GCR）

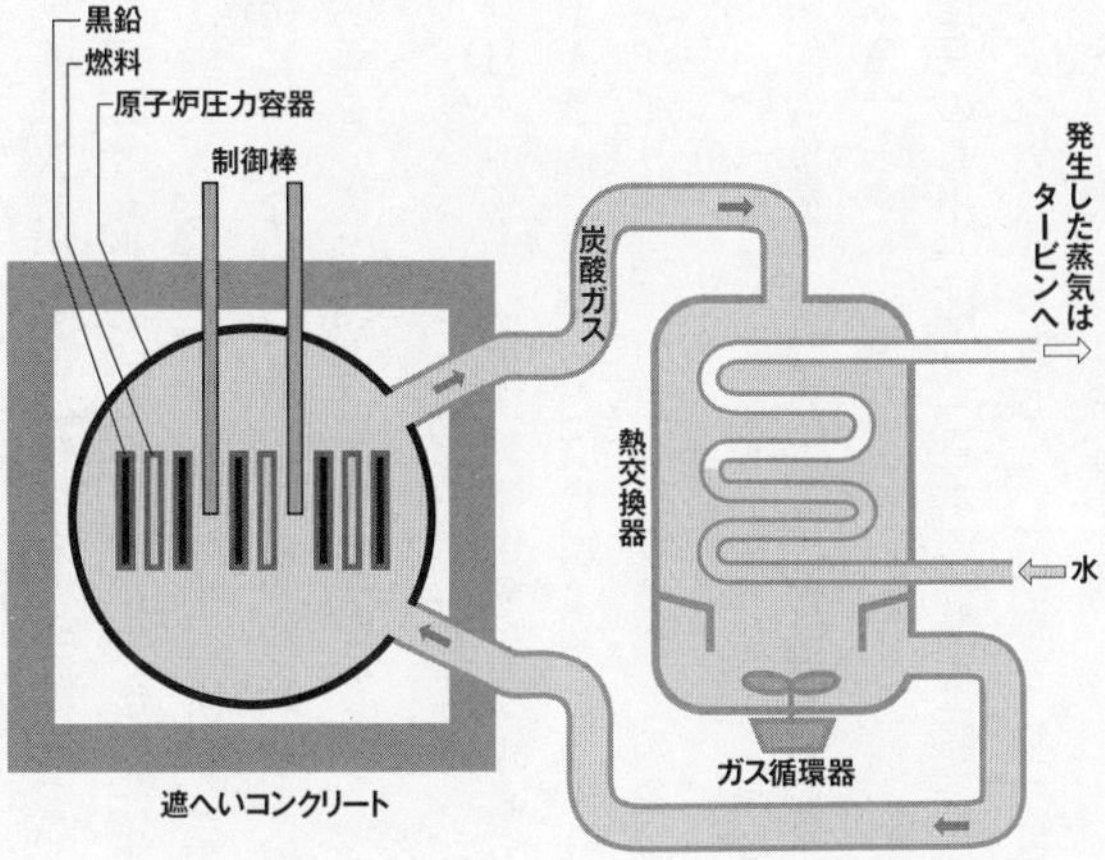

れども、日本はそういうわけにいかない。耐震性をどうするかというのが大問題となったのです。その上、黒鉛は放射線を浴び続けると萎縮《いしゅく》して変形してしまい、崩れやすさに拍車をかけてしまうこともわかったのです。工学の先生たちは、黒鉛を崩れにくく積み上げるにはどうすればよいか、様々な対策を研究し始めましたが、私は英国炉にすぐに飛びつく理由は何もないんじゃないか、他の炉型に切り替えることも含めて、いったん立ち止まって考えた方がいいんじゃないかということを申し上げました」

訪英調査団に参加した日本原子力研究所理事の嵯峨根遼吉も、早くから耐震性の問題に気付いていた。奥田謙造氏が発掘した文書によると、1956年11月16日、イギリスに渡った調査団は、イギリス原子力公社の首脳陣との会議を開催。その場で嵯峨根は、次のような指摘をしている。

「地震により炉心中の黒鉛の位置がずれる可能性がある。原子炉の運転が回復することができるのか疑問である」

同じ場で、調査団の団長の石川一郎も「日本の計画は原子炉の地震に対する信頼性の問題を含まなければならない」と言及している。こうした日本側の疑問に対し、イギリス原子力公社のヒントンは次のように答えている。

「イギリスの産業は経験がないために、原子炉構造が地震によりどのような影響を受けるのか、すぐに説明することはできない。しかし、どんな種類の構造が弱いか忠告することはできる」

結局、イギリス側は耐震性への対策について明確な説明をすることはできず、日本側が求める回答は得られなかった。

その後、訪英調査団の一部メンバーは、アメリカの原子力事情を視察するため、その足でアメリカに渡り、各地の原子力施設を見学して回った。その一行に随行したのが科学技術庁の藤波恒雄だった。伊原氏は、藤波本人から次のような話を聞いたと述懐している。

「コールダーホール原子力発電所を現地で色々調べてまわった帰りに、石川一郎さん、嵯峨根遼吉先生たちが米国にも立ち寄られたんです。その時、GEもウェスティングハウスも、もう少し待てばアメリカでいい発電炉ができるから、待ったらどうかと言っていたそうです。しかし、その時点で調査団の中では、外国から発電炉を導入するとすればコールダーホール型が候補として十分立派なものであるという結論が出ていたそうです」

なぜ、問題がここまで噴出していながら、イギリスからの原子炉導入が見直されることはなかったのか。正力はこれらの経緯をどう受け取り、どのような行動を取ったのか。残念ながら今回の取材では、これ以上の真相を摑《つか》むことはできなかった。訪英調査団は、帰国早々に中間報告をまとめた。報告書では耐震性の問題について、次のように記されている。

「英国各界からは未経験のため十分な回答は得られなかった。しかし、今後の研究により黒鉛の保持方法等については、設計上の修正を加えることにより解決できる」

正力松太郎はこの中間報告に基づき、1956年11月19日、コールダーホール型原発を輸入する意向を表明。翌1957年1月には最終報告書がまとめられ、次のように結論付けられた。

「我が国としては、英国の原子力発電設備の導入から進めるのがよい」

こうして日本初の商業炉は、終始、正力松太郎が主導権を握り、安全性や経済性について様々な問題を抱えたまま、イギリスから導入することが決定された。

「正力・河野《こうの》論争」の余波

正力松太郎が、コールダーホール型原発の導入を推し進める中、そのやり方に異議を唱える一人の人物が現れた。自民党衆議院議員の河野一郎だ。河野は岸信介《のぶすけ》の支持者で、岸内閣が成立すると経済企画庁長官に就任。経済政策に強い発言力を持つに至った。

河野と正力は、イギリスから導入するコールダーホール型原発の運営を国が主体で行うべきか、それとも民間主体でいくべきかを巡って激しく対立。1957年に「正力・河野論争」と呼ばれる大論争を巻き起こした。この対立の発端を、当時、原子力産業会議の事務局にいた森一久は、こう証言している。

「内海《うつみ》清温《きよはる》電源開発総裁の時に、原子力のような新しい、しかも当分黒字の見込みのないものは、むしろ電源開発のような国営でやるべきだということをぶちあげたんです。それに対して河野一郎が『その通りだ』と言い出したわけです。これが正力さんとの大論争の発端でした」

当時、日本の発電事業は、国の特殊会社である電源開発と9つの民間電力会社によって行われていた。しかし、電力会社は、目下急増し続ける電力需要に追いつくために、火力・水力発電所の増設に傾注していた。政財界が原子力ブームに沸く中、電力各社には原子力課が創設されたものの、文献調査が中心で、商業炉の運転主体になりうるほどの力は到底備わっていなかった。

こうした中、電源開発は自らが原発の運転主体となることに名乗りを上げ、河野一郎がその電源開発を支援する側に回ったのである。

これに対し正力は、当初から民間が主体となって進めることを考えていた。電源開発の動きを受け、電力会社側も1957年5月に民間出資の「原子力発電振興会社」をつくる方針を9社の社長会で打ち出し、河野たちへの対抗姿勢をとった。

ところが実態では、正力と電力会社の足並みは全くそろっていなかった。当時の状況を、森一久は次のように振り返っている。

「正力さんは原子力発電も、民間の力を使ってテレビやプロ野球のように効率的にやろうと考えていました。ところが電力会社が、そんな実績のないものを自分たちでやるなんてとんでもないということで大騒ぎになった。それでますます河野さんたちの方は、『民間でやらないのなら政府がやるぞ』という空気になったんです」

正力松太郎と河野一郎との間には、政治力においても大きな開きがあった。河野は自民党内の最大派閥である河野派の領袖《りょうしゅう》。対する正力は、その河野派に属する一議員。立場的にはボスと子分という状態だったのである。

他方、正力には、原子力担当大臣として政財界をまとめ上げ、イギリスからのコールダーホール型原発導入までの道筋を付けたという強い自負があった。河野と正力はどちらも譲らず、論争は3カ月に及んだ。

狭間《はざま》に立たされたのが、電力会社だった。この頃、電力会社の中にも、少数派ではあったが原発導入に積極的に取り組むべきとの意見を持つ人々が現れ始めた。正力・河野論争の膠着《こうちゃく》状態が続く中、打開に向けた動きはこうした人々の中から起きていった。当時、関西電力の社員だった板倉哲郎《てつろう》氏は、その中心人物の一人が、関西電力取締役の一本松珠璣《たまき》だったと証言している。

「一本松さんは、石川一郎さんたち訪英調査団のメンバーの一員でした。一緒にイギリスに行って、コールダーホール型原発を見学した。そして、いずれは原発が発電の主流になる時代が来ると考えていたのです。その時のために、電力会社も今から経験を積んでおくことが重要だと。国に全《すべ》て任せておいて、電力会社が何もやらんということでは後れを取るぞと、こういうわけです」

一本松の背を押したのが、当時、電気事業連合会専務理事で原産常任理事も務めていた松根宗一《そういち》だった。松根は東京電力の出身で、関西電力の一本松と同様、社内で最も早く原発導入に積極的だった人物の一人だ。原子力産業会議の森一久によると、この頃、松根は電力会社の幹部たちと会合を持ち、次のように働きかけていたという。

「言葉は悪いですけれども、民間電力会社の国営アレルギーをくすぐって、ぼやぼやしてると国がやるぞ、しっかりしろという感じでした。仕組まれたとまで言うと言いすぎかもしれませんが、松根さんは、そのようなことを考えてやったフシがあります」

電源開発と河野一郎、正力松太郎と民間電力会社。それぞれの思惑が交錯する中、たどり着いた結論は、「日本原子力発電株式会社（原電）」という新しい会社を立ち上げることだった。1957年11月、原電は民間電力会社9社が8割、電源開発が2割を出資して設立された。一本松珠璣は、原電の副社長に就任。関西電力の板倉哲郎氏を始め、電力各社からは、若手社員たちが次々と原電に出向することとなった。

原電の設立は、国も電源開発を通して出資するという形を取ることで、河野一郎と電源開発の面子《メンツ》を保ちつつ、実質的には電力会社の主導で進めていくという妥協案だった。この結論は、松根宗一ら電力会社側の原発導入積極派にとって大きな推進力となった。結果的には、電力会社の国営アレルギーを巧みに利用することで、各電力会社を商業炉の導入へと引き込むことに成功したからである。原電の設立が実現したことを受け、松根は森一久にこう語ったという。

「松根さんは『森君、やっぱりあの時、電源開発にやらせてもいいのかと言ったのが成功したね』と言っていました。『そう言って脅かさなければ、電力は原子力には手を出さなかっただろう』と。確かにそうでもしないと、あの時は本当にそういう空気がありましたからね」

　原電の設立に当たり、最初の定款《ていかん》を起草したのは、科学技術庁原子力局の島村武久だった。島村も森と同様、電力会社は、正力や松根らに巻き込まれる形で、原発導入へと引き込まれていったと語っている。

「電力会社は正力さん方で、民間にやらせろと言われたけれど、それは先を見て言われたわけじゃなくて、国営反対論なんです。だからあの時電力会社が我々にやらせてくださいと言ったのは、原子力を民間でやらせろという意味とは違って、反電発なんです」

　関西電力から原電に出向することとなった板倉哲郎氏も、島村の意見に同調している。

「国営でやられるのが嫌さに、民間でやりますということですね」

　こうして、盤石の体制とはとてもいえない状態の中、電力会社は新たに設立された原電を通じて、日本初の商業炉の導入に手を出していくこととなった。

米軽水炉の〝正体〟

　実は、正力松太郎がイギリスからの原発導入を進める一方で、各電力会社の経営者たちと財閥系五大企業グループの原子力担当者たちは、水面下で全く別の動きを開始していた。石川一郎たち訪英調査団がコールダーホール原発を見学したのと同じ時期、彼らは別行動で各国の原子力施設を視察して回っていたのだ。その一行に随行したのが、島村武久だった。

「1956年に、私が科学技術庁原子力局政策課長のとき、原子力産業会議の海外使節団で、2カ月半掛けて世界を廻ったんです。東電からは木川田一隆さんが行かれた。その時、私は木川田さんに名前を覚えられて、可愛《かわい》がってもらった。偉い人がぞろぞろ、（後の石川島播磨重工業社長の）土光敏夫《どこうとしお》さんも行かれた」

原子力産業会議では、科学技術庁の島村を中心に、メーカーや電力会社の経営者たちによる、水面下での情報交換が盛んに行われていた。その目的は、正力が推し進めているイギリスからの商業炉導入だけにとらわれず、将来的にビジネスとして原子力を成功させていくにはどうしたらいいかを探ることだった。島村は、当時、自身が呼びかけ人となり、特定のメンバーによる定例の極秘会を開いていたと証言している。

「メーカーさんの意見を聞かないといけないけれども、メーカーさんというのは公式の場では何も言われないので、実情が分からない。それを勉強したいと思って、原子力産業会議の橋本清之助の爺《じい》さんに頼んだら、それはいい考えだ、是非おれが斡旋《あっせん》するからということで、５社の方に集まっていただいて。築地《つきじ》のうなぎ屋があるでしょう、あそこで月に１回昼飯を食べることにした。その時のメンバーは、三菱さんが稲生光吉《いのうみつよし》さん、日立が駒井健一郎《こまい》さん、富士が前田七之進《しちのしん》さん、東芝が瀬藤象二《せとうしょうじ》さん、住友が正井省三さん、大体副社長クラスの方々がメンバーだった。そういう人に集まってもらった」

五大グループは、すでに研究炉の導入で激しい争奪戦を繰り広げていた。中でも三菱グループは、実際にJRR－２の導入を手がけるなどの実績を残していた上、ウェスティングハウス社とのパイプを持っており、次なる原子炉の導入の機会をねらっていた。一方、東芝、日立、石川島は、ゼネラル・エレクトリック社（GE）と提携関係にあった。そのため各社は、商業炉の導入に当たっても、イギリス一辺倒の正力とは異なり、アメリカ製のものにも注目していたのである。

しかし、肝心のアメリカ側が、この時点ではまだイギリスほど積極的ではなかった。1956年５月、イギリス原子力公社のヒントンが来日すると、その翌月、アメリカのブルックヘブン原子力研究所の調査団も日本にやってきた。この時、調査団の一行は原子力委員会のメンバーたちと面会している。日本側はアメリカからの原子炉導入について調査団に打診したが、調査団は原子力の軍事利用を懸念《けねん》して、すぐには応じなかった。

だが、全くのゼロ回答だったわけではなかった。実はこの頃、アメリカはペンシルバニア州シッピングポートで初の商業炉の建設を進めていた。この原発が実際に運転を始め、様々なデータが集まるまで待ってはどうかと提案したのである。そこで、結成されたのが島村が随行した、原子力産業会議によるアメリカへの使節団だった。

1956年9月、使節団一行はアメリカに到着。アメリカ原子力産業会議年次大会に出席した後、各地の研究所や原子力施設を見学して回った。その中にはシッピングポートで建設中の原発も含まれていた。シッピングポート原発は、イギリスのコールダーホール原発の黒鉛炉とは全く異なる炉だった。軽水（普通の水）を冷却水に用いる軽水炉であり、構造は比較的単純で、小型で高出力が見込めた。アメリカではこの軽水炉が、次世代の商業炉の主流になるととらえられていた。

当時、開発中の軽水炉には二つのタイプがあり、GEは沸騰《ふっとう》水《すい》型（BWR）、ウェスティングハウスは加圧水型（PWR）の開発をそれぞれ進め、どちらが主流の座を占めるかでしのぎを削っていた。

使節団の一行の中に、いち早くこの軽水炉の優秀さに気付いた人物がいた。土光敏夫である。この時の土光の様子を、使節団の案内役として随行した前出の柴田秀利が手記に残している。

「難しい数式のことなどで、一番よく理解し、サラッと説明してくれたのは、いつも土光さんだった。土光敏夫氏は、沸騰水型と加圧水型の長短両所を的確にとらえ、やがては沸騰水型も利点を発揮するようになるだろうが、現在では、加圧水型がすでに安定性の上では、実証ずみであることを見てとってきた」（『戦後マスコミ回遊記』）

使節団が見学したシッピングポート原発は、加圧水型の軽水炉だった。アメリカはシッピングポート原発を、世界初の純粋な平和利用目的で建設する原子力施設としてＰＲしており、その総指揮を執っていたのがアメリカ原子力委員会（ＡＥＣ）のハイマン・リコーバーだった。

ところが建設までの経緯を見ていくと、シッピングポート原発は、軍事利用と深い関係にあったことが判明する。リコーバーはもともとアメリカ海軍の軍人であり、原子力潜水艦の開発を進めた中心人物だった。

また、リコーバーは日本に投下された原爆を開発したマンハッタン計画に参加しており、その時に知り合った物理学者たちと交流を深めるうちに原子炉の知識を獲得したという経歴の持ち主であった。

戦後、マンハッタン計画が終了すると、リコーバーは、酸素を必要とせず、長時間にわたって厖大《ぼうだい》な熱量を発生させることができるという原子炉の特性に注目。その熱で水を沸騰させてタービンを回せば、潜水艦の動力として非常に優れていることに気付いた。そのアイディアはすぐに実行に移され、1954年、ゼネラル・ダイナミックス社の手により、原子力潜水艦ノーチラス号が完成した。この時に開発された潜水艦用の加圧水型軽水炉こそが、シッピングポート原発の原子炉だったのである。

もともと原子力潜水艦用に開発された軽水炉が、商業炉であるシッピングポート原発に採用されたのは、どのような経緯からだったのか。そもそも軽水炉は、商業用の原発に最も適した炉型といえるのか。多くの謎が残る。この謎について森一久が、貴重な証言を残している。アメリカ原子力委員会の初代の発電用原子炉部長だったローレンス・R・ハフスタッドが1980年代に来日した時に、本人から直接聞かされたというエピソードだ。ハフスタッドは、シッピングポート原発に異を唱え、後にアメリカ原子力委員会を去った。森が会ったのは、退任後のことである。

「私が、『ところでハフスタッドさん、途中から米国の原子力界からお名前がなくなったように思うんだけど、何故《なぜ》ですか』と聞いたら、『いやその通りなんだ』と言うんです。面白い話なんですけど、ソ連が5000キロワットの原子力発電をやったので、米国では大変だ早く追いつかなきゃいかんと大騒ぎになって。それじゃ潜水艦の炉を陸に上げて発電すりゃ一番いいっていうんで、シッピングポート原発をつくり、軽水炉発電を急ぐことになった。その時に彼は反対したんですって。そこにあるものを、ポンと乗せるっていうのは、ちょっと乱暴すぎる。もう少し、どの炉型が一番発電に向いているかを議論してから取り掛かるべきだと。ずいぶんがんばったんだけど、『皆、とにかくソ連に追いつくことで頭が一杯だったんで、押し切られてしまった。それが気に入らないので、私は原子力委員会を辞めてアカデミーへ帰っちゃった』と。私が『軽水炉は、よほど運がいい炉なんですな』と言ったら、『そうかもしれん』って笑ってましたけど。あの当時米国では、そういう議論があったんですな。でも結果的にアメリカは力があって、軽水炉は世界で400基も売れたものだから、世界のスタンダードになった。商業開発というのはそういうこともあるものなのですね」

加圧水型の軽水炉は、後にウェスティングハウスと提携関係にある三菱グループによって、伊方《いかた》発電所や美浜《みはま》発電所など西日本の電力会社に多く導入されていった。そしてGEが開発を進めた沸騰水型の軽水炉は、その後、東京電力によって日本への導入が決定された。東電にとってその第一号となったのが福島第一原発の1号機だった。

電力会社の幹部たちも、軽水炉が軍事技術に由来するものだということは、当然、知っていた。しかし、小型な上に高出力で、構造も比較的単純な軽水炉は、当時、世界で最も商業炉として有力視される原子炉だった。その将来性は、当時、世界で最も強い力を持っていたアメリカの技術開発力と資金力に裏打ちされていた。そのため彼らは、その開発当初から軽水炉に熱い視線を注ぐようになっていったのである。

次々判明する危険性と後手に回る対策

原子力産業会議の使節団によって、産業界ではアメリカの軽水炉に注目が集まった。それでも、国産初の商業炉をイギリスから導入するという正力松太郎の方針は変わらなかった。

そして、日本原子力発電株式会社が設立され、正力の主導の下、イギリスからの原発導入が具体的に動き始めると、5大グループの動きはにわかにあわただしくなっていった。巨額の国家プロジェクトの中で、それぞれができるだけ多くのシェアを獲得しようと、熾烈《しれつ》なビジネス競争が始まったのである。

しかし、正力サイドの人間の中にも、この事態を憂慮していた人物がいた。訪英調査団の団長だった原子力委員の石川一郎（元経団連会長）だ。イギリスからの導入に当たり深刻な問題となっていた、発電コストや耐震性については、依然、先送りされたまま解決していなかった。科学技術庁の島村武久は、この時、石川から1通の手紙を受け取っている。

「石川一郎さんが手紙をよこされた。内容は、5大グループ反対論なんです。日本中1本にまとめてやるべきだということを、手紙で言ってこられた。石川さんは、民間の方にしてはどっちかっていうと統制色が強い人で、日本は技術を学ばにゃいかんのだから、どっか1社が技術を独占してしまうのは困ると言っておられた。しかしいくら経団連の会長をしておられたって、にらみが効くわけじゃないから、各社やろうと思ったらどんどんやるわけでしょう。結局、第1回の受注は富士電機になったわけだけれども」

コールダーホール改良型は、第一原子力産業グループの富士電機が受注し、英GE社とともに茨城県東海村に「東海発電所」として建設することが決まった。

富士電機にとって、この受注は大変な栄誉だった。というのも、富士電機は他のグループに比べ原子力への参入が最も遅く、いかに追いつくかが社内で最重要課題となっていたからだった。元富士電機会長の前田七之進は、こんな証言を残している。

「私が原子力産業会議の使節団で出掛けたのが、1956年9月18日。その時には富士電機はメンバーに入っていなかったんです。入っていないのは当たり前で、富士電機は火力発電所をやっていないんですから。それで、（安川電機会長の）安川第五郎さんに、『富士電機もやりたいんで何とかメンバーになりたいと思うが、私どもの力ではどうにもならない。安川さんなんとか一つねじ込んでくれませんか』と言ったんだ。安川さんにお願いして何日かたったら、(原子力産業会議常任理事の)橋本清之助さんから、あなたのところからも出してくれと言われて、それで行ったんです」

1959年春、東海発電所の設置許可の安全審査が始まった。審査を担当したのは、科学技術庁の伊原義徳氏たちだった。しかし、この審査の段階で、もう一つ新たに技術的な問題が見つかった。蒸気を発生させる機器が、振動で破損する恐れがあることがわかったのだ。伊原氏によると、直ちに各研究機関や大学から専門家が集められ、対策が練られることになったという。

「安全審査を私が担当させられまして、それぞれの部門の専門の先生方に審査をお願いし、夏休みに箱根の寮を借り切って議論をしていただいた。問題の一つは蒸気発生器の震動でして、向こうの設計では震動する。何とかそれを手当てしなければいかんという議論でした。後藤清太郎先生と内田秀雄《ひでお》先生とが機械のご専門で、自分の経験から見て、これでは安全性に自信が持てないとのこと。ところが、色々問題があってそう簡単ではなかった」

伊原氏たちは、連日、徹夜で議論を重ね、知恵を絞った。その最中、突然、ある訪問者が現れたという。

「役所の偉い方がおいでになって、早く安全審査の答えを出せとおっしゃるんです。その話し方が、審査なんてものは、徹底的に時間を掛けてやるものかどうか、何とか早く格好をつけて欲しいという発言をされたので、大変先生方が怒られまして。私達はこれだけ一所懸命にやっているのに何だ、それならやめてしまえということになりました。当時、科学技術庁は、通産省の原子力課と共同で事務局をやっていたので、両方から先生方に平謝りに謝って、何とか仕事を続けていただいた」

伊原氏によると、とにかくスピードが最優先され、安全性についての審議は限られた時間の中で進めていかざるを得なかったという。伊原氏たちは、連日、帰宅するのは深夜0時過ぎという状態で、時間に追われながら審査を続けた。過労から職を離れる仲間もいたという。こうした国の進め方に専門家たちは納得せず、双方の齟齬《そご》は最後まで埋まらなかったと伊原氏は証言する。

「最後の報告書案の検討の時に、名古屋大学の坂田昌一《しょういち》教授が、『小委員会で検討しただけで、他のメンバーに十分に諮《はか》ることなく、検討もしないで本委員会でOKを出すようでは困る』と。坂田先生は、結局、委員を辞任されました」

スピードが最優先される中、東海発電所の安全性の確保は、疲労困憊《こんぱい》の中でかろうじて理性を保とうと踏みとどまっていた、委員たちの科学的良心に委《ゆだ》ねるしかなかった。

密《ひそ》かに行われていた事故シミュレーション

さらにこの頃、伊原氏たちにとって頭痛の種となる課題がもう一つ現れた。万一、事故が起きた際の被害をどのように見積もるかという原子力損害賠償の問題が、突然、浮上してきたのである。

事の発端は、1957年9月、アメリカで初の原子力損害賠償法である「プライス・アンダーソン法」が成立したことだった。当時、アメリカ政府は、原子力法という法律を可決させ、国を挙げて原子力ムーブメントを巻き起こそうとしていた。しかし、その意図に反し、なかなかムーブメントは起きなかった。多くの民間企業は、万一、原子力事故が起きた際の被害の大きさを恐れて尻込《しりご》みし、原子力への新規参入に非常に消極的だったのである。

その最大の理由は、保険会社が保険の引き受けを拒否していたことだった。保険会社は、原子力事故が起きた際に発生する被害の甚大《じんだい》さを考えれば、とてもその保険を引き受けることは不可能と考えていたのである。

この事態に頭を抱えたアメリカ政府は、保険会社に保険を引き受けさせる方法をひねり出すことにした。そこで作られたのが、プライス・アンダーソン法だったのである。

この法律では、原子力災害に対して最大5億6000万ドルまでを補償すると定められた。注目すべきは、そのうち民間の保険会社が請け負う補償額は、たった6000万ドルでいいと定められたことだった。残りの大部分である5億ドルは、政府が補償することになったのである。

なぜ、このような歪《いびつ》な比率が定められたのか。原子力産業会議の森一久は、当時、アメリカの原子力関係者から聞いた話として、その理由を次のように語っている。

「民間の保険会社は、保険金をプールするためにお金をかき集めました。その結果、集めることができた金額が6000万ドルだったのです。ですから、保険会社としては、それ以上はどうやったって払えないよということを、アメリカ政府に示したというわけです。それを受けて法律が成立した。保険会社は6000万ドル以上を補償する必要がなくなった。そんなことから、アメリカの原子力産業は活気付いていくことになったのです」

さらに一連の出来事の背景には、驚くべき事実が隠されていた。実はアメリカでは、アメリカ原子力委員会がブルックヘブン国立研究所に委託して、実際の事故を想定した被害のシミュレーションを行っていたのである。

その結果は「WASH740」という報告書にまとめられた。そこで示された被害予想額は、なんと70億ドル。プライス・アンダーソン法で定められた補償額5億6000万ドルの12倍超という巨額だった。

にもかかわらず、このことが関係者の間で問題視されることはなかった。伊原義徳氏は、その理由をこう説明する。

「保険会社がこれ以上は払えないよというものを、それでも払えとは言えないでしょう。WASH740は、万一の事故を想定したらこういう被害も起こり得ますよということを示したものにすぎません。そのことと、現実の社会で民間の保険会社が補償可能な金額を定めることとは、別の次元の話なのです。ですから関係者は、その後、その差をどうやって埋めていくか、時代に合わせて少しずつ法律を改正していったりと、一所懸命やっていくことになったわけです」

プライス・アンダーソン法の成立は、日本にも大きな影響を与えることとなった。同様の法律を日本も作るよう、アメリカが要求してきたのである。森一久によると、アメリカが要求した理由は次のようなものだった。

「アメリカのメーカーが、日本に安心して原子炉を輸出できるようにするには、アメリカと同様の損害賠償法が必要だと要求してきたのです。だから日本でも、早く原子力損害賠償法をつくらないといけないという話になったのです」

アメリカからの要求を受けて、1960年、日本でも原子力損害賠償法を作成する動きが内々に始まった。中心となったのが、島村武久と森一久だった。その最初の取り組みが始まった時のことを、森は次のように証言している。

「ある日突然、島村さんが一緒にお茶を飲みたいとやってきた。何のご用ですかと尋ねましたら、『これをやってくれ』と。『原発を建てる予定の東海村の場合、近くに水戸という20万の都市がある。百何十キロ先には1000万の大都市・東京がある。もし、事故で放射能が飛散したら、どのくらいの地域にどのくらいの放射能が降るのか。何人死ぬのか。何が食べられなくなるのか、いくらの損害が出るのか試算してくれ』と言うのです」

伊原義徳氏によると、この頃、科学技術庁では、コールダーホール改良型原発の安全問題が続出するにつれ、万一の事故を心配する声が各所から噴出し始めていたという。

「関係方面の意見を聴こうということで公聴会が開催され、藤本陽一先生が壇上に大きな地図を張って、事故が起きると水戸から東京まで放射能の雲が来るんだという説明をされ、西脇安《にしわきやすし》先生が、いやいやそれは大丈夫とおっしゃるとか、知事さんも地元ではどう考えるかとか、喧々諤々《けんけんがくがく》の議論がありました」

一方で、とにかく早く着工することを求められていた科学技術庁の官僚たちは、事故の被害のシミュレーションまでは、とても手が回らなかった。そこで、森の所属する原子力産業会議が、科学技術庁から委託を受けて、アメリカのＷＡＳＨ７４０にならい、シミュレーションを行うことになった。

原子力産業会議では、森を中心に、ＷＡＳＨ７４０で用いられた放射性物質の拡散の計算方法や、気象庁が保管していた過去10年間の東海村の風向データなどから、厳密な試算が行われた。そして、その結果は「大型原子炉の事故の理論的可能性及び公衆損害額に関する試算」という報告書にまとめられた。このシミュレーションで出た結果を、森は次のように語っている。

「東京にも被害は及び、その規模は後のチェルノブイリ原発事故と同じくらいのものとなりました」

最悪のケースとされた37万テラベクレルが放出された場合の被害シミュレーションは、次のようなものだ。死亡者７２０人、健康面で要観察となる人数は３１００人、退避や移住を強いられる人数は３６０万人、農業制限が及ぶ地域は3万７５００平方キロメートル。これらによる損害額は、総額で3兆７３００億円に達した。当時の日本の国家予算は、年間1兆７０００億円。1回の事故で、あっという間に国家が破綻《はたん》してしまうことが明らかになった。

莫大《ばくだい》な損害額は、誰がどうすれば補償できるのか。試算に続いて行われた原子力損害賠償法の骨子作りは、予想通り難航した。森たちは、国家も賠償責任を負うべきと主張。大蔵省にかけあったが、「私企業の事故に国が補償するなどあり得ない。顔を洗って出直してこい」と、頑強に拒まれたという。森たちは、「全く新しい科学技術を使うのだから、従来の責任の観念を変えるのは当たり前のことだ」として、「幸か不幸かアメリカもそういう法律ができあがっている。同じような制度がない国には原子炉を売らないと言っている」と押し返した。

激しい議論の結果、結局、日本でもアメリカのプライス・アンダーソン法に倣《なら》った妥協案で落ち着くことになった。まず、大原則として、過失か無過失かにかかわらず、事業者が無制限の賠償責任を負う。しかし、事業者の支払い額は、50億円までに留める。

50億円を越える場合は、国が国家予算の許す範囲で補塡《ほてん》する。事業者の支払額50億円は、シミュレーションではじき出された最大損害額3兆7300億円に遠く及ばない上、国が負う不足分の補塡額については、非常に曖昧《あいまい》な表現に止《とど》められている。さらに、「異常に巨大な天災地変」については、損害賠償は適用されないという内容も盛り込まれた。こうして作成された法案が、1961年、「原子力損害の賠償に関する法律」として成立した。

このような内容の法律で、本当に原子力災害への損害賠償が十分に行えると森たちは考えたのだろうか。私の問いに、森は次のように答えた。

「当時、原子力委員会委員長代理だった有沢広巳《ひろみ》さんは、色々な人から色々なことを言われて困り果てていた。被害者の保護は当然しなければならない。しかし、電力会社がつぶれて電気が止まってしまっても困る。国が破綻してしまったら、もっと困る。それで結局、ああいう日本的なあいまいな内容のものになったんです。有沢さんも苦し紛れだったんですが、最後に『法を運営する時には、泣き寝入りは一人も出ないように運営します』と言って片付けたんです」

当時としてはやむを得ないことだったと語った森。しかし、広島原爆の被爆者としての良心の呵責《かしゃく》からだろうか。明確な理由は最後まで語らなかったが、森は、コールダーホール改良型原発が建てられることとなった茨城県東海村のために特別な対策を講じている。それは、万一、事故が発生した場合、直ちに住民たちが避難できるよう「待避路」を作ることだった。

「日本中で東海村だけです。原発から放射状に道が付いているのは。行ってみればわかりますよ。待避のために放射状の道をつくったんです。あの時、中曽根康弘さんが先頭に立って、原子力は大変すばらしい可能性を持っていると同時に、大変な危険性も持っているんだと説明した。ありとあらゆる危険性を考えて、原発をつくり始める前から、損害賠償の法律を作って、待避道路をつくった。そうしたら東海村は『わかりました。何か起きてから後追いでやるというのでは困るけど、そういうことなら私たちは引き受けます』と受け入れてくれた。〝安全神話〟なんてこれっぽっちも言わなかったですよ。後になって、他の所は道をつくることだけを真似《まね》して、原発を受け入れてくれれば道をつくってあげますよ、町長さんの家の前の道を最初に良くしましょうなんて、利権になってしまったんですけれどね。でも最初の東海村は、全然違ったんですよ」

私が森への一連の取材を終えたのは、2009年の春。翌年2月、森は福島第一原発事故を見ることなくこの世を去った。今回の事故において、賠償問題は未《いま》だ解決の途が見えず紛糾が続いている。現在の原子力損害賠償法では、事業者の支払額は50億円から1200億円にまで引き上げられたが、到底莫大な損害額には及ばない。さらに国は東日本大震災は法で定めた「異常に巨大な天災地変」であるとして、今回の事故への賠償はしない方針を示している。多くの人々が原発事故によって人生を狂わされてしまったいま、このとてつもなく困難な課題を解決していくにはどうしたらいいのか。ノートを開き、メモに残された当時の森の言葉を私は何度も読み返したが、その答えを見つけ出すことはできなかった。

イギリス製の欠陥部品との闘い

コールダーホール改良型の致命的欠陥だった耐震性については、日本の研究者たちが総力を挙げて取り組み、対策が講じられることになった。1957年から、日本原子力研究所をはじめ、様々な研究所や各大学の研究室で具体的な対策の検討が始まった。

炉心などの重要な部分については、建築基準法で定める震度の3倍の値がとられることとなった。同時にイギリスに原子炉調査団地震班が派遣され、現地での視察が行われた。しかし、イギリス側は、原子炉についての情報は機密事項であるとして、開示しようとしなかった。

残された方法としては、独自の研究を積み重ね、炉の設計を一からやり直すしかなかった。この時になって、ようやく国も重い腰を上げ、建設省の建築研究所に大型の振動台を設置。ここに黒鉛のブロックを積んで炉心の模型をつくり、実際に振動を与える実験を繰り返し、データを集めていくこととなった。同様の実験は、早稲田大学や東京大学、京都大学によっても行われ、３年がかりでようやく解決策が見えてきた。

イギリスの黒鉛ブロックは、断面が正四角形だったが、これでは振動でずれやすい。そのため、断面を正六角形に変更し、さらにそれぞれのブロックがしっかり連結するよう凹凸のキーをつけ、かみ合わせながら組み上げる方法が編み出された。これにより、炉心の耐震性は飛躍的に向上させることが可能となった。審査を担当していた伊原義徳氏は、胸をなで下ろしたという。

「まさに日本の工業技術の粋を集めた結果でした。イギリス側は、原子炉については商業的な機密事項が多いとして、必要な情報を出し渋り続けました。これに真っ向から向き合ったのが、東京大学工学部教授の武藤清さんでした。武藤さんは、原電の中に設けられた地震研究班の班長に就任し、大変な活躍をなされた。とにかく急げと国の上の方から焚き付けられて、時間に追われる中ではありましたが、黒鉛ブロックの断面を六角形にしてハニカム構造で組み合わせるという独自の案を思いつかれ、まさに起死回生の逆転劇ともいう形で、予想以上の耐震性を持たせることができたのです」

1960年1月、茨城県東海村でコールダーホール改良型原発「東海発電所」の建設がいよいよ始まった。ところが、あろうことか、この段階に至ってまたしても問題が発生した。イギリスから到着した部品に、欠陥が見つかったのである。伊原氏たちは、またしても対応に走り回らねばならなかった。

「ようやく諸々《もろもろ》の手続きが終わって建設が始まりましたが、驚いたことに圧力容器の鉄板に亀裂《きれつ》が入っていたんです。それも溶接ですませるわけにはいかない亀裂でした。これは、フランスの鉄鋼会社の製品を英国の会社が採用したもので、イギリスの権威ある保険組合であるロイズの検査もちゃんと通っていた。しかし、ロイズの検査がどうであろうと、亀裂が入っているのではしようがない。そこで、結局、日本製鋼所がつくり直すということになりました」

日本製鋼所は、直ちに室蘭製作所で製造に取りかかった。室蘭製作所は、戦前、イギリスの技術を導入し国産の兵器を製造するために設立されたという経緯があったことから、世界でも最高レベルの製鋼技術を持っていた。伊原氏はできあがった厚板を検査するため、室蘭まで飛んだ。品質は十分すぎるほどの完成度で、何とか着工に間

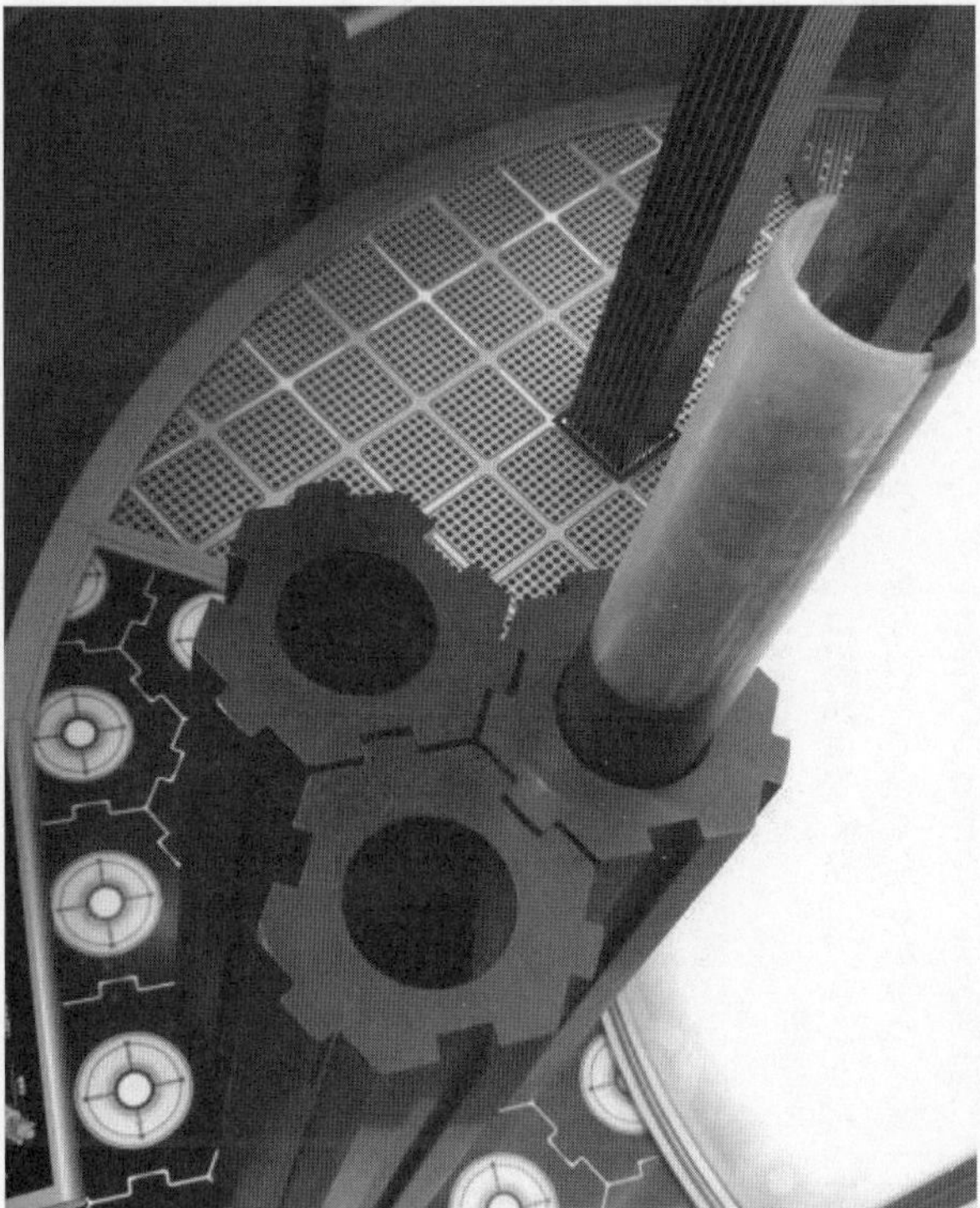

耐震性を高めるために断面を六角形にしてハニカム構造で組み合わせた黒鉛ブロック（写真提供：日本原子力発電株式会社）

に合わせることができた。

しかし、部品トラブルはこれだけではすまなかったと、伊原氏は回想する。

「エレクトロニクス関係も、英国の製品は質が悪くて、こちらも結局、その大部分を日本製に切り替えざるを得ないということになりました。そんなこんなで、ずいぶん苦労してやっと完成しましたが、当初の見積もりより、ずいぶんとお金がかかって、350億円の計画が465億円になってしまいました」

これがそのまま発電コストに跳ね返れば、ぶじに運転を開始できたとしても、電気料金は高いものになってしまう。伊原氏たち科学技術庁の官僚、そして運営を任された原電は頭を抱えた。

もともと原電は、発電した電力を各電力会社に卸すという卸電気事業者だ。そのため、独自の送電体系は持っておらず、東海発電所で発電した電気は、いかに高くても電力会社に買い取ってもらうしかない。関西電力から原電に出向していた板倉哲郎氏は、当時の苦悩をこう証言する。

「電力会社のお偉い方々は、お前たちは原発は安く発電できると言っていたが、全然違うじゃないかと。これだけトラブルも抱えていて金もかかって、一体、誰がそんなところから電気を買うものかと、けんもほろろでした。まあ結局、電力会社は自分たちがやって失敗するよりはましだったという態度で、原電は電力会社のモルモットにされたわけです」

こうした中、伊原氏ら科学技術庁の官僚たちは、やむを得ず苦肉の策で事態を乗り切ることにした。

「当初の見込みをオーバーして高く付いた差額分は、研究開発費として別の予算で落とすことにしたのです。そして、電力会社さんと、いくらなら東海発電所で発電した電気を買い取っていただけるか、何度も交渉しました。その結果、やっと、あるお値段で東京電力さんが買い取ってくれることになったんです。その間、本当に大変な苦労を強いられたわけです」

旗振り役だった正力の引退

電力会社は自ら出資して原電を設立し、東海発電所を完成させたものの、直後からその運営に手を焼き始めていた。しかし、こうした事情を尻目に、ますます原子力への熱を上げていったのが、メーカーをはじめとする産業界の人々だった。

原発を導入するに当たっては、発電所の建設だけではなく、核燃料の製造などの様々なビジネスが付随して発生する。こうした裾野《すその》分野に目を付けた商社やメーカーは、次々と独自に商談を進め、新たなビジネス市場として原子力に傾注していったのである。
その競争の激しさを物語る一例として、島村武久は次のようなエピソードを残している
「1957年に原電さんができて、副社長の一本松さんがイギリスに燃料の調達の交渉に行かれる時に、僕は政府側からオブザーバーで参加したんです。その時に、今だからもう言っちゃっていいと思うけど、古河電工の副社長の池田さんが飛行場まで追っかけてこられて、『実は古河は、もうイギリスに燃料の話を申し込んでいるので、向うに行かれた時に何か話が出たらよろしく』と言われたんです。ところがイギリスに着いたら、向こうの担当官から、『住友からも燃料の話がきている』と、こう言うわけです。それで『ミスター島村、どこをリコメンドするか』っていう話だったから、『おれはどこもリコメンドしない。そんな話は、どこから言ってきても、まともに相手にするな』と言ったんです。当時はまだ燃料は国が管理し、国の政策によってどうするか決めるわけだから、それぞれのところで何だかんだと言ってきたって相手にするなと。その時、住友さんもなかなかやるわいと思ったんです。池田さんから話を聞いて古河もなかなか早いなと思っていたが、住友さんの方がもっと早いと驚いたこと

がありました。住友も日立もどこもみな関心を示しておられたんで、燃料も各グループ争奪戦だったわけだ」

過熱するビジネスは、核燃料だけに留まらず、東海発電所に続く商業炉の導入を巡っても激しく繰り広げられていった。その産業界の勢いに引っ張られる形で、次第に国の原子力政策が検討されるようになっていったと、島村たちは回想している。

「１９５７年には、発電用原子炉開発長期計画の策定を田宮茂文《しげふみ》さんが大将でやりましたが、その時は、同じコールダーホール改良型を毎年何基もつくっていくという計画でした」（伊原義徳）

「そういう時代だったから。まあ今じゃ大抵のことは電力さんからああやれこうやれと言われてやる時代になったわけですが、当時はそんなんじゃなかった。産業界が自分で考えてやったんで、電力さんは考えてなかったんだ」（島村武久）

島村原子力政策研究会の録音テープに残されていた、これらの証言を聞いていると、日本が原発の導入を推し進めていったもう一つの真の理由が見えてくる気がする。そこには、状況が刻々と変化していく中、本来なら最も重視されるべき原子力に対する畏怖《いふ》の念や、国民が十分に納得できるだけの意義や合理性が置き去りにされていった過程が、赤裸々に語られていた。そして、初めての商業炉導入の時点で、すでに技術的な困難に直面し、その綻《ほころ》びを取り繕う過程で、安全対策が後手に回らざるを得なかった事実も明確に語られていた。

その当然の帰結と言えようか。1966年7月、東海発電所は営業運転を開始したが、送電の開始早々、原子炉の緊急停止というトラブルに見舞われた。その後も様々なトラブルが相次ぎ、点検や修繕のために、毎年、1億円から6億円もの巨額な費用が必要となった。東海発電所の運営の総責任者で、後に原電の社長となった一本松珠璣は、回顧録で次のように振り返っている。

「日本では原子力の経験が無く、原子力発電も火力のボイラーが原子炉に代わったくらいと考えた。しかしこの両者は、多くの異質の要素を持っていることが、漸次《ぜんじ》、明らかになった。考えてみると、これだけ複雑な新技術、未知の工学分野に挑んで、しかも利潤を上げるというのは、無理であろう」

イギリスからコールダーホール改良型原発の導入に全力を上げた正力松太郎は、この頃、すでに原子力委員会委員長と科学技術庁長官を降りていた。独断で導入を推し進めて行くにつれ、次々と問題が噴出したことから、正力への批判は高まる一方だった。

そのきっかけとなったのは、1957年12月、イギリスが突然、「免責条項」を受け入れるよう申し入れてきたことだった。イギリスは、万一、コールダーホール改良型原発が事故を起こしたとしても、その責任は一切負わないとしたのである。

正力は、このイギリス側の申し出に激怒し、申し出を全面的に拒否。イギリス側と対立する事態を招いた。しかし、科学技術庁の官僚たちは、もはや正力を支える側には回らなかった。伊原義徳氏は当時を次のように振り返る。

「この頃すでに『免責条項』は、原子力に係わる人々の間では国際的な常識、ルールとなっていたんです。正力さんがそれを知らなかっただけです。正力さんとすればイギリスに裏切られた思いだったでしょうが、怒るのは筋違いの話です。イギリスを敵に回したところで、何の解決も得られない。それどころか、両国の関係が悪化してしまったら、今後の技術協力においても大問題となる。そうならないようにするために、私たちは、独自の技術改良を行い、原子力損害賠償法を成立させ、免責条項があったとしても対応できる備えをつくってきたわけです。正力さんたち政治家は、やれと命令するのが仕事、後は私たち官僚が粛々と進めていくわけですから任せてくれればいい。政治家と官僚とは、そういう関係ですから」

正力は、東海発電所が営業運転を始めた３年後の１９６９年３月、総選挙への不出馬を表明し政界から引退。そのわずか半年後、84歳で世を去った。その最晩年は、原子力政策に自らの意見を呈することはほとんどなく、「野球の次はサッカーだ」と語り、将来のプロ化を目指して読売サッカークラブを創設することに力を入れた。

１９９０年１月11日に開かれた島村研究会で、島村武久と住友原子力工業元副社長の佐々木元増は、正力の強烈なリーダーシップの下で歩んできた日本初の商業炉導入の道程を、こう振り返っていた。

「しかし何ですね、今から考えてみると、ある意味で口火を切ったのは中曽根さんかもしれないけれども、原子力発電っていうことになると、やっぱり正力さんってものを忘れることはできない。正力さんの決断で踏み出したから、後は加速度的にサーッといったような気がするんです。むしろしかし私は、世の中はどうなるかわからんし、産業界もなかなか強いからどうなったかわからんけれども、もしイギリスからコールダーホール改良型を導入しないでもう少し様子を見ようってことになっていたら、それだけ余裕があれば」（島村武久）

「どうも我々が、原子力に向かっていくという必然性はなかったんじゃないかなと。少なくとも従来の発電がある程度原子炉にリプレイスされる、これはえらいことだという悲壮感をもって臨んだ必然性は、住友には無かった。それだけに、まあ金さえありゃあなんとかなるんだろうくらいに考えたのかもわかりませんが」（佐々木元増）

日本発の商業用原子力発電所である東海発電所は1966年７月に運転を開始し、その後、98年３月まで約32年間営業運転を続けた（写真提供：ＮＨＫ）

「ところがコールダーホールを入れるということになっちゃったから、そっちへワーッといっちゃったでしょう。後のこと考えないうちに、みんなそれぞれ既成事実だけでき上がっちゃったわけですな。私は、あのどさくさの間に全て決まっちゃったと。決めたというんじゃなくて、決まっちゃったという気がするんですが」（島村武久）

「歴史的必然性で、しょうがないんじゃないですか。現実、振り返ってみると」（佐々木元増）

私たちは、島村研究会の録音記録をつぶさに聞き込み、関係者への取材を重ね、初の商業炉である東海発電所の導入までの道程を検証した。そこで明らかになったのは、科学的にしっかりとした研究を積み上げることなく、一部の政治家たちの主導で、とにかく早く原子力を導入することが最優先されていったという事実だった。そして、政治主導で原子力に莫大な国家予算が付けられると、今度は新たなビジネスチャンスをねらう産業界が、そのカネに群がった。その過程で、本来、日本が目指そうとした新たなエネルギーの確保という目的は、徐々に歪《ゆが》められていった。しかし、この歪んだ構図は見直されることのないまま、日本は〝原子力立国〟として、1970年代以降「軽水炉」の大量導入の時代を迎えていくことになるのである。

第4章　軽水炉の時代の到来

東電原子力部門の〝ドン〟と呼ばれた男

福島第一原発事故から3カ月後の、2011年6月。私は、東京電力で原子力部門の〝ドン〟と呼ばれた、ある人物の取材に向かった。元副社長の豊田正敏氏（当時88歳）だ。

豊田氏は、東京大学工学部電気工学科を卒業後、1951年に東京電力に入社。1955年11月、東電の社内に原子力発電課が設置されると主任に就任した。

その後、正力松太郎が東海発電所の建設を進め始めると、東電の原子力部門のエースとして日本原電に出向。東海発電所の建設に当初から携わった。出向が明けて東電に戻った後は、これまでの経験を生かして、福島第一原子力発電所の計画から運転までを中心となって進めた。東電の原子力黎明期《れいめいき》、および福島第一原発の歩みを現場で見続けてきた、生き字引といえる人物だ。

都内の閑静な住宅街。呼び鈴を押すと、豊田氏は穏やかな笑顔で私を出迎えた。

「今回の福島での事故には、私も本当に胸を痛めています。ちょうど今も、事故について、私の意見をまとめていたところです」

そう切り出すと、私に書きかけの原稿を差し出した。タイトルは「福島第一原子力発電所事故再発防止対策」。現役を退いて長いが、いまなお多くの原子力関係者たちとの交流は続いており、仲間たちに今回の事故について深く考えてほしいとの思いからこの原稿を書いているのだという。

早速、原稿を読ませてもらった。豊田氏は、今回の事故を招いた直接の原因は、全電源喪失だったと指摘。これにより原子炉の冷却機能が失われたことから、メルトダウンという最悪の事態が進行したとしている。そして、全電源喪失の原因として、二つを上げていた。

一つは原発内部の交流電源であるディーゼル発電機が、気密性のないタービン建屋の中にあったため、津波で海水をかぶり、全機が運転停止してしまったこと。

二つめは、外部からも交流電源を確保できるよう送電線をつないでいたが、肝心の鉄塔が、土盛りした上に建てられていたため地震で倒壊し、さらに変電所の機器も破損したため、長時間、送電機能が停止してしまったこと。

福島第一原発では、交流電源は、内部と外部の両方から確保できる体制となっており、本来なら一方がダメになっても、もう一方が独立して機能することで補える設計になっていた。いわゆる多重防護の設計だ。しかし、現実はその通りにはならなかった。豊田氏は、原稿の最後をこう締めくくっていた。

「原子力関係者としては、今後二度とこのような事故を起こさない対策を確立し、それを一般国民に周知し、納得して貰《もら》った上で、今後、原子力発電所をどうするかは、一般国民の判断に任せるべきである」

原稿を読み終えた私に、豊田氏は、唐突に思いもよらぬ内容を話し始めた。

「東電が初めて原発を手がけることになった福島第一原発の1号機から3号機あたりまでは、ともかく大変だったんですよ。とにかく運転を始めてみたらトラブルばかりで、とても商業用の原子力発電所の域に達していないなと思いました」

福島第一原発では原子炉自体のトラブルが相次ぎ、関係者はいかに原子炉を止めずに運転し続けていくかということばかりに気を取られていたのだという。

「そもそもの設計がおかしいことは、気付いていましたよ。私だけじゃなくてみんながね。それでトラブルが相次いで稼働率《かどうりつ》が下がっちゃったから、そっちをなんとかしなきゃってなっちゃったんですよ。経団連の会長だった土光敏夫さんからは『おい、何とかしろ』と言われたですよ。東電の内部からは『発電コストが思ったよりも高いじゃないか』って。だから運転しながら改良を加えていったんですよ。だけどね、一度つくっちゃったものは、もうどうにもならないというところもあったんですよ。そういうことですよ」

福島第一原発とは、どのような経緯でつくられ、運転されてきた原発だったのか。私は、「島村原子力政策研究会」の録音記録に加え、当時の事実を知る数少ない人物である豊田氏の証言や資料を頼りに、その経緯を改めて検証する必要性を強く感じた。取材に対し、豊田氏は「全面的に協力する」と答えた。

スタートで最優先された〝安全性確保〟

東京電力の社内に原子力発電課が創設されたのは、1955年11月。当時、産業界では財閥系の企業グループが次々と原子力部門を立ち上げようとしており、原子力ブームに沸いていた。東電としても、こうした時代の流れの中で、原子力発電に目を向けないわけにはいかなくなっていったのである。

豊田正敏氏によると、東電経営陣の背を押す大きなきっかけとなったのは、195

5年にジュネーブで開かれた原子力平和利用の国際会議だったという。

「私自身はアメリカの電力の専門誌に目を通していて、将来は原子力発電がものになるなと、その可能性は相当高いなと思っていました。それがジュネーブ会議をきっかけに、世界的な盛り上がりになっていって、東電にも原子力発電課を作ろうと。それでそこの主任になれと、社命を受けたわけなんです」

豊田氏たちは、まず、海外の文献を手当たり次第集め、翻訳していくことから取りかかった。内容をつかむと、仲間同士でディスカッションし、また新たな資料を入手しては翻訳するということを繰り返し、猛スピードで原子力発電の基礎から最新の知見までを吸収していったという。さらに並行して、メーカーの技術者たちと一緒になって、プラントの設計研究も始めていった。

しかし、豊田氏は、社命を受けたものの日本で原子力発電がすぐに実用化できるとは、全く思っていなかったという。

「その当時はね、日本での原子力の実用化はそれほど近くないんじゃないか、まだちょっと早すぎるんじゃないかと思っていましたよ。だって日本にはまだ何にも無いんだもんね。それにアメリカにしても、原爆は作ったかもしれないけれど、実際の原子力発電所というのは、まだ商業用のものなんてできてなくて、実験炉ぐらいがやっとのところだったんですよ。それが、100万キロワットの発電とか、そんなところにいくまでは、少なくとも20年から30年はかかるんじゃないかと。日本でやるにはそのくらいはかかるんじゃないかと思っていたんだ。だけど社命でやれと言われた以上、辞退するわけにもいかなくてね」

豊田氏によれば、当時の東電社内では、豊田氏たち現場の人間よりも、経営者たちの方が原子力に強い関心を抱いていたという。原子力予算を次々と増額させていった政治家と官僚、そして新たなビジネスとして競争を繰り広げる産業界の人々の熱気の中で、電力会社の経営者の間でも「バスに乗り遅れるな」という雰囲気が高まったからだという。

さらに、拍車をかけることとなったのが、電力会社同士におけるライバル意識だった。当時の東電は、まだ管内の各所に新たな火力発電所の建設などを始めたばかりで、企業として成長の途上にあった。経営者たちの間には、「関西電力に負けるな」、「東京電力が主導権を取るんだ」といった野心むき出しの対抗意識が強くあったと、豊田氏は振り返る。

これに加えて、国策会社である「電源開発」が発足。この新たなライバルが原子力発電の実用化に向けた取り組みを始めたことも、電力会社の経営陣の焦燥感を煽《あお》ることとなった。

しかし、こうした雰囲気の中にあっても、木川田一隆副社長を始め当時の東電の社内では、原子力が潜在的に持っているリスクについては、非常に慎重に考えていたという。

「木川田さんも、将来は原子力発電をやらなきゃいけないということで原子力発電課をつくったんだけれども、私には『原子力は安全最優先でやってくれよ』と何度も言っていましたよ。放射能とか原子炉自身の安全ということには、相当な心配をされていましたね。だから私も安全を第一に考えて、原子力発電所が持っているリスクの研究を、相当熱心にやりましたよ」

この豊田氏の証言を裏付ける資料が残されている。1958年3月に、原子力産業会議が発行する業界紙「原子力産業新聞」に掲載されたシリーズ「原子炉の安全対策」だ。執筆者は豊田氏。初回のタイトルは「絶無といえぬ原子炉事故　対策は重要な課題」となっている。半世紀以上も前に執筆されたこのシリーズで、豊田氏は原子炉が持っている潜在的なリスクを、的確に指摘している。

「原子炉はもちろん本来の安定性と信頼性を具備するように設計され、これに必要な安全装置も十分に付加されているので非常に安全なものであるといい得るかもしれない。しかし、設計および運転上の過失が二重三重に重複することは皆無とはいい得ないわけで、非常に少ない確率ではあろうが原子炉の暴走事故の起こる可能性はあり得る。燃料要素が溶融してその中に内蔵されていた放射能の強い核分裂生成物質、いわゆる『死の灰』が原子炉の施設の外に放出されるような事故が起る可能性が絶無であるとはいいきれない」

原子炉は、ひとたび多重防護が破れてしまえば、メルトダウンが発生して環境中に大量の放射性物質が放出されてしまう。まさに福島第一原発事故で起きてしまったこの一連の出来事を、まるで予言しているかのような内容だ。

シリーズは7回に亘《わた》って掲載され、豊田氏は安全性を確保するための手だてについても、詳細に検討している。日本に導入すべき原子炉は、運転経験が豊富で信頼性と安全性が高いものにすべきであること。事故を食い止める安全性を完備させること。耐震設計には万全を期すべきこと。燃料を絶対に溶融させないために、冷却機能を確保できるよう二重三重の設備や装置を付加すること。

豊田氏は、執筆当時をこう振り返る。

「私は技術屋ですからね。やっぱり、日本で原子力発電をやるには、原子炉自身の安全の確保が一番重要だと。それで相当掘り下げて研究して、これを書いた。原子力をやっている連中は、私の書いたのを読んでいるはずだし、私だけじゃなくて、他にも同じようなことを言っていた人もいるはずだしね。だけどそれが実現しなかったということだね」

どうすれば原発の安全性を確保できるのか。その方法は、半世紀以上も前からすでに検討されていた。それでもなぜ、福島第一原発事故は起きてしまったのか。その理由を解明するため、私は、東京電力がアメリカの原子炉メーカー、ゼネラル・エレクトリック社（GE）から、どのような経緯で原発を購入することになったのか、その出発点から検証していくことにした。

東海発電所の失敗を繰り返すな

原子力産業新聞の連載「原子炉の安全対策」を執筆した時、豊田氏は東京電力から日本原電に出向し、正力松太郎の主導で進められていた東海発電所の導入プロジェクトに携わっていた。

購入を予定していたイギリス製のコールダーホール改良型の原子炉で、耐震性や部品の欠陥などといった問題が次々と発生していく中、豊田氏は安全性の確保について全般的に担当していた。そして、安全性の基本理念の構築から、具体的な技術の開発までを行ったという。

例えば東海発電所では、万一、電源喪失などによって制御棒が挿入できない事態となっても、中性子を吸収する性質を持つボロン（ホウ素）という物質でできたボールを上から多数落とすことで炉心の暴走を防ぐという多重防護のシステムが取られている。これは豊田氏の発案によるものだ。

「なぜ、上からボロンのボールを落とすようにしたのかというと、地球の引力がなくなることは絶対にありませんから、電源が確保できなくなっても、ものが落ちるという力学によって安全は保てると考えたのです。多重防護の考え方の一つですね」

この方法は、イギリスのコールダーホール原発では採用されていない。豊田氏の発案による日本独自の安全性確保の技術だ。豊田氏は、自身が東海発電所の建設に携わった時の思いをこう振り返った。

「イギリスがやっている文献を見て、その焼き直しみたいなことをやっているようじゃダメなんですよ。どうも日本人はそういう癖があってね。独創性がない。日本でやるからには日本に合ったものにしなきゃいけないのは当然なわけで。だから東海発電所の場合は、相当イギリスの設計を変えて、日本独自の多重防護策を盛り込んだわけです」

豊田氏ら現場の技術者の創意工夫によって、東海発電所は様々な困難を乗り越えながら建設されていった。当時、関西電力から日本原電に出向していた板倉哲郎氏は、豊田氏と同じ部署で安全研究に携わり、苦労を共にしていた。しかし、日本原電に出資していた各電力会社は、安全対策を講じる毎《ごと》に建設費が膨れあがっていくことに、大いに不満を抱いていたという。

「各電力会社ではね、その頃から社長さんがリタイアされて、次の世代に代わっていったんですね。その次の世代の社長さんたちがね、クレームを付けてきた。いくらお金を出したって配当すら付かないと。何してるんだと。その批判が原電の社長の一本松さんの一身にかかってきた。その時、一本松さんは各社長さんたちにこう言っていましたよ。まだまだ原子力発電所というものは、百貨店でパッと買ってきてパッと置けるようなものじゃないんだと。それを覚悟せよと。それから、どれだけ高く付いても、安全性だけは絶対に手を抜くなと。念には念を入れてやる覚悟をしろよとね」

それでも、電力会社の経営陣たちの原電に対する不満は収まらなかった。そして、国が東海発電所の次に導入する商業炉をどの炉型にすべきかを再検討し始めたとき、最有力候補として浮上してきたのが、アメリカで急ピッチで開発が進められていた「軽水炉」だった。このとき、軽水炉を強く推したのは、実は電力会社やメーカーの人々だったと、伊原義徳氏は指摘する。

「原子力局の佐々木局長が産業界の方々と話をしたところ、商業用の発電炉は、経済性の点などから米国型のほうが良いという意見が強く出されました。それで結局、当初はコールダーホール改良型をたくさん造っていく予定だったんですが、計画を変更して東海発電所の1基に止《とど》め、その後は軽水炉で行こうということになったのです」

伊原氏によると、軽水炉を選ぶよう特に強く主張したのは電力会社だったという。その理由は、豊田正敏氏ら電力会社の人々は、当初からコールダーホール改良型を本命とは考えておらず、いずれ軽水炉の時代が来ると確信していたからだった。豊田氏は、当時の状況をこう振り返った。

「コールダーホール改良型が最終的に日本の電力会社が採用すべき原子炉であるとは、当時から全く思っていませんでした。いずれ軽水炉の時代が来るだろうと、当時から思っていました。僕は原子力委員の石川一郎さんに言いましたよ。何で軽水炉をやらないんだって。それでもまずはコールダーホール改良型でいくんだと、政財界が決めちゃった。当面はそれしかない。だからまあ、炉型は違えど色々勉強すれば軽水炉の方になった場合でも役立つからと考えて仕事をしていたわけです」

電力会社が軽水炉に注目したのには、大きな理由があった。軽水炉はコールダーホール改良型に比べて、はるかに小型で建設費を安く抑えることができ、出力も大きかった。そのため発電コストが安くなると見込まれたのである。すべては東海発電所の失敗を繰り返すなという思いから始まっていた。

しかし、即時に導入するにしては、軽水炉にはまだまだ課題があった。火力発電に比べると、軽水炉の経済性はまだ遥《はる》かに劣っていたのである。当時の資源をめぐる世界情勢も、軽水炉にとっては不利な状況だった。この頃、世界各地で新たな油田や天然ガス田の発見が相次いでいた。そのため化石燃料の値段がどんどんと下がっていき、火力発電に比べ原子力発電の経済的優位性は、当面、見込めない状態になっていたのである。

こうした中、電力会社は原発の経済性を検討するため、1960年に運転を開始したアメリカのドレスデン原子力発電所とヤンキー原子力発電所の運転実績を入手し、分析を行った。その結果、軽水炉の発電規模はまだ小さく、現時点では日本では採算ベースに乗らないと判断された。それで軽水炉の将来性に期待をかけながらも即時の導入は見送られ、今後の進展を待つこととなったのである。

この頃、豊田氏は、日本原電への出向を終え、東京電力に戻っていた。東電社内では原子力への熱意は一時よりも停滞しており、豊田氏は川崎に建設が予定されていた火力発電所の建設所次長に任命され、ボイラーの設計を担当することになった。

「やっぱり軽水炉といえども、まだまだ実用化には時間がかかるなと感じました。その時の東電社内の雰囲気としては、原子力は停滞期。火力発電を充実させていって、軽水炉についてはもう少しいいものが出てくるまで様子を見ようということになったのです」

東京電力は、当面、火力発電を主力としていく方針を固めた。豊田氏はその中心メンバーとなり、原子力からは遠のくこととなった。

電力会社ついに軽水炉導入に動き出す

ところが、転機は思いのほか早く訪れた。

きっかけは、1962年、アメリカのジャージー・セントラル電力会社が、オイスタークリーク原子力発電所を建設する計画を発表したことだった。ニュージャージー州に建設予定の同社の原発は、GEの最新型の沸騰水型《ふっとうすい》（BWR）軽水炉、マークIが使われることになっており、その電気出力はそれまでの軽水炉原発の平均的な出力だった10万キロワットを大きく上回る60万キロワットとされていた。

日本の電力会社はこの新たな大型軽水炉に大いに注目した。早速、その計画書を手に入れ目を通したところ、その内容は驚くべきものだった。オイスタークリーク原発では出力を一気に増やすことで、発電コストは火力発電所と同等にまで引き下げられると記されていたのである。

さらに1964年8月に開かれた、ジュネーブでの第3回原子力平和利用国際会議で、アメリカのグレン・T・シーボーグ原子力委員会委員長は、軽水炉の優位性を高らかに謳《うた》い上げた。

「原子力発電は、いまや実用性に何らの心配がなく、アメリカの軽水炉技術の信頼性はすこぶる高い」

そして、沸騰水型（BWR）軽水炉を製造するGEと、加圧水型（PWR）軽水炉を製造するウェスティングハウスとが、互いに熾烈《しれつ》なビジネス競争を繰り広げながら、世界各国に猛烈な売り込みを開始したのである。

ここに来てついに、東京電力は軽水炉の導入に向けた具体的な第一歩を踏み出すことになったと豊田氏は振り返る。

「オイスタークリーク原発のあたりから、アメリカは軽水炉原発の発電単価は火力発電所並みになるんだと言い出してね。まあ、それをどこまで信用していいんだかと思ったけれども、経営陣がその気になってね。いずれにしても建設用地だけは確保しておこうということになったのです」

実は東電は、1957年頃から、水面下で原発の建設用地確保のための動きを開始していた。このとき候補地として挙がっていたのは、東電の電力供給区域内、そして東北地方の南部。その中から最適地を選ぶべく、実地調査も行われていた。その業務には、川崎の火力建設所次長だった豊田氏も駆り出されたという。そして、最終的に建設地として選ばれたのが、福島県だった。

「急遽《きゅうきょ》、呼び戻されて用地を確保しろと。それで福島県に頼み込んで購入したわけです。大熊《おおくま》町というところから、誘致を受けていたのでね」

1964年11月、東京電力は福島県双葉郡大熊町と双葉町にまたがる約90万坪の広大な土地を購入した。この土地はもともと陸軍の飛行場の跡地で、戦後は西武グループの国土計画興業株式会社（後のコクド）が払い下げを受け、塩田事業を行っていた。しかし塩田事業の利益がなかなか上がらなかったことから、国土計画興業は遊休地として持て余している状態だった。東電は、内々にこの土地を原発建設用地の第一候補として物色していた。他方、東電の電力供給区域内では地元からの了承が得られず、取得は絶望的な状態だった。

福島県当局と大熊町、双葉町は、東電が飛行場の跡地を物色しているとの情報をつかむと、積極的に誘致の意向を示すようになった。１９６０年11月、佐藤善一郎福島県知事は、原子力誘致計画を発表。１９６１年９月には大熊町議会が、同年10月には双葉町議会が原発誘致を議決した。その後、誘致に向けた動きは具体的に進み始め、地質・水質・気象などの調査は東電から福島県が委託を受け、財団法人福島県開発公社が行った。併せて国土計画興業との用地交渉が、東電と同社の間で進められた。こうして地元の全面協力を受けることで、福島第一原発の建設計画は、一気に弾みが付いていくこととなった。

東電は、用地取得をすませると、そのわずか1カ月後に全社を挙げて原発導入に取り組む体制作りに着手した。１９６４年12月、東電本店に原子力発電準備委員会が発足し、現地には福島調査所が設置された。原子力発電準備委員会の委員には、火力、建設、技術、資材、用地といった社内各部の社員が集められ、豊田氏も川崎の火力建設所から参加した。

委員会では、発電所の基本設計や建設スケジュールが連日議論された。そして、１号機の運用開始時期は、冬期の電力需要に対応させるために工期を短縮して、１９６６年12月に着工し、70年12月に完成させると定められた。

この東電の動きに瞠目《どうもく》したのが、他の電力会社だった。関西電力から日本原電に出向中だった板倉哲郎氏は、東京電力がついに原発の建設用地を確保したことで、各電力会社の間に再び競争心が駆り立てられていったと語る。

「東京電力さんが、ああいう立派な敷地を手に入れられたと。さすが東京電力、立派なことをやるわいと。半分ひがみ、半分ねたみでね。豊田正敏さんのことは原電にいた時からよく知っていましたし、あの慎重な豊田さんもついに動き出したのかと。我々原電も、うかうかしてはいられんぞとなりました。それで他の電力会社も、みなヒーヒー言いながら、建設用地の確保に駆けずり回ったんです。これまで静観といった姿勢だったところから一転して、もうものすごい勢いでね」

こうして日本の各地に、軽水炉原発の建設のための用地が、電力会社によって次々と確保されていった。

日本の電力会社でついに原子力ブームが起き始めたことを、アメリカの軽水炉の二大メーカーであるGEとウェスティングハウスは見逃さなかった。そして、ここを千載一遇のチャンスとばかりに、両社は競って日本の電力会社に対し、熱烈な売り込みを開始した。板倉氏は、両社からの熱烈なラブコールをこう振り返る。

「GEとウェスティングハウスね。それぞれが『我々の原子炉の方がいいぞ』って言い合っていてね。こっちはBWRとPWRのどっちがいいかなんて、まだ決められないと。そうしたら今度は両社が一緒になって、日本の若手の電力会社の社員さんをアメリカに招待しましょうと。各社から一人か二人ね、選んでくれと。3カ月かけてじっくりと両社の原発を見せてあげるから来いっていうんですよ」

この呼びかけに、電力会社は即座に応じた。各電力会社は、若手社員を選出し、約30人の派遣団が結成された。日本原電からは、板倉氏が参加することになった。

「そんなことでアメリカに行ってみたら、『お前たちはポテンシャルカスタマーだ』と言うわけですよ。〝潜在的なお客〟ということですね。そんなことを言いましてね。施設の見学だけでなく、軽水炉の講座までやってくれた。彼らとしては、ついに日本の電力会社も本気で原子力発電をやる気になったんだと思ったんでしょうね。あそこはまじめな国だから、きっとちゃんとやるだろう、だから絶対に売り込めるという自信を持っていたんでしょう」

板倉氏たちは、3カ月かけて全米各地の原子力関連施設を視察。さらにGEとウェスティングハウスそれぞれが主催するセミナーで、講義を受けて帰国した。彼らの報告を受けた各電力会社は、軽水炉の具体的な導入に向けての動きをさらに加速させていった。

先陣を切ったのは、東京電力だった。東電は、豊田正敏氏が参加していた原子力発電準備委員会で、軽水炉を購入するにあたり、GEの沸騰水型（BWR）とウェスティングハウスの加圧水型（PWR）のどちらを選ぶべきか、具体的な検討作業を行っていた。その結果、見積もりの徴収などを具体的に行い、技術と経済の両面から総合的に判断しようという結論が出されていた。その作業をより具体的に進めていくことを目的に、1965年12月、東電本店に原子力開発本部が設置された。これまで川崎の火力建設所次長との兼務で原子力に携わっていた豊田正敏氏は、本店に呼び戻され原子力部長代理に任命された。

原子力開発本部は、直ちに軽水炉を購入するための具体的な作業に着手した。発足の翌月の1966年1月、豊田氏らはGEおよびウェスティングハウスと非公式に折衝を持ち、両社の提案する発電所の設計内容や見積価格について検討を進めた。

「安全性と信頼性では、どちらもそれほど変わりませんでした。それで検討した結果、決め手は経済性だと。それはやっぱり、安全性と信頼性が同程度なら、コストということになる。そうしたらGEの方から、うちのBWRの方がコストは安くすみますよという話が持ち込まれてきたんです」

実はこの折衝の2年前、GEは、東電との契約に先行して、スペインのニュークレノール社との間で商談を成功させていた。ニュークレノール社が建設を予定していた

軽水炉

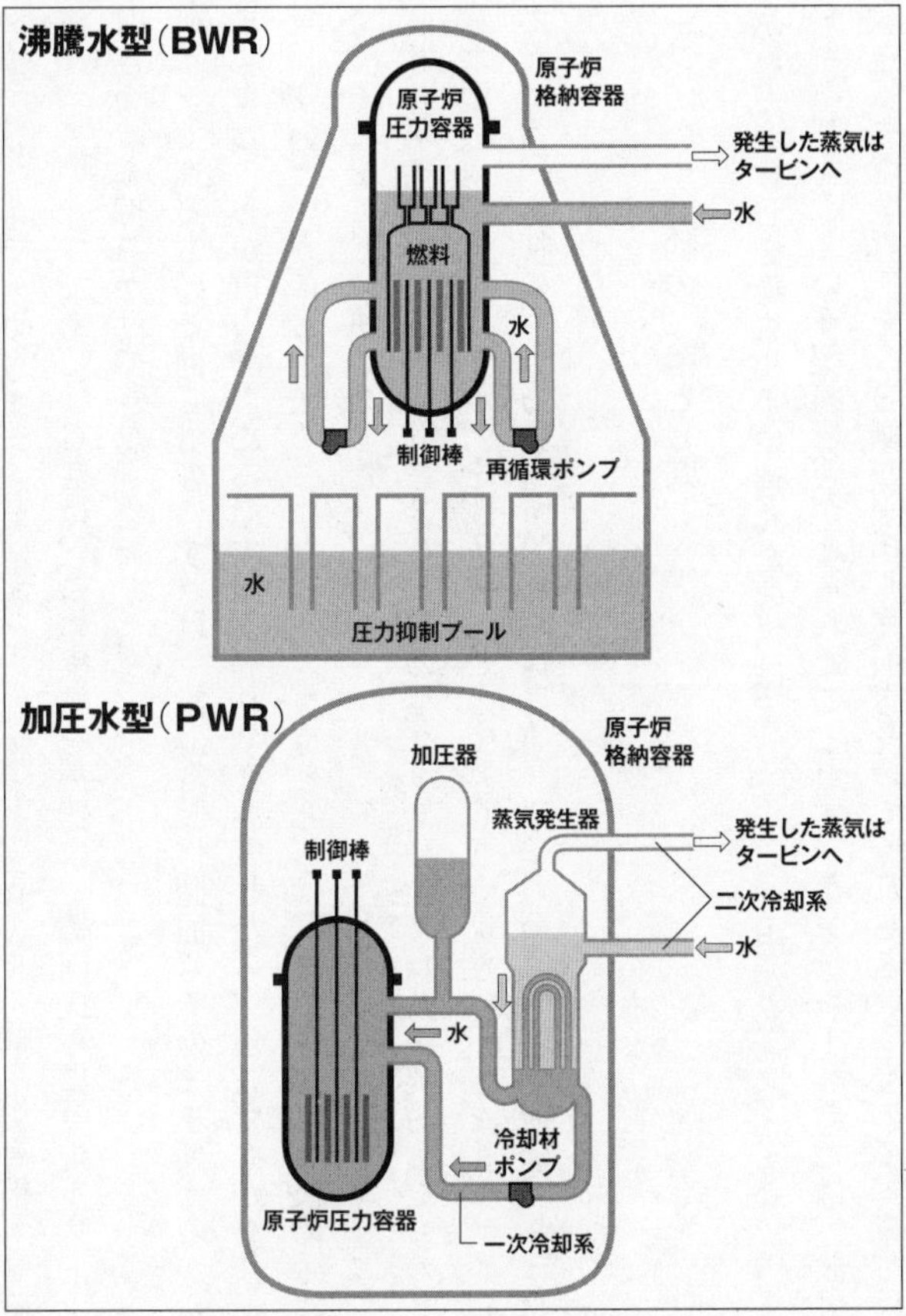
沸騰水型（BWR）
原子炉
格納容器
原子炉
圧力容器
発生した蒸気は
タービンへ
水
燃料
水
制御棒
再循環ポンプ
水
圧力抑制プール
加圧水型（PWR）
原子炉
格納容器
加圧器
蒸気発生器
発生した蒸気は
タービンへ
制御棒
二次冷却系
水
水
冷却材
ポンプ
原子炉圧力容器
一次冷却系

サンタ・マリア・デ・ガローニャ発電所に、沸騰水型（ＢＷＲ）軽水炉を納入することが決まっていたのである。ＧＥは、この実績を武器に、豊田氏らにセールストークで値引き交渉を持ちかけてきた。

「スペインで造るものと同じものにすれば、設計も製作図面もそのまま使えるから安くしますよとＧＥが言ってきたんですね。それで交渉をしたら、建設費もかなり安くなって。安いということが決め手になった。東電としては、経済性だけが決め手だったんで、それでＧＥに決めました」

１９６６年７月、東京電力は、スペインのニュークレノール社が契約したものと同じ沸騰水型軽水炉「マークⅠ」を購入することで、ＧＥと発注内示書を手交。東電にとって記念すべき初の原子力発電所である福島第一原子力発電所１号機は、こうして建設が始まっていった。

ターン・キー契約の〝落とし穴〟

東京電力がＧＥを購入相手に選んだのには、もう一つ理由があった。それは、「ターン・キー契約」という契約形態がとられたことだ。ターン・キー契約とは、設計から試験運転まで全責任をＧＥ側が一括して引き受けてくれるというもので、東電はできあがった原子力発電所のキーを受け取り、ひねって動かすだけでいい。東電とGEが取り交わした契約書には、次のように記されている。

「ターン・キー方式とし、GE社は設計、建設、試運転から営業運転開始まで全責任を持って実施し、完全な原子力発電所をひきわたす。さらに燃料調達および運転員教育訓練費を含む」

まさに至れり尽くせりの内容。初めて原子力発電に挑む東電にとって、ターン・キー契約はきわめて魅力的なシステムだったわけである。

ところが、このターン・キー契約にはいくつもの落とし穴があった。最初の落とし穴は、建設用地として確保した土地が、海抜35mの台地だったことだった。当時について、豊田正敏氏はこう振り返る。

「タービン発電機には復水器があって、ポンプで大量の海水をくみ上げて冷やしてやるわけです。だけど設計されていたポンプには、35mもの高さまで海水をくみ上げる能力はなかったんです。せいぜい10m位が限界だった。ターン・キー契約は、向こうにお任せしますってことですから、追加の要求をこちらから出したらね、それこそひどく高い追加費用を要求されることになっちゃうんですよ。向こうに任せるからやってくれるんで、こちらがこれをこう変えろとか、これを追加しろとかいうようなことを言ったらね、途端に高い値段になる」

東電の社内で下された判断は、高さ35ｍの台地を、海抜10ｍにまで掘り下げることだった。これならばポンプを変えることなく、そのまま建設を進められるというわけだ。さらに、ここまで掘り下げれば強固な岩盤が現れるので、建屋を岩盤に半分埋め込むように設置する「岩着」という工法を用いることができ、耐震性を高められるというメリットもあった。

しかし、皮肉なことに、台地を掘り下げたことによって、東日本大震災で発生した巨大津波が1号機から4号機を襲うことになってしまったのである。それでも豊田氏は、この判断は当時としては妥当なものだったと語る。

「そりゃあ35ｍの高さだったら津波の被害を受けなかったかもしれないけれど、そんな所に発電所を造れたかということですよ。造れたかもしれないけれど、非常に高いものにつくでしょうね。経済的に安くすむということから、GEを選んでターン・キーという形で契約を結んだわけだから、それを覆《くつがえ》してしまったら、全く意味がないということですよ」

さらに、もう一つの落とし穴があった。それは、非常用電源を発電するためのディーゼルが、タービン建屋の中に設置される設計になっていたことである。

非常用電源は、万一、外部からの送電などがダウンしてしまった時の命綱だ。炉内で高温を発している核燃料を冷やせるよう冷却水を送り続けるための電源は、非常用電源のディーゼルで発電することになっていた。

ところが、そのディーゼルが設置されることになっていたタービン建屋は、原子炉建屋よりも海側に配置されている上、水に対する気密性が全くない構造になっていた。これでは、津波に襲われたらひとたまりもない。そして、今回の大津波では、実際にディーゼルが水をかぶって動かなくなってしまったのである。

この点について、当時はどの程度の検討がなされていたのであろうか。私の問いに、豊田氏はこう答えた。

「ターン・キーであったことから、少し任せっぱなしにしてしまった点はありますね。それで、ディーゼルがタービン建屋の中にあることに気がつかなかったと。設計はGEの下請けであるエバスコ社がやってたんだけれども、エバスコ社の設計ミスでしょうね。原子炉の安全上必要なものである非常用電源を供給するディーゼルを、気密性がなくしかも海側に建っているタービン建屋の中に置くということ自体がおかしい。私が気付かなかったのも何かおかしいんだけどね。私だけじゃなくて誰も気がつかなかったというのも、本当かなとも思うんだけど、ともかくそういうことです」

豊田氏は、非常用ディーゼルがタービン建屋の中ではなく、気密性の高い原子炉建屋の中に設置されていれば、津波の被害を受けずにすんだはずだと悔やむ。それにしてもなぜ設計段階で気付くことができなかったのか。私の疑問に、豊田氏は次のように答えた。

「ともかく時間的にも相当急がされていたのでね。それにエバスコの設計がなかなか時間通りに出てこないのでね。出てきたらすぐにメーカーに渡して造らせるということにせざるを得なかった。目を通す時間はなかったね。まあ、メーカーに渡した後にだって、設計図を見直すことはできないこともないんだけれど、ともかく、ターン・キーという契約だからね。その段階になって、どうのこうのという話にはなりませんよ」

それでは、建設後、改めてディーゼルを原子炉建屋の中に移設することはできなかったのか。重ねて私は、豊田氏に疑問をぶつけた。

「造っちゃったものは、もうどうにもならない。1回造ったら、1号機は1号機として運転させて、稼働率も上げて、かかったコストを取り戻していかないと。その代わり後から造ったものは、経験を積んでどんどんいいものにしていきましたよ。柏崎・刈羽原発なんかは、相当いいものに仕上がっています」

当時の状況を思えば、事故後の視点からの結果論だけで批判することはできないであろう。しかし、福島第一原発が建設されていった経緯を振り返っていくと、今回の事故は、コスト重視という姿勢の上に、いくつもの不作為が重なって起きた〝人災〟と言わざるを得ないのではないか。この経緯をしっかりと記録に残し、二度と繰り返すことがないよう、関係者は心に刻み込まねばならない。

なぜコストばかりが重視されたのか

1967年に福島第一原発の建設が始まった頃、東京電力にとって頭を悩ませる事態が、立て続けに起こった。福島第一原発に先行して着工・運転開始の予定だった、スペインのニュークレノール社のGE製軽水炉の建設が大幅に遅れることになったのである。

東電がGEの軽水炉を選んだ大きな理由の一つが、ニュークレノール社という先行例があることだった。初期トラブルではどんなことが起こるのか、その対処はどうすればいいのか。豊田氏たちは、先行のニュークレノール社を先例として利用することができれば、東電はその後を追うだけですみ、初期投資を減らすことができると考えていたのである。ところが、その目論見《もくろみ》が破れ、自らが先陣を切っていかなければならなくなったのである。

それでも豊田氏たちは、計画通りに1号機の建設を進めることにした。豊田氏たちの計画では、1号機に続く、2号機、3号機では、徐々に各部の建造を日本のメーカーに委譲していくことになっていた。こうして国産化を図っていけば、技術を習得することができ、トラブルへの対処も独自に行えるようになる。さらに量産化することによって、より一層のコストダウンも見込めるようになると考えたのだった。しかし、現実はそう順調には進まなかった。

「日本のメーカーなんか、全然、頼りにならなかったんだ、その当時は。だからGEを信じてね、原子炉の設計を教えてくれとか、機械の製作の仕方を教えてくれとか、我々がそういうことまで言ってやってもらっていったんですよ。そうやって2号機以降は、だんだん国産化していった。だけど、まだね、2号機、3号機のあたりまでは、幼稚園とまでは言わないけれど、小学校1年生か2年生ぐらいのものでしたよ。向こうの真似《まね》をしてやっているときは、その程度だったんだ」

豊田氏自身が〝その程度〟と評する原発は、福島第一原発2号機、3号機、4号機として、同じ敷地内に並んで建てられていった。なぜ1基ではなく、4基を続けて建てることになったのか。その背景にも、コスト重視という理由が横たわっていた。

1967年に建設が始まった福島第一原発には様々な〝落とし穴〟があった（写真提供：ＮＨＫ）

「だって、1基だけじゃもったいないから。土地の広さからいったら4基造れるというんで、4基造ろうと。これはね、地元の漁協との漁業補償の時に、1基ごとにやるとその度に補償を取られるわけですよ。最初から4基造りますとしておけば、4基分の補償を出さなくていいんだね。だから福島にまとめて4基を造ろうとなった。日本は漁業補償が高いんですよ」

福島第一原発事故は、複数の炉で同時にメルトダウンが発生するという世界で初めての事例となった。東電や原子力安全・保安院の事故対応記録を見ると、この複数の炉での異変という状況が、事故への対応をさらに困難にしたことは明らかだ。

置き去りにされた〝欠陥〟の見直し

東電は1978年までに、福島に4基の原発を完成させ、それぞれが営業運転を開始していった。そして、この段階に至って、また、豊田氏たちの頭を悩ませる事態が発生した。運転を始めた原発で、トラブルが相次いだのである。その一つが、当初から心配されていた、燃料棒の破損。もう一つが、「応力腐食割れ」という、配管が破損してしまうトラブルだった。

そのため、度々、運転を長期間停止しなければならず、稼働率は下がる一方。豊田氏らはその対応に追われた。

「やっぱり商業用の原子力発電所の域には、まだまだ達していないと思った。とにかくトラブルが多すぎた。稼働率が大体19％まで下がっちゃったんです。それで、東電の社内の燃料調達の連中からは『やっぱり動かないじゃないか』、『動く当てもないのに、高い燃料だけ調達してどうすんだ』と、原発が動かないから、代わりに火力発電の燃料をたくさん調達しなきゃいけなくなって大変になったものだから、四面楚歌《しめんそか》でしたよ。その当時の原子力本部長は、そのために心臓を痛めちゃって入院しちゃいました」

東電社内で、豊田氏たちは容赦ない非難を浴びせられ、孤立していった。その汚名をそそぐためには、とにかく原発を運転させ、稼働率を上げていくしかなかったと、豊田氏は振り返る。

「その時は経営陣に言いましたよ。やっぱりコストよりも信頼性とか安全性を重視して、それにかかる金は出してもらわなきゃ困ると。その代わり後で必ずペイします、稼働率は60％以上になりますと。それで応力腐食割れについては、配管を全部取り替えさせた。その当時としては金がかかったわけですよ。経営陣が渋ってね、了解を取るのに3回ぐらい交渉をやった。だけど、そこにかかるコストというのは、たいしたことないんだよ。今回みたいな事故が起こったときにかかるコストに比べれば、100分の1ぐらいのもんでしょう。それをケチる経営者がいるとしたら、それが問題なんですよね」

福島第一原発が抱えていた、非常用ディーゼルに津波対策が施されていなかったという設計段階での問題。豊田氏によると、運転開始後の様々なトラブルの対処に追われる中、東電社内でその欠陥を表立って指摘する人物は一人も現れなかったという。

豊田氏は、取材の最後、私にこう語った。

「私は原子力関係者として、今回のような全電源喪失や燃料溶融を起こさないための再発防止対策を、いま日本にある全《すべ》ての原発で、徹底してやるべきだと思っています。それだけは、まだやる責務がある。その上で、今後も原子力をやっていくかという判断は、国民に任せるべきです。首相や原子力関係者が判断すべきでない。ましてや、原子力をどんどんやれなんていうのは、ちょっと無謀ですよ。その上で、それでも国民に安心してもらえないなら、もう原子力はやめるべきですよ」

今回、事故を起こした福島第一原発では、現在、手探り状態の中で廃炉に向けた作業が始まっている。40年がかりともいわれる、世代をまたぐ作業を続けていかなければならないのだ。しかも、4基もの原子炉を同時進行で廃炉にする作業は、世界で誰も経験したことが無く、様々な技術的困難や人々への被ばくのリスクが懸念《けねん》される。

２０１２年９月、福島第一原発３号機で、現在も非常に高線量の放射線を発している使用済み核燃料を、建屋内の冷却プールから取り出すための作業が試験的に行われた。しかし、その最中に４７０㎏の鉄骨の機材が落下する事故が発生した。使用済み核燃料が保管されているのは、３号機だけではない。１号機から４号機まで合計すると、２７００体もの使用済み核燃料がある。４号機の１３３１体は２０１４年11月に取り出し作業が完了したが、残る１〜３号機は、メルトダウンしており、高い放射線量の中での作業となるため作業は難行。いまだに取り出しが終わる時期の見直しは立っていない。

並行して、メルトダウンした１５００体の核燃料（デブリ）の取り出し作業も進められているが、炉心近くは、人が近寄れば即死というレベルの高線量の放射線が飛び交っている。強い放射線に阻《はば》まれ、こちらの作業も難航しており、いまだデブリが炉内のどこに溶け落ちているのか、その場所すら把握できていない。

さらに、このほかにも問題は山積している。取り出した燃料や炉の構造材などは、数万年の管理が必要な高レベル放射性廃棄物となる。しかし、この高レベル放射性廃棄物を、誰が、どこで、どのように処分し保管していくのかは、今のところ全くめどが立っていない。

加えて、廃炉作業に係わる人員をどうやって確保していくのかという問題も浮上し始めている。東電は、必要と見込まれる人員2万4000人は、すでに確保済みとしているが、これまでの作業で、高線量の被ばくをしてしまう人たちが続出。この先、人材不足から廃炉作業が破綻《はたん》するのではないかとの懸念も指摘されている。

これらは、福島第一原発だけの問題ではない。いま日本各地の原発では、その直下に活断層が存在するのではないかとの指摘が相次いでいる。地震や津波による原発事故が、絶対に起こらないという保証はどこにもない。多くの専門家や研究者は、十分な解明がなされるまでは、原発を再稼働すべきではないと指摘している。

一方で、経団連など財界を中心に、経済的な理由から原発の再稼働を求める声も上がっている。

もし、再び深刻な自然災害が原発を襲ったらどうなるのか。また、百歩譲って自然災害に見舞われることがなかったとしても、これからの日本は、国内に抱える50基の原発が次々と廃炉を迎える中で、莫大《ばくだい》な量の高レベル放射性廃棄物を抱え込むこととなる。私たちはいま、そのような時代が、もはや遠い将来ではない中を生きている。

日本への原子力発電所の早期導入を国策として進めた、国と財界。基礎から研究す

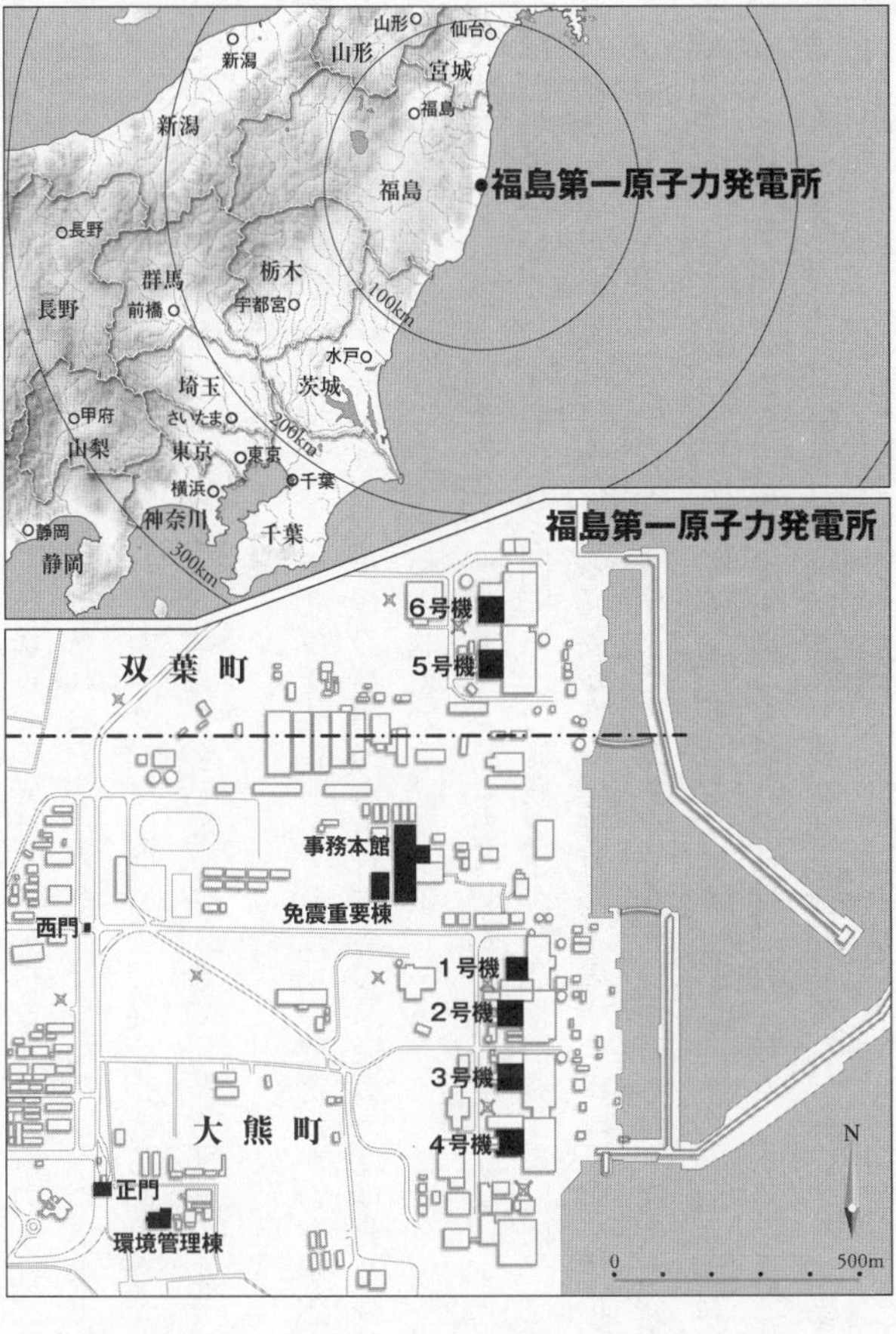
山形
仙台
新潟
山形
宮城
福島
新潟
福島
福島第一原子力発電所
長野
群馬
栃木
長野
前橋
宇都宮
100km
水戸
埼玉
茨城
甲府
さいたま
200km
山梨
東京
東京
千葉
横浜
静岡
神奈川
千葉
静岡
300km
福島第一原子力発電所
6号機
5号機
双葉町
事務本館
免震重要棟
西門
1号機
2号機
3号機
大熊町
4号機
N
正門
環境管理棟
0
500m

べきだとの主張を退けられた科学者。経済性を優先せざるを得なかった電力会社。それぞれの思惑の中で、ひとり置き去りにされたのが、安全性だったという現実——。

将来の選択肢を決めていくためには、日本がなぜ54基もの原発を抱える国となったのかという道程を、黎明期を支えた当事者たちの言葉から、今こそ振り返る必要がある。

番組の放送後、島村研究会の録音テープを提供してくれた伊原義徳氏から、感想が送られてきた。そこには、1950年代の黎明期から日本への原発導入に携わり続けてきた官僚としての率直な思いがつづられていた。

「『最優先されるべき原発の安全性が置き去りにされていた』とのナレーションについては、事実誤認があります。我が国で原子力施設を建設・運転するときには、原子炉等規制法による設置の許可を受ける必要があり、許可基準の一つに『災害の防止上支障がないものであること』があります。そのために安全審査が行われ、膨大な報告書が提出され、それに基づく対策が取られています。ただし残念ながら、軽水炉は津波のない米国（発電所は火力も原子力も河岸《かがん》立地）で開発された技術であるため、津波による電源喪失対策が考慮されていません。我が国（海岸立地）に導入するに際し、津波対策が考慮されましたが、それが不十分であったことは事実で、その点はお叱《しか》りを受けましょうが、『安全性が置き去りにされていた』という取り扱いは、関係者の一人として甚だ残念であります」

それぞれの時代、第一線で原発導入に携わってきた人々は、当時の知見を総動員し、その時の状況下で、できうる限りの最善の努力を尽くしてきたことは、揺るぎない事実であろう。その思いと経験がしっかりと引き継がれ、時代の流れと共に新たにわかってくる知見を反映させていく努力がもし続けられていたならば、今回の福島第一原発事故は起こらなかったのかもしれない。

しかし、事実、事故は起きてしまった。関係者ができうる限りの〝ベスト〟を尽くしてきた上でもなお、事故を防ぐことはできなかったのである。この事実は、「想定外」だったという一言で片付けられる話では決してない。

第I部をしめくくるにあたり、今から20年以上前の1991年夏に開かれた、島村研究会の録音記録をご紹介しておきたい。

島村武久たちは、日本の原子力政策の欠陥について、率直に語り合っていた。

「大きな方向というものがね、無いの。どこにも。電力さんは将来をどういう風に思っとるのか、その辺もはっきりしないし。メーカーさんも言われればつくるというだけで。なんとかいいものをつくるということに間違いないけれども、こういうふうにしてこういう方向に進むべきだというような意見は、日本のメーカーさんからは出てこないね。政府もまた、原子力委員会が基本計画を立ててるってことになっているけれども、もう、従来決まっとるやつの中にね、その後の情勢の変化を少し加味する位の程度でね、抜本的な何を考える事態にないでしょう。そういう状況じゃないですかな」（島村武久）

「その辺りの問題でね、先程のお話じゃないけど、輸入技術だからね、日本のメーカーは基本を知らんのじゃないか。だから日本のメーカーも、また自信がない。まあ昭和40年代はそうだったんです」（発言者不明）

「基本を全部がっちり固めて軽水炉ができたんじゃなくて、それまでにそんなに大したことやってるとは思えないんです。そうやってできた技術で、そのままになっている部分が結構あって。そうじゃない部分については、最初に設計して、まあこれでうまくいってるからということで、基本が解明されてない部分が残ってるんじゃないですかね。ただ問題は、そういうことを言い出すと、今更そんなことがわかっていなくて何をしてるんだと、叱られるのが非常に怖いから、誰もよう言い出さないというのが残ってるんじゃないですか」（元日本原子力研究所研究員）

いま私たちがなすべき事は、それぞれの時代で原発の導入・運転がどのようにして進められていき、その過程でどのような既成事実や縛りがあったことから安全性が置き去りにされてしまったのかを、事実に基づき真摯《しんし》に検証することではなかろうか。そこから今回の事故という負の経験をしっかりととらえ直し、将来の世代に伝えるべき教訓をどれだけ見いだしていくことができるのか。私たちに投げかけられた、重い問いである。

第Ⅱ部　そして〝安全神話〟は生まれた

第５章　科学技術の限界を問おうとした科学裁判

３・11後の原子力政策研究会

東日本大震災から４カ月半たった２０１１年７月27日、私たちは、東京・新橋のビルの一室で撮影をしていた。今回の取材の出発点となった島村原子力政策研究会の活動は元科学技術庁事務次官の伊原義徳氏を中心にいまも引き継がれており、そこに初めてカメラを入れることが許されたのだ。

冒頭、司会役を務める日本原子力発電の元副社長・浜崎一成《かずしげ》氏から問題提起がなされた。

「３月11日から４カ月半経《た》ちまして、『(原子力の) 安全』という問題がある程度、背景に見えてきたということもありますので、議論するには、今、非常にいい時期ではないでしょうか。

まず『起こるはずのない事故が起きた』、こんな事故は起きるはずがないし、起こしてはならない事故であるという認識としては、実際に事故が起きてしまったということで、これが想定外だという認識がございましたが、やはり津波は、予測能力の不備もあって検討が不十分だった」

中部電力の元常務で、日本原子力研究開発機構の理事長も務めた殿塚猷一《とのづかゆういち》氏が、浜崎氏の言葉を受けて発言した。

「『起こるはずのない事故が起こった』という、この表現は一考を要するんではないかな。というのは、起こるはずがない事故とはまず何だったのか。『起こるはずがないよね』と我々が思っていたという、その思い込みというのが、原子力ムラしか通用しないというふうに言われた、独善性の気持ちを表現しているような意味にも取れる」

殿塚氏は、『起こるはずがない』と専門家までもが思い込むに至った背景をこのように説明した。

「『輸入した軽水炉というのは、完成された技術だから、少なくとも国は積極的に技術改善に投資をする必要はない』という軽水炉に対する雰囲気というのもあったわけですね。いろんな技術者の方、大学の先生やらね、それから役人の方なんかもみんな

『今の軽水炉は完成されているからな』という思いが。
技術の進歩にね、これで完成という技術はない。常に改善の余地というのはあるんだというのが、技術進歩のステップだっていうかな。だから、そういう意味で完成されたという認識が、ミスリードをした思想的な背景にあるのではないか」

アメリカで開発された軽水炉原発は、「プルーブン・テクノロジー（実証済みの技術）」として日本に輸入されてきた。しかしそもそも完成された技術などないと考えるべきところを、原子力政策を進めてきた人たちは「原子力の安全」という問題に真《しん》摯《し》に向き合ってこなかったのではないかという指摘だ。

一方、原子力の本家アメリカでは、原子力災害の危険は直視されてきたと指摘したのが、元外務省科学技術審議官で国際原子力機関（ＩＡＥＡ）理事会議長も務めた遠藤哲也《てつや》氏だった。

「アメリカはやはり核戦争をやるのに備えているわけですから、ワーストケースを常に考えているんだけども、どうも日本というのは、地域住民の安心との関係からワーストケースを考えなかったという問題があると思うんです。そういったことはですね、この事故を大きくしてしまった原因だと思う」

日本では原発が設置された地域の住民感情に配慮する余り、原子力の危険性と向き合ってこなかったのではないか、メンバーたちの発言の中で、もっとも興味をひかれた議論だ。この点について踏み込んで語ったのは、中部電力の元副社長で国の原子力委員も務めたことがある伊藤隆彦《たかひこ》氏だった。

「原子力というのは最初は、国を挙げて、将来のバラ色のエネルギーだったんですよね。それが、だんだん風向きが変わってきて、スリーマイル、チェルノブイリで世界的に変わってきた。いわゆる推進派、反対派という、二項対立の図式を、これは我々、原子力を進めてきた者たちもその図式の中で、反対をする人たちに対して、どう対応していけばいいのか、ここに極めて大きな気を使いながらきた。そういう構図の中で私たちは、国民全体の理解をどう得るかということに対しては、だんだんだんだんと意識が薄れ、硬直的な二項対立と（原発立地）地域の信用という中で、我々も硬直化してきたんじゃないか、考え方が」

「スリーマイル」とは1979年にアメリカのスリーマイル島原発で起きた事故、「チェルノブイリ」とは86年に旧ソ連のチェルノブイリ原発で起きた事故のことを指している。この二つの深刻な原発事故は、日本社会が原子力の危険性と向き合うきっかけになり得るはずのものだった。しかし現実には、原子力政策を進めてきた人たちは、原発の危険性を訴える反対派への対応や原発立地地域住民の原子力への信頼をつなぎ止めることに汲々《きゅうきゅう》としていたのではないかというのだ。

さらに伊藤氏は、原子力の専門家である自分たちが自らを縛っていった具体的な例を挙げた。

「チェルノブイリのときに私たちはこう説明したんです。『あれはもう固有の安全性のない、全く炉型の違う原子炉だから、日本では起こりません。だから、大丈夫です。日本はああいうことがあっても、すぐに安全に止まります』とかと言ってきたんです。だけど、いったんことが起これば、(災害の規模は)青天井なんだと、原子力は。『リスクはもうありません、だから、絶対に大丈夫です』ということは、どんなことをやったってあり得ないわけです」

原子力を進めてきた人たちが、なぜ「日本の原子力は安全」という幻想に縛られていったのか――を検証をする上で、極めて重要な発言だと言えるだろう。原発建設予定地や立地地域の住民の不安をいかに解消するか、その対応に追われ続けるなかで、原子力の専門家たちまでもが、安全神話に縛られていったことが示唆《しさ》されているからだ。そしてやがて安全をめぐる議論そのものが硬直化していくことになった。

第Ⅰ部で述べた通り、日本の原子力発電が産声《うぶごえ》を上げた背景には、「原子力の平和利用」を打ち出すことで、自由主義陣営の結束を固めたいという冷戦下のアメリカの国際戦略があった。折しもマグロ漁船「第五福竜丸」がアメリカの水爆実験で被爆したビキニ事件をきっかけとして日本国内では反米・反核の世論が高まっていたが、マスコミを通じた積極的な宣伝が繰り広げられると、原子力への期待感は市民のあいだに浸透していった。１９５０年代のことである。

その過程では、原子力というテクノロジーに対する技術的な慎重論から、拙速な導入を危惧《きぐ》する一部の科学者も存在したが、そうした声は置き去りにされ、原子力導入は既定路線として進められた。

そして、１９６６年７月に、東海原子力発電所（茨城県東海村）が営業運転を開始して、日本の商業原子力発電の時代は幕を開けた。さらに、１９７０年前後からは、日本各地で原発が次々と稼働《かどう》していく。

しかし、高度経済成長の裏側で公害問題が深刻化するなか、原子力の安全性を不安視する市民の声も、次第に高まっていった。さらに、本格稼働した原発では大小様々なトラブルが発生。追い打ちをかけるように、アメリカでスリーマイル島原発事故が起こったことで、反原発は大きな潮流となっていく。

こうして、「作る側の論理」をゴリ押しして原発建設を進めることは難しくなっていく。国や自治体、電力会社は住民や世論対策に大きな力を割かなければならなくなったのだ。そして、原子力の危険性がクローズアップされる度に、電力会社や自治体の担当者たちは、不安を抱える地域住民の説得に奔走せざるを得なくなったのである。

島村研究会のテープにも、住民への対応に追われた電力会社幹部の発言が記録されていた。チェルノブイリ原発事故後の1988年3月の四国電力幹部による発言だ。

「伊方の発電所に手をつけた時に一番反対したのは60歳前後から上の人。その人達は『非常に生き甲斐《がい》だ』と言うのだな、反対するのが。こっちはむきになって一所懸命『大丈夫だ』と言うでしょう。『ダメダメ、そんなんじゃ全然ダメ』とか言ってね。そうすると我々行ってね、なんかやるでしょう。いろいろと陳情したり、それを見て喜んでいるわけです。だから、世の中騒がして、愉快犯ですよ。反対運動がだんだん鎮火したら、バタバタ死んでいっちゃうんでしょ。しょうがねーや」

参加者たちから苦笑が漏れる。

「反原子力というのを旗印にしてわあわあやって、後は世間話をして楽しんで帰っていくわけです。そんなところに呼び込まれて、一所懸命説明するこっちの方が嫌になっちゃう、あほらしい」（元四国電力幹部）

ここで語られている「伊方」とは、愛媛県伊方町にある四国電力伊方原発のことだ。

建設計画が表面化した1969年から激しい反対運動の舞台となった。

1973年8月には、原告住民35人が伊方原発1号機の設置許可を出した国を相手取って裁判を起こしている。この伊方訴訟は、初めて、本格的に原発の問題が司法の場で議論された裁判でもある。科学技術庁（原子力委員会）で行われていた原発設置の許可をめぐる安全審査の正当性をめぐって、国側と住民側双方の立場から多くの専門家が証人として出廷、「日本初の科学裁判」と呼ばれた。92年10月に最高裁で上告が棄却されるまで、19年に及んだ裁判中には、スリーマイル島原発事故やチェルノブイリ原発事故も起きている。

第Ⅱ部では伊方原発訴訟を題材に、「作られる側」である住民の視点に立って、日本の原子力史を再検証してみたい。特に注目したのは裁判の中で、原子力発電という最新のテクノロジーの安全性、あるいは海外で起きた深刻な事故はどのように議論されたのかということだ。さらに、伊方訴訟が継続していた1970年代から90年代まで、法廷内外でおきた様々な出来事を取材していくことで、「原子力安全神話」はどのように誕生し、原子力を推進する専門家たちはいかにしてそれに縛られていくことになったのかにも迫った。

人類の進歩と調和

ちょうど伊方で原発建設が大きな問題としてクローズアップされていたころ、日本中は、一つのイベントに浮かれていた。1970年3月から半年間、77カ国が参加して大阪で開かれた日本万国博覧会だ。私（第Ⅱ部執筆者）が生まれる前年のこと、ドイツ館でコンパニオンをしていたという母親は、「来《きた》るべき未来社会」のようだったと、華やかだった会場の様子を子ども時代の私に繰り返し聞かせた。入場者数は半年間で6400万人を超えたとされる。

万博は、高度成長で、アメリカに次ぐ経済大国になった日本が、国家的プロジェクトとして推し進めた一大イベントだった。そしてその会場は、日本の原子力発電のお披露目の舞台としても活用された。3月14日、万博開幕の日に合わせて日本原子力発電の敦賀《つるが》原発が営業運転を開始したのだ。会場から直線距離で100km以上離れた敦賀原発。そのコントロールルームを取材した当時の映像には、緊張した面持ちで臨界を迎える職員たちが、出力の上昇を確認し、互いに喜び合う姿が記録されている。

敦賀原発建設が決まってすぐに日本原電に出向し、運転開始まで見守り続けた前出の浜崎一成氏は、運転開始の日のことを鮮明に覚えていた。

「この日はね、ちょうど真夜中に官庁検査が終わって、これで営業運転してもいいという許可証をもらって、それでちょうど表へ出てきた、朝4時過ぎだったですね。少しこう明かりが出てきたとこで、敦賀湾がね、フワーッと鏡のごとくね、静かで。私自身も原子力で発電ができるという概念はわかってたけども、ここで実際にわれわれが建設し、つくった発電所が動くということに関しては、非常にある意味の緊張感、やっぱり核分裂で、それがうまく働いて発電する機能がこういうふうに動きだしたんだという感動を覚えました。これは間違いないですね」

さらに、8月8日には関西電力の美浜原発が試運転を行い、万博会場に電気が届いたことを電光掲示板が知らせた。

1966年に日本最初の営業運転を開始した東海原発は16万キロワットの出力しかもたず、黒鉛を減速材に使うコールダーホール改良型原発だったが、万博開幕中に営業運転を開始した敦賀原発はアメリカのゼネラル・エレクトリック社（GE）製の沸《ふっ》騰《とうすい》水型（BWR）で35・7万キロワット、美浜原発はウェスティングハウス社製加圧水型（PWR）で34万キロワットといずれも本格的な軽水炉原発だ。

既述の通り、軽水炉原発は原子力潜水艦用に開発された原子炉を発電用に改造したものだ。アメリカで規格化され安価に生産することが可能となっていた。そしてこの後、日本では沸騰水型と加圧水型を競い合わせるように原発が建設されていく。万博は本格的な「軽水炉時代」の幕開けを告げる場として最大限利用されたともいえよう。「人類の進歩と調和」――このときの万博のテーマは、3・11後のいま振り返るにとても示唆的なものだと言えるだろう。当時は高度経済成長の矛盾が公害という誰の目にもわかる形で現れ始めていた。そうした時代に、石炭や石油を燃やすことなく大規模発電が可能な原子力が、人間の暮らしを調和の取れた豊かなものにすると信じた人も少なからずいたに違いない。しかし、一方でこの同じ時期には、すでに、「自然と調和のとれた暮らしには相容《あいい》れない」と原発に反対する住民運動が各地で生まれ、原子力という先端科学のありかたを問う科学者たちも登場していた。

「人類の進歩と調和」というテーマは、3・11後の世界で原子力という問題を考えるにあたってあらためて問い直すべき、重要なキーワードであるように思われる。

原発がやってきた町

四国の最西端、佐田岬半島に位置する愛媛県伊方町で、原発建設計画が持ち上がったのは、万博開催の前の年、1969年のことだった。それから後、電力会社は多額の資金と人員を投入、推進派の学者が講演会を開いて、原発の安全性のPRに努める。

一方反対派住民の支援には全国から学生など多くの若者がつめかけた。原発に批判的な若手科学者たちが村々を回って、地元住民対象の学習会を繰り返した。裁判が始まると、彼ら若手科学者たちは次々と証言台に立ち、対する国側はその分野の権威とも言える専門家をそろえた。伊方訴訟が日本で最初の「科学裁判」とも呼ばれる所以《ゆえん》だ。国と電力会社そして産業界が推し進める原子力政策に対し、市民の最大の関心事である「安全性」の問題を正面から問うた裁判は、どのような顚末《てんまつ》をたどったのか。そしてこの裁判の行方は、何を結果していくことになったのか。取材は、伊方原発訴訟の関係者にあたることから始まった。

佐田岬半島は全長40km、幅は狭い所で1kmほどしかない。2011年8月、私は半島の付け根近くに建つ伊方原発へと向った。松山市内から車で1時間半、瀬戸内の穏やかな海に面して、原子炉建屋が見えてきた。

ゲート前では、数人の女性たちが横断幕を広げて抗議活動をしていた。「八幡浜《やわたはま》・原発から子どもを守る女の会」、代表の斉間《さいま》淳子《じゅんこ》さん(当時68歳)は伊方町に隣接する八幡浜市に住み、長年反対運動を続けてきた。福島原発事故後の2011年6月からは毎月ゲート前での抗議行動を行っているという。斉間さんは、表面的には見えにくいが住民たちの意識は確実に変わり始めていると話した。
「伊方原発の危険性を訴える声は、これまで無視され続けてきました。しかし福島原発事故以降、住民たちから頻繁に不安の声を聞くようになっています。表だって反対しにくい雰囲気は今もありますが、少しずつ変化が生まれている」

斉間さんが伊方原発に反対する声を上げ続けているのは、夫・満さん（２００６年死去）の遺志を継いでのことだ。斉間満氏は新聞記者として伊方原発を計画当初から取材、後には、自ら南海日日新聞という小さな新聞社を主宰して原発反対の論陣を張り、裁判の原告にも名前を連ねた。

斉間記者の著書『原発の来た町——原発はこうして建てられた／伊方原発の30年』（南海日日新聞社）によれば、同氏と伊方原発の関わりは、１９６９年７月、斉間さんが当時記者として勤めていた新愛媛新聞が伊方原発建設計画をすっぱ抜いたことから始まる。このとき斉間記者は建設予定地を取材、地元の住民の多くがすでに立ち退《の》き契約に仮調印していること、しかしそこに何が建設されるのかは知らされていないことを知る。

住民の知らない所で町と四国電力との話し合いが進められ、すでに用地買収をめぐる交渉まで進んでいる、と伝えた新愛媛新聞の記事は、「町や四国電力の発表を待って各社一斉に報じる」との記者クラブの申し合わせを破ったとされたという。斉間さんたち新愛媛新聞記者は一時、八幡浜市役所にあった記者クラブへの出入りを禁止されている。

その後、山本長松《ちょうまつ》伊方町長（当時）が記者会見を開いて、関係地主120人のうち70人がすでに仮契約を済ましていることに言及、各社の後追い記事では、町議会には1年前から話があり秘密裏に会合を重ねてきたことも報じられた。つまり、記者クラブに縛られたマスメディアが報道を自粛し、多くの住民のあずかり知らない所で、着々と用地買収と議会対策が進められ、すでに原発建設は既定路線とされていたということである。斉間記者は、当時の新愛媛新聞社八幡浜支社長が、「『町や四電の言うままでは原発ができてしまう』と怒ったように語った」と申し合わせを破る決意をしたときの言葉を著書に記している。

ここまで地元自治体や政治家たちと四国電力が秘密主義を通したのには訳がある。四国電力は1967年に建設予定地にあげた愛媛県津島町で地元住民の激しい反対運動にあっていたのだ。結局、津島町での原発建設は地質調査の結果を理由に断念していた。

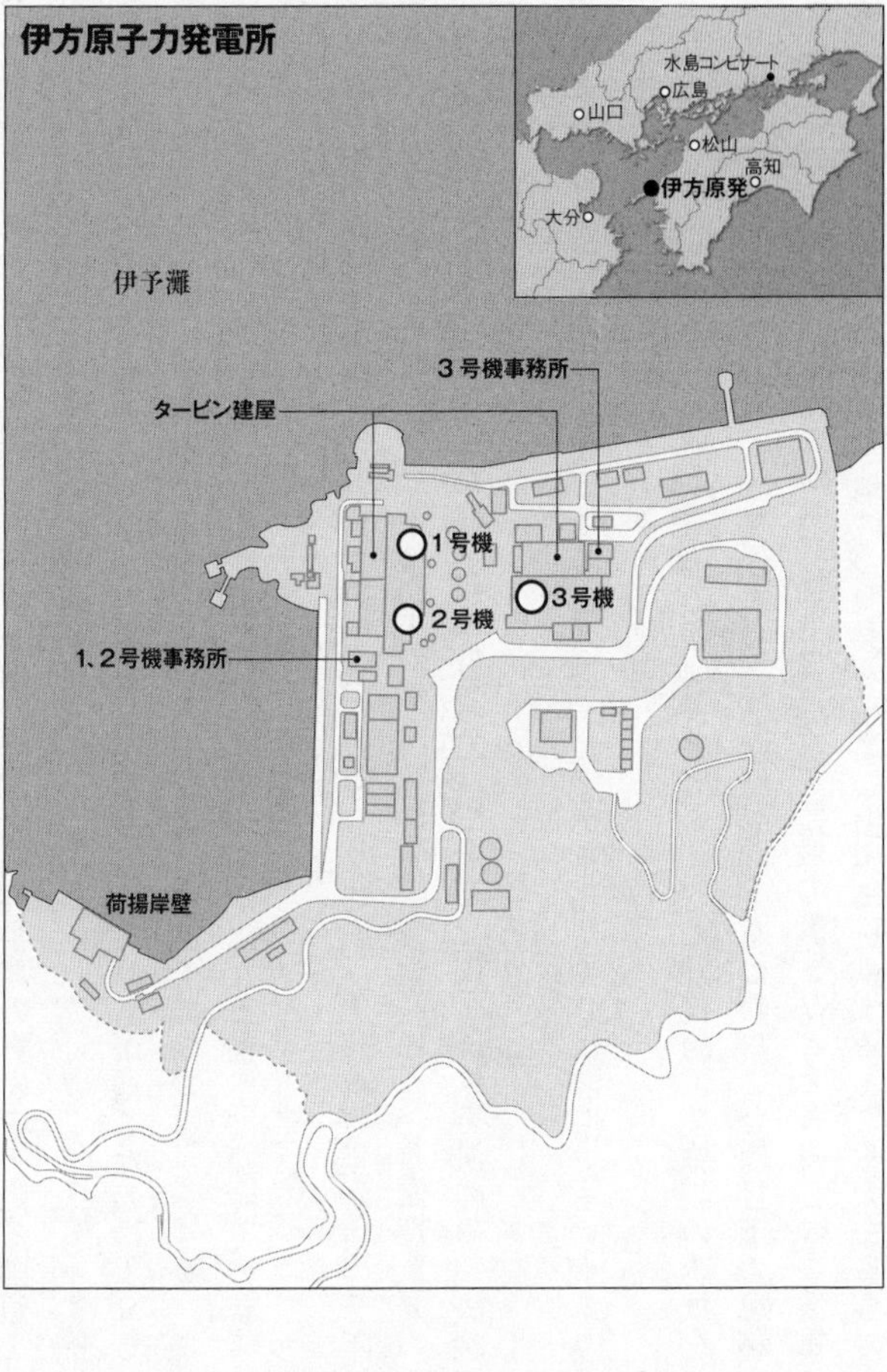
伊方原子力発電所
水島コンビナート
広島
山口
松山
高知
伊方原発
大分
伊予灘
3号機事務所
タービン建屋
1号機
2号機
3号機
1、2号機事務所
荷揚岸壁

受け入れを進めた地元自治体にも理由があった。佐田岬半島の真ん中を走る国道197号線は、現在でこそ立派に整備されているが、40年前には「行くな（197）酷道」と呼ばれるほど狭く曲がりくねった道で、突端の町までバスが通じたのは1960年代のことだったという。畑仕事をしていたお年寄りに話を聞いた。

「このあたりの村は貧しいけん、出稼ぎで収入を得るのが当たり前やった。そのまま帰って来ん人も少のうなかったんや」

　1965年の国勢調査によると伊方町の人口は9924人。1960年からの5年間で1399人も減少し、過疎化《かそか》に歯止めがかからなくなっていた。新愛媛新聞の「特ダネ報道」直後の69年7月28日、伊方町議会は原子力発電所誘致を決める。決議にはこう記されている。

「激動する現下の社会情勢のなかで特に人口、産業の都市集中化は著しいものがあり、地方における過疎現象は衆目のとおりである。

　この厳しい現況にかんがみ地場産業の振興育成はもちろん近代的工業施設の誘致をはかり地域の開発を促進し、もって住民の生活水準の向上をはかることは目下の急務である。……（中略）……これが地域社会に及ぼす諸般の影響などを考慮しつつ慎重な検討を重ね、当施設の実現が地域の開発と産業の振興に貢献するところ大なるものがあることを信じ、ここに原子力発電所の誘致建設の促進を期するとともに地域住民の生活向上のため最大の努力を尽すものである」

伊方町が発行する「広報伊方町」には、これ以降、原子力に関わる記事が頻繁に掲載されている。第１０９号（１９６９年８月）では「原子力発電所は、なぜ必要か」と題し、原子力施設の地域社会に及ぼす影響として、数多くの建設作業員や建設後にも一定の従業員家族、見学者がやってくることで産業が潤《うるお》うことや固定資産税などの町税収入が増えること。第１１０号（同年９月）では、東京大学工学部の内田秀雄教授らを招いて、原子力発電所がいかに安全であるかについてなど町民３００人を集めて講演会を開催したこと。同時に四国電力の協力で高価な模型を使った原子力展が開催されたことが記されている。

翌年になっても「広報伊方町」には原子力関係の記事の掲載が続くが、少々編集方針が変わってきた。１９７０年５月には、「みんなで原電誘致を成功させよう！」と見出しをつけた特別号を作成、「原子力発電で生まれかわる伊方町」と誘致による地元利益を訴えるとともに、「反対意見に答える」とした原子力発電批判への反論記事に大きなスペースを割いている。第１２０号（同年７月）では、「敦賀・美浜両原電を見て　区長さん座談会」が見出し。町長と区長が、原発視察の感想を語る企画が掲載されている。原電視察は区長の研修として行われている。
「実際、建物やその他の構造物を見たりして、これなら心配ないんじゃないかと感じました」など区長らの発言と、「誘致すべきだ」が多数となったアンケート結果を載せている。

また、「原子力発電所の設置が決定」として集会と自動車でのパレードを行ったことなども掲載、これだけ見ていると順調に建設が進んだかのようにも見える。

反原発運動の原点

NHK松山放送局には、伊方原発計画が表面化した1960年代末以降の映像が数多く残されている。その多くを撮影した日野増雄氏（当時74歳）に会うことができた。日野氏は30年のNHK在職期間のほとんどを職員一人の八幡浜支局で過ごした。20代で配属されたときに伊方原発建設計画が持ち上がって以降撮り続けた映像を残した。

「仕事上、反対住民とだけではなく、電力会社や役所の人ともつきあってきたのですが、そのことが住民の不信を招いて、とても辛《つら》い時期もありました。しかし住民の根強い反対運動を押し切って原発建設が進められていくのを取材しながら、国策の圧倒的な力をまざまざと見せつけられました」

日野氏が撮影した映像は、「伊方原発建設」がどのように進められていったのかを伝える歴史的な記録だ。初期のものの中に、四国電力によるボーリング調査の映像があった。すでに団結小屋もあり、反対する住民や支援者の行動が記録されている。実は、１９６９年10月13日には、元伊方町長の川口寛之《ひろゆき》を中心に伊方原発誘致反対共闘委員会が結成され、四国電力によるボーリング機材搬入を阻止せんと実力闘争を繰り広げていたのだ。

当初、原電誘致対策委員会に地主代表の副会長として名を連ねていた川口の兄でやはり元町長の井田与之平も「自然を守る会」を結成して反対運動に加わるなど、伊方原発立地予定地である旧町見村を中心に反対運動は勢いを増していた。

時代は万博開催よりも前のこと、この地で反対の声をあげた人たちは、原発をどのように捉《とら》えていたのだろう。現在の伊方町では、原発関係の仕事に従事している人が多く、親戚《しんせき》や近所との関係を気にして、名前を出すことやカメラの前で話をすることを多くの人たちに拒まれた。そうしたなかで、現在に至るまで反対の声を上げ続けてきた人物がインタビューに答えてくれた。

伊方町から東へ直線距離で約13㎞、半農半漁の保内町《ほないちょう》磯崎地区。ここでは、当時20歳過ぎの若者たちが伊方原発反対運動に加わった。メンバーの一人、西村州平氏を訪ねた。

「ぼくら一番はじめは原発反対でやったわけやなかったんや。あちこちで公害問題が言われるようになって『これはいけん』と。数年たったら原発ができるというので『これはなおいけない』ということでやりだした」

四国の対岸、岡山県倉敷市の水島コンビナートでは、1960年代に入って、魚の大量死や農作物の不作、やがてぜんそくなどの健康被害が問題となっていた。とりわけ海の汚染は、瀬戸内沿岸の漁師たちにとって深刻な問題として認識されていた。

グループの名前は「磯津公害問題若人《わこうど》研究会」、漁師など地元の若者10人ほどが集まってできたグループは2014年まで、海洋調査や勉強会を続けてきた。西村氏は40年近く前の原発反対運動で使った横断幕を倉庫から見つけ出してくれた。「公害企業ぶっ殺せ、命構わん若人会」と少々物騒な文字が躍る、横断幕にはメンバーの実名も書き込まれていた。

「『命構わん』とは『命惜しいないけん』いうて警察に向けて書いたもんや」

西村さんは照れながら話したが、原発反対の海上行動でメンバー8人が逮捕されたこともあるのだ。意外だったのは、横断幕に「原発」の文字がなかったこと。彼らにとって原発は「公害」、電力会社は「公害企業」と認識されていた。

「この辺の海は潮が流れんから、原発事故が起こったら何倍も影響でますよ。日本海や太平洋とは違う。人は自然には逆ろうたらいけんということなんですよ。漁師は特にそうですよ。波がある、時化《しけ》があるし、風がある。それに順応して仕事が回っていけるんですから」

経済的な「豊かさ」とは違う、伝統的な暮らしのなかにある「豊かさ」を守ろうとする思いが、正体不明の巨大プラントへの反発の原点にあった。

この時代には、国も公害問題に重い腰を上げ始めていた。１９６７年には公害対策基本法が制定されている。しかしこの法律では、放射性物質は適用除外とされる。法律は93年に環境基本法に代わったが、除外規定が削除されたのは福島原発事故の後、２０１２年６月のことだ。

今、原発立地自治体だけでなく、風下に当たる自治体やその住民たちも、ひとたび原発事故が起きれば他人事《ひとごと》ではない当事者だと声を上げ始めている。原発事故の被害が広範囲に及ぶことがわかったからだ。しかし、これまで原発の建設に当たっては発電所周辺の地主と漁業権を持つ漁協、立地自治体を説得できれば、ほぼ「地元の同意を得られた」とされてきた。伊方原発の場合であれば、新愛媛新聞が計画をすっぱ抜いたときには、すでに地主の多くが仮契約を結び、議会への根回しも周到に進められていたわけだから、少数の地主が態度を決めていなかったとはいえ、漁協の支持を取り付けられるのかが建設の成否を握っていた。

原発受け入れの舞台裏

当時の映像のなかに、1971年に3度にわたり、伊方原発建設にともなう漁業権放棄の是非をめぐって開催された町見漁協（組合員207人）総会の様子を撮影したものがあった。原子炉は大量の冷却水を必要とし、温まった冷却水は温排水として海に流すことになる。海洋への影響が出ることは避けられず、漁業権の買い取りが必要不可欠なのだ。伊方原発では、温排水の影響海域は440万平方メートル、うち町見漁協では280万平方メートルに権利を有していた。総会の様子については、NHKの映像が残されているほか、故・斉間記者の著書や当時の新聞にも詳しく、松田十三正組合長（当時）の息子・文治郎氏（当時83歳）や斉間記者とともに南海日日新聞の記者をしていた近藤誠氏（当時65歳）の証言と残された資料などからその実情を知ることができる。

最初の総会は4月24日に開かれた定期総会だ。漁協幹部たちは組合員に知らせることなく、すでに四国電力と補償交渉を進めていたという。総会では、数億円にのぼる漁業補償額が提示されたが、組合員の反対にあって、採決の結果、逆に3分の2以上が「絶対反対」（選択肢は3案で「絶対反対」「条件付き反対」「賛成」）の意思表示をして、それまでの交渉は白紙撤回することになる。映像には、意気軒昂《けんこう》な組合員と対照的に沈痛な表情の幹部の姿が映っている。このままなら伊方原発建設は中止になるはずだった。

しかし、半年後の10月12日、二度目となる臨時総会が開かれる。映像は騒然とした会場周辺の様子を映し出している。反対派住民約２００人と機動隊約50人が会場を取り巻き、住民に紛れた四国電力社員の姿もあったという。会場内では、組合員たちがつかみ合いをする映像、立ち上がって組合長ら幹部を取り囲む組合員の姿、混乱が続く。そして、組合幹部の「賛成多数で可決しました」との声と、おそらく現場で取材していた記者の「ほんまに決は採れたんか？」という声が聞こえる。

斉間記者は、議長が休憩のたびに会場の外に出ていくのを不審に思い、各紙記者とともに後をつけ、議長が、駐車した車の中で待機する数人の人物と話し合っていた姿を確認している。そのなかには県職員の姿もあったという。後に斉間記者とともに南海日日新聞を発行することになる近藤誠氏は、当時、総会の建物の外にいて、漁協幹部の動きを見ていたという。

「夜中になって、会場から漁協幹部の一人が飛び出してきたのです。僕は顔を知られていなかったから、後をついていったら、近くの建物のなかに入って、どこかに電話をかけ、『通りました！』と報告していた」

10月13日付けの愛媛新聞は、「組合規約無視の不法集会　休憩中の強行採決」と見出しを打っている。その記事の中では、愛媛県と町見漁協から四国電力に「総会決議は有効である」との通知があったことも伝えられている。

実際、総会の直後から漁協幹部と四国電力の交渉が再開され、まもなく補償額6億5000万円で話し合いがついた。そして12月に開かれた臨時総会で、反対派漁民が退場する中、漁業権放棄が決議された。漁業権放棄には組合員3分の2以上の賛成が必要で、反対派は3分の1以上の反対同意を得ていたという。反対漁民は二重記名があるのではないかと申し入れをしたが、幹部たちが受け入れることはなかった。

総会の裏で何が行われていたかを示唆する資料を近藤氏が保管していた。ガンを発病し、闘病生活を続けていた近藤さんを、自宅に訪ねると、生前の斉間記者から預かったものだとして、風呂敷《ふろしき》に大切に包まれた書類の山を見せてくれた。伊方原発建設時、住民対策を担当していた県の職員が20年後に斉間記者に託したものだ。

「これは原電設置、賛否状況ですね。これは昭和46年（1971）8月4日時点のものですね。『賛成』『反対』、そして『わからない』と、漁協の正組合員と準組合員それぞれ、予想数を全部挙げて出してるわけです。正組合員の合計で、64名が『賛成』、23名がまだ『反対』で、態度保留、『わからない』が46人いると。例えばこういうような数を出しているんですね。これではとても賛成決議も、漁業権放棄ももちろん取れませんから、いかにしてこういう『態度不明』を変えていくかの参考資料として、作られていたということですね。

県、町、四電、漁協、それぞれの担当者が行って、そのときの感触ですね、県の人間が行ったときは○、町の人間が行ったら○、四電が行ったり、漁協の人が行ったら△と。だから最終的な態度としては、まだ今のところはっきりわからない、△だと。それで、これからまた町が行って再確認をすると。各人の名前を入れて、『はっきりしない性格であって、説得の見込みはある』とか、『後で町が再確認する』とか、それから、『町のおかげで失対に出ている、失業対策に出ているから、町のすることには反対はしない』。だから『町で再確認して、失対事業に雇っているということを背景に、働きかけをすれば何とかなるだろう』と記している。

漁協の集会前に、県、町、四電、漁協の幹部が一体となって、反対漁民、組合員の切り崩しを進めていったということが、ここにはっきり表れている」

強硬な反対派だったにもかかわらず、肝心の総会に欠席した漁民の欄には「最後まで反対すると思われる。最終的には金と考えられる」と記されていた。

引き裂かれた住民たち

一方で、原発受け入れに動いた人たちはどのように考えていたのだろう。当時の町見漁協組合長の息子、松田文治郎氏を訪ねた。文治郎氏は、山本長松町長から原発建設計画を耳打ちされ、1970年には旧町見村の九町地区で原子力発電研究会を組織、副会長に就く。漁業での生活は困難だと自らは建設会社を経営してきた。

事務所を兼ねた自宅は海に面していた。妻・サキミさん（当時82歳）と二人、当時のことを思い出しながら、こう語った。

「この地区は反対者が多かったんです。ちょうどここが、九町という集落じゃったんです。ところが、私の叔父とか従兄弟《いとこ》とか、そういった親戚関係もほとんどがもう反対だった。親父《おやじ》の十三正が賛成で、また息子の外道が、町のためにならん妙なものを作り出すと言われましてね、えらい批判の波を食らいましたよ」

伊方町（当時）は1955年に町見村と伊方村が合併してできた町だった。役場がある旧伊方村が受け入れの中心にあったのに対し、原発の立地場所となる旧町見村では反対の声が多かったという。

組合長をしていた父・十三正も当初は中立の立場だったという。推進派に転じるには、地元選出のある国会議員が関わっていた。

「中学校の前で偶然出会いました。(国会議員の)先生が車から私を呼びますねん。『反対運動しとる君のところの部落、ここで金はいくら要る? 四国電力にわしが話して、伊方町に20億でも30億でも貸し付けるような方法取ろうわい。これから帰ったら、文ちゃんよ、親父に頼んで、(反対派のリーダーで元町長の)川口寛之さんのとこへ親父を行かせよ』というような話になりましてね、それで私、家へ帰りまして、夕方でしたけど、帰って親父にその旨《むね》話しましたのよ。

ところが、川口寛之さんとこ行って、役員だけ5、6人寄せてくれと言うたところが、反対派の一般の人らが、相当集まった。おなごさん連中、5、6人元気な人がおりましたんですがね、親父のこと『帰れ』って、『松田帰れ』っていうような、怒号が飛び交う。それで親父が、『お前らのような馬鹿《ばか》相手に、もうここにはおらん。帰るわい』言うて、決裂になりましたね」

これ以来、文治郎氏らは法事など親戚の集まりに参加することもできなくなる。地域の祭も開けなくなっていった。そこまでして原発に賛成したのには、出稼ぎに頼らざるを得ない僻地《へきち》の事情を何とかしたいとの思いがあったという。文治郎氏は、2000人の雇用や病院建設も原発受け入れの条件に出していた。

「病院を建設せよとか、（私たちは）主張したんです。でも反対派は話しもしませんけんな。もう電力（会社）の言うことを聞きませんからね」

文治郎氏は電力会社の住民対策担当者とともに反対派の切り崩しにも積極的に関わっていった。文治郎さんの自宅の2階が、説得の場所に使われたこともあったという。妻のサキミさんが当時のことを覚えていた。

「ここの2階で、やっぱり電力の方なんかも来られたりして、そして（漁民の）一番反対しよる人を説得して。（その人は）賛成に回ったけん、ここの2階で、泣きましたもん。やっぱ反対じゃって言ってたのに裏切った、やっぱそれで責められもしたんやなかろうかな」

切り崩しは地主に対しても行われた。その過程では、悲劇も生まれている。その一つが反対派の中心的なリーダーの一人、井田与之平の妻が、1973年に自ら命を絶った事件だ。井田は原発用地にも土地を持つ大地主であり、「自然を守る会」の会長として、土地契約に強く反対していた。しかし妻が井田の留守中に四国電力に土地を売却したことがきっかけで不仲となり、妻は家を出てしまう。亡《な》くなったのは、その1年後に帰宅した直後のことであった。

井田は自らビラを書き、二人きりで暮らしてきた妻の死の真相を訴え続けた。

「『(収用法適用になれば)土地代七万五千円以上会社は出さないから今の中《うち》に印を押して二二万円貰《もら》ったが得で、今日の規則では各人の名義の財産は主人の承諾を得ずとも処分出来るのであるから主人の帰らぬ間に』と執拗《しつよう》に売却を強要され其気《そのき》になって薦められるままに主人に無断売却したのが離別にまで発展したのであります」

井田は1990年に100歳で亡くなるまで、原告として国と戦い続けた。

井田とともに原告として反対の声を上げ続けた人の一人に大沢肇《はじめ》氏(当時88歳)がいる。一人暮らしの家の2階で、集落を行き交う人々を眺めながら訥々《とつとつ》と話してくれた。

「わしんとこへは1000万円貰ろうてやるけん、原発反対やめるように言うてきた人があります。だけんど私は『俺はカネで動くような人間じゃないわい』言うて、すぱっと断りましたけんど」

「カネより大切だと思ったものは何ですか?」との問いに、大沢氏はこう答えた。

「それは命よ、人の命より大事なものはない」

当時の映像を見ると、土煙を上げながら山道を走る原発建設の工事車両の脇《わき》で、年老いた住民たちが列を作り、地元で葬式の時に使う鉦《かね》を鳴らしながら抗議活動をしている。ヘルメット姿の学生たちも映っているが、反対運動の中心には、この土地で生まれ育ち、死んでいくことを覚悟した老人たちの姿がいつもあったことがわかる。

賛成派の先頭に立った松田文治郎氏の妻・サキミさんは、福島原発事故以降、伊方原発に反対していた人たちのことを思い出すようになったという。そして不安の声が表面化しない伊方の現状が、逆に心配だと言い、かつて賛成したからこそ事故は起きてほしくないと繰り返し語った。

「やっぱりみんな（伊方原発に）働きに行きよるけん。やっぱり若い人らも、そして、奥さんら連中でもお掃除とか何とかに行きよるから、ほとんど電力行きよりますもん。そんであんまり声に出んのじゃと思います。もう少し厳しく言うてもろうて、（電力会社には）慎重にやっぱり気をつけてもらうようにしてもらわんといけんなと。自分たちは（原発建設の時に）賛成しちょりますけん、なおのこと事故になったらいけん思う気持ちを私は持っとります。もう今さら他所《よそ》へ行くいうてもな、よう行きませんもん。事故さえなかったら、地元でみんな働かれますけんな。（かつて）賛成してなかったらそがい思っとらんかったか、わかりませんけどね。やっぱり賛成しとる関係で、どうぞ事故がなければいいがなと思ってな。自然の、天災がないように、それはもう神様仏様に頼るよりわからんことですもんな」

貧しかった僻地の住民が、原発建設によって、故郷で暮らし続けられるようになることを望んだとして、それを責めることはできまい。しかし、原発ができるまでには、札束でひっぱたくようなことがあったことも忘れるべきではないし、最後までカネの力になびかなかった人たちのいたこともまた、胸に刻まなければならない。

伊方に登場した科学者たち

1969年に原発建設計画が表面化して以来、激しい反対運動の舞台となった伊方には、科学者達もまた原発を推進する側と批判する側に分かれて登場してくることになった。

原発計画を初めて知った住民の間に動揺が広がるなかで、伊方を訪れたのが東京大学工学部の内田秀雄教授だ。当時の内田教授は原子炉設置にあたって安全審査を行う原子力委員会原子炉安全専門審査会の会長であり、伊方原発の安全審査の責任者を務めることにもなる。いわば審判の役割だ。

しかし内田教授は審査のためではなく、伊方町主催の集会で「原子力発電とその安全性」と題した講演を行なうためにやって来たのだった。後に裁判のなかで、内田教授はこの講演について「町長からの依頼だった」と証言している。審判を務める立場でありながら、原発誘致を進める伊方町や四国電力に、早い時期から協力していたことになる。

同じ頃、反対住民を支援する科学者も伊方に姿を現し始めていた。

その中心人物の一人を京都府宇治市に訪ねた。元京都大学原子核工学科助手の荻野《おぎの》晃也《こうや》氏（当時73歳）、伊方原発訴訟の原告住民側で法廷に立った科学者証人でもある。1969年ころから伊方をはじめ、各地の原発建設予定地に出かけて、住民対象の勉強会を繰り返し、72年に伊方原発の設置許可が下りると、反対住民の裁判を支援するために科学者証人の組織化に奔走した人物だ。

荻野氏はまず福島原発事故について語り始めた。

「原子炉建屋が爆発する映像を見ててね、涙が止まらなくて仕方が無かったんです。長年ね、原発の危険性を訴えてきた、訴えてはきたけど運転を止めることができないできた、それは専門家の一人として私たちにも責任があるんです」

そう言うと荻野氏は、1枚の古いビラを見せてくれた。1969年11月1日に東北大学で開かれた原子力学会で撒《ま》かれたという「全国原子力科学者連合」の名前のビラ、見出しには『既成の学会秩序を再検討せよ！』『原子力開発は誰のためにするのか！』と書かれている。

「このときはね、もう企業と一体でやり過ぎてるというね、それから入ったわけですよね。本来はね、原子力開発というのはもちろん国民のためなんですよ。だけど、それとは違う、もうほんと企業べったりだと。そういう何か国民不在でどんどん進んでいく原子力開発にやっぱり若い人たちは危機感を持ったんですよ。それは間違いないですね。それが残念ながら、今度の事故で明らかになった。もう43年ですかね。そう思うと、やっぱり複雑な気持ちになりますね。こういう議論が消えていって、それで安全神話だけが残ったのがね」

荻野氏は、京都大学理学部で原子核物理学を学んだ後、設置されて間もない工学部原子核工学教室で助手になった。

「やっぱり原子力は夢のエネルギーだったんですよ、何も知らなければね。私自身、原子核工学教室というね、原子力研究の教育機関に所属していたわけですから。そのときは原子力はやはり夢のエネルギーなんだろうと思っていました」

誕生して間もない原子核工学科の教官になった荻野氏に大きな転換を迫ったのは、60年代末、京都大学においても激化した学生運動からの突き上げだったという。

この時代、日米安保条約改定を前にベトナム反戦運動が盛り上がりを見せ、学生運動が活発化していく。同時に高度成長の矛盾は、深刻な公害問題として現れ、各地で健康と安全を求める住民運動も盛んになりつつあった。学生の間からは、こうした住民運動に連帯する動きが広がり、原発建設に反対する運動に合流していく者も少なくなかった。そしてやがて彼らは、大学のありかたや「原子力工学」という学問のあり方自体を問う声を上げ始めたのだ。

「学生の人たちはやはり急進的に追及しますよね。学問・研究とは何か、研究者というのはどうあるべきか、が問われる段階になりましたから。わたしは教室が原子核工学教室で、原子力推進の学生を、教育する機関ですから、自分の責任として、教育するほうの責任として、原子力発電所は本当はどうなのかと調べ始めた。学生たちに影響を受けたというのは、間違いないと思いますね。

事故だけは絶対起こせないのが原子力発電所ですね。事故をどうやって避けるかといったら、やっぱり優秀な運転手をつくらなくちゃと、そういう気持ちを持っていた。しかしやがて疑問がどんどん広がっていって、これはだめだと思うようになった。当時は原子力は夢のエネルギーですから、反対運動というのはほとんど科学者はできないでいた。それでやはり、原子力問題、原発を批判するような科学者をつくらなくちゃならんという気持ちになったんですね」

当時の荻野氏はすでに30代で、原子力研究の道へと足を踏み出していたが、原発に批判的な立場をとるようになっていった。以後、荻野氏は『科学的に原発に内在する危険性を問題にする』ことを研究のテーマとするようになる。そして、それはいわゆる「原子力ムラ」から飛び出していくことを意味していた。

「それは覚悟しなければできないですからね。その覚悟をするかしないか、私もまだ若かったですけども、やはり大分悩みました。悩んだけども覚悟したんです。そして運動やった学生と一緒に行動した、学生はもちろん就職していければ、それでまた自由に変わっていけるけど、教官はそういうわけにいかんですね。（原子核工学）教室の会議でも、僕はたった一人反原発派でした」

しかし、仲間がいないわけではなかった。少ないながらも原子力研究者たちの間から、国と電力会社が一体となって進める原子力政策に反対の声を上げようという動きが生まれ始め、１９６９年には京大・東大・阪大・東工大・東北大などの研究者が団結して、前述した「全国原子力科学者連合（全原連）」の結成に至っている。

福島原発事故以降に、長年原子力利用の危険性を研究し続けてきた京都大学原子炉実験所（大阪府熊取町）の研究者グループが注目を集めたが、彼らの原点の一つとなったのも伊方原発の反対運動だった。

１９５０年代に慎重論を置き去りにしたまま導入され、やがて「夢のエネルギー」ともてはやされるようになっていた原子力は、こうして１９７０年という高度経済成長の頂点において、正面から警鐘を鳴らす人々の登場に直面したのである。

広がる反原発運動

伊方では、１９６９年10月、元町長の川口寛之を委員長に伊方原発誘致反対共闘委員会が結成され、原発立地に反対する住民運動が組織化されていく。同じ頃、荻野氏ら全原連のメンバーも伊方に通うようになっていた。当時、東大や東工大の研究者は東海村や柏崎、浜岡など主に東日本の沸騰水型の原発立地地区、京大や阪大を中心とするグループは西日本の加圧水型原発の立地予定地というように手分けして地域活動に力を入れていた。原子力の基礎から原発の危険性まで、集落を回りながら勉強会を繰り返したのだ。当初は、原発立地地域の住民たちも、原子力の問題をほとんど知ることがなかったと、荻野氏は振り返る。

「住民の人はそのころはほとんど原子力の問題って知らないわけですね。70年に万博で原子力の火が灯《とも》ってシンボルになってたように、問題あるなんて全然思わない。構造もほとんど知らないわけですね。ですから、あっちこっち行きましたよ。岡山の日生町《ひなせちょう》鹿久居島《かくいじま》原発の反対運動は、スライド持って勉強会に行きましたし、伊方にも関係し始めた。住民と電力会社などとの争いで一番激しかったのはやっぱり伊方だったと思いますね。それで、伊方に関わることになったわけです」

荻野氏らはこうした活動をしながら、なし崩し的に建設計画が進められていく様子を目《ま》の当たりにしていくことになる。当時科学者の姿は、原発に反対する住民からはどのように見えていたのだろうか？　地元で、南海日日新聞の記者として、反原発の筆を執り続けた近藤誠さんが勉強会のようすを語ってくれた。

「先生方には、現地に来ていただいて、学習会というかたちで、何度もお話を聞かせていただきました。反対住民の家に集まってね、原発に関する危険性や現在の状況とか、そういう話を伺ってました。

何といいますか、地獄に仏というか、今もそうですけども、やはり国の政策に、真っ向から異を唱える、そういう問題提起ができる方というのは、非常に少なかったんですね。当時は今よりもっと少なかった。

私たちにとっては、ほんとにすがるような思いでね、そういう先生方に、原発の問題というのを私たち自身も教えていただき、学んだ。世界中の、いろんな原発の情報を教えていただき、危険性について教えていただいた」

1972年11月28日、国によって伊方原発の設置許可が出されるに至る。このときまで、勉強会を繰り返してきた反対住民たちは国を相手に正面から裁判を構える決意を固めていた。そして啓発活動を通じて反対住民と関係を深めてきた科学者もまた共に戦うことを決断する。

1973年3月31日、荻野氏たちは、伊方原発の問題点を取り上げた小冊子『週刊伊方ノート』を作成、61回にわたって発行を続け、裁判の論点と、証人となる研究者・専門家たちの発掘に奔走した。

「やはり裁判必至だということになって、日本で最初に内閣総理大臣を相手に（原発の）裁判を起こすという住民の人たちの決意がありますからね。何とか科学者グループを組織しなくちゃならんと思ったわけです。裁判の前から『週刊伊方ノート』というのをつくりましてね、原子力の問題点を皆で書き合うというのも発行しました。僕が大体中心になって、研究者に頼んで、『どんなことでも、笑われるようなことでもいいから、思いついた問題点を全部書いてくれ』とほぼ1年以上。それをもとに、それぞれが証言に行くと。それで裁判の証人団を形成していったということですね」『伊方ノート』の第1号は、荻野氏が書いている。テーマは「中央構造線」、活断層の活動により、伊方原発を地震が襲う可能性を指摘している。荻野氏は、裁判でも活断層の問題について証言しているが、地質学者でも地震学者でもない。どうして専門家でない荻野氏が証言することになったのか、疑問をぶつけてみた。

「私は、その前から地震のことを調べていて、やっぱり地震が日本の原発では大問題だと思っていたので、それで、地震学者に大分頼み歩きました。それである地震学者へ頼みに行きましたらね、その人が『荻野さん、私の学者生命を断つ気ですか』と言われたんですよ。私は大変ショックを受けましてね。地震学者は国とかの開発に付随して調査やるんですよね。電力会社とか、自治体とか。そんなところへ反原発、そういう証人でもやったら、もう一切行けなくなる、拒否されるということでしょう。それで『断つ気ですか』と言われて、僕はもうそこで頼み歩くのをやめて、僕がやると決心したんですよ」

日本初の科学裁判へ

２０１１年3月11日の福島第一原発事故は日本に住む人たちに多くの教訓を与えた。

日本が地震大国であること、津波の危険があること、放射性物質が施設の外に大量に放出される事態が起こりうること、そのとき多くの住民が故郷を離れて避難しなければならないこと、汚染は長期に及び人間が住めない場所もできてしまうこと――。

しかしこうした問題は、実は伊方原発訴訟のなかで、ほとんどが議論されてきたことだ。19年という長きにわたって行われた裁判は、期間だけでなく、資料も議論の幅も膨大なものだった。

この間、弁護団長として訴訟を担当し続けた藤田一良《かずよし》弁護士を兵庫県内の自宅マンションに訪ねた。80歳を超え、足は少々不自由となったが、まだまだ元気でユーモアを交えてよどみなく話をする。手元にいつも置いていたのは、白表紙の分厚い冊子、伊方裁判の最高裁判決が採録された「最高裁判所判例集」だった。藤田弁護士によると後にも先にもこれほど分厚いものはないだろうと言う。

「これは僕らの墓場みたいなもんやからね、白い墓場や。ようやったなと思う。でも、やっぱり勝った負けたが一番ですからね。負けたけど、判例でこんだけ取り上げられた。一緒に伊方やった弁護士の中には、『先生、わしらがやった判決がものすごく大きく、後の原発裁判に役に立ってますね』とか、そう言う人もいはるけどね……」

藤田弁護士はこのとき83歳、京都大学を卒業した後、弁護士となり、四日市ぜんそくの裁判などに取り組んできた。伊方訴訟に関わるまで原子力の専門知識を持っていたわけでもなかった藤田弁護士だが、戦争中の体験から原発が持つ本質的な問題を見抜くことができたと語る。

「何よりやっぱり、全部原発推進ばっかりでしょう。挙国一致みたいなかたちで起こることは常に危ないところが必ず含まれていると、だからほかの人がしないほど、僕がしないといかん事件やと、そういう思いが強かったですね。

僕らは戦争中の子ですから、中学の上級生になると、勤労動員にやられるわけ。で、枚方《ひらかた》の陸軍造兵廠《しょう》（陸軍造兵廠大阪工廠枚方製造所のこと、砲弾や火薬を製造していた）という所で、爆弾の信管に火薬を詰め込む作業、そういう危ないことをやらされていましてね。そういう陸軍造兵廠といえどもね、火薬というのは危ないから、何キログラム以上のものを一部屋に置いてはいかんと。溜《た》まったらすぐに火薬庫へ運ぶという規則が安全確保のためにあるんです。停滞制限量というふうに言ってましたけどね。

原発のこと考えるとね、広島型原爆の何百個分という核物質が社会に持ち込まれることになりますでしょう。ですから技術的に何とか言ったって、事故はどんなことで起こるかわからないし、そういうこと考えたら、原発それ自体がね、やっぱり社会に持ち込むこと自体が違法、憲法に照らし合わせても違憲、それがまあ根本なんです」

藤田弁護士に依頼してきたのは、荻野氏や大阪大学理学部講師の久米《くめ》三四郎ら伊方住民の支援に入っていた科学者たちだった。科学者としても裁判に訴えるためには、法律の専門家が必要だったが、藤田弁護士自身も、公害問題の裁判に携わる中で、「科学」の分野に積極的に出て行く必要を感じ始めていたという。

「司法の世界というのは、とかくこういう科学的なこととか工学的なこと、そういうものが絡《から》むと、みんなそういう世界はあんまり手を出さないわけですね。その時分に原発とかいう話が起こって、巨大技術と巨大宣伝と、そういうものに対抗するだけのものを経験しないとね、時代の一番大事なことから離れてしまうんじゃないか。弁護士だけじゃなくて、司法の世界全体が時代の問題にきちっと対応して仕事をするという、そういうことを、この裁判で実現したいと思ったわけです」

日本で最初ともいえる科学裁判を進めていくためには、科学者と法律家の共同作業が何より大切だった。藤田弁護士は、久米や荻野ら反対住民を支援する科学者たちに、最後まで共に戦うと念を押した上で引き受けたという。

「（原発建設に当たっては）原子炉安全設計審査指針だとか、いろんな立地条件の選定に対するかなりシビアな条件が課されているわけです。で、立地選定だとか、その現地の予定地の地盤とか、それから地震の可能性だとか、いろんなものを許可処分のときにクリアする、四国電力がクリアすべきものとして、技術的なところもいっぱい入るわけです。裁判で許可処分取り消しを求める以上、そのことに一つ一つ対応していかないといかんから、こういう許可処分取り消しの裁判は、専門家の協力がないとね。それで専門家の人が頼んで来てはったからね、裁判起こしたあとは、2階へ上げてはしご取るようなことせんと約束できたら、僕もまあどこまでやれるかわからんけどやってみるか、いうとこから始まりました」

結局、藤田弁護士と科学者たちは19年にわたる伊方原発訴訟を最後まで戦い続けることになる。藤田弁護士が事務所を閉めることになったとき、残された膨大な裁判資料の整理をしたのは、すでに京都大学を退官していた荻野晃也氏だった。その資料は、関西の大学に保管できる場所を見つけることができず、埼玉大学を経て、現在は立教大学共生社会研究センターに保管されている。藤田弁護士が残した科学者証人の弁論調書など320点にのぼる伊方訴訟の貴重な資料を基に、裁判をたどることが可能となった。

原発事故をどう考えるのか

「伊方ノート」の発行を続けながら、京都大学の荻野氏は住民側証人となる科学者たちの組織化を進めていた。これに対し、国側も正面から受けて立つ態勢を整えていく。荻野氏はこう回想する。

「もう大々的な裁判。原発はあのころどんどん建設していく時期ですから、国側も、こういう場を使って、積極的に安全宣伝をしようと思ったんですよ。例えば内田秀雄さんなんてね、原子力委員会原子炉安全専門審査会の会長でしょう。それから三島良《よし》績《つぐ》さん、燃料の責任者ですよ。そういう人たちが総力を挙げて出てきたというのは、国が、あのときは科学技術庁ですけれども、全面的に受けて立つと。徹底的に論破するという意気込みでやって来た」

この裁判に国側証人として登場したのは、機械工学の内田秀雄、核燃料工学の三島良績、耐震工学の大崎順彦《よりひこ》（いずれも東京大学工学部教授）、原子力研究所の初代安全工学部長・村主《すぐり》進ら9人。

対する原告住民側からは12人の科学者が証人として出廷した。原子炉の安全性そのものを問う証言をしたのは、東京大学原子核研究所の教授を経て、早稲田大学理工学部の教授となっていた藤本陽一だった。

１９７５年10月23日、原告側証人として法廷に立った藤本は、何らかの事故により、炉心を冷やしている冷却水が失われればメルトダウンは不可避だと証言する。

「原子炉というものは非常に複雑なものでして、どういう事故が起こるかわからないわけです。もちろん二重、三重、四重のいろいろな安全装置があって、念には念をいれているということですけど、その二重、三重、四重が、ある状況では将棋倒しになって全部だめになってしまうとか、実際はわからないわけですから、結局最後に頼りになるのは自然法則と考えて、その上限を考えるというのが『最大仮想事故概念』なんです。

最悪の事故はどんなものか、圧力容器の中の水が無くなってしまって空焚《からだ》きになる。空焚きで緊急冷却装置が働かないで炉心が溶ける、その時に入れ物（格納容器）は壊れる、それで中に入っているもの（放射性物質）のかなりの量が外へ出るというのが一番危険な状況、（かつ）あり得る状況。それを防げる自然法則はないということです」

藤本陽一氏は取材当時87歳、長年宇宙から地球に降り注ぐ放射線（宇宙線）の研究を続けてきた。東京帝大在学中に敗戦を迎えた藤本氏は、戦後は後にノーベル物理学賞を受賞する朝永振一郎のもとで素粒子研究を始めている。若手研究者の代表として、「原子力三原則」作りにも関わったという。1970年代初頭には、武谷三男らとともに原子力をめぐる勉強会を行っており、岩波書店の「科学」に連載が続けられていた。

「ちょうど1970年ごろだったと思いますが、研究会を持って2年から3年かけて勉強いたしました。原子力安全問題研究会といいますけれども、主な主張はどういうところにあるかと申しますと、原子力発電は、非常に可能性のあるものだけれども、まだ、大々的に実用化できるものであるかどうか、それをちょっと疑ってみなければならないのではないかと。むしろ、原子力発電の将来を考えるならば、今、急ぐよりかですね、どういう問題があるのか、それを調べてみようじゃないかというのでですね、定期的に研究会をやって、論文をまとめて、論文集をつくって出版したのを覚えてます。伊方の裁判のときにですね、証人になっていただきたいという話を受け取ったわけですけれども、それは、この我々のまとめた成果をですね、そこで一遍しゃべってみようと。で、しゃべってみて、原子力の当事者が当然そこへ出席されるわけですから、当事者と生の討論をしてみたいと思ったわけです」

藤本氏の希望もあり、裁判資料のある立教大学に同行してもらった。残された証人調書を読み返しながら、藤本氏はこう回想した。

「１審のときの最大のポイントはですね、つまり、具体的な発電所を考えるときに、最悪の事故と最悪の場合というのはどこまで考えりゃあいいかということですね。もちろん、最悪のことというのはそんなに再々起こることではないんで、不幸と不幸が重なり合って起こるものですけれども、一体どこまで想定すればいいかというのが非常に大きな問題で、それが争点だったように私は思います。

最悪の可能性ということを考えるならば、ＥＣＣＳ（緊急炉心冷却装置）が、思ったように作動しないということだってあり得るわけですから、ＥＣＣＳが不幸にしてそんなに思うようにはいかなかったと。それから、コンテナ（格納容器）という、もうひとつの防護壁が、人間のやる防護壁ですから、それもつぶれたというときにはですね、どれくらいの量の放射性物質が放出されるかと。で、一番最悪の事態というのは、その放射性物質が風に乗って、大気中に放出されるときで、それも、大きな爆発で空高く行ってしまうときですね、一番運の悪いのはどの辺まで行くかということをやってみたわけです。で、その結果ですね、こういう大きな災害は、とても許容できないと思いました」

伊方原発訴訟は、設置許可処分の取り消しを求める行政訴訟として争われた。したがって焦点は、原発設置のための基準を満たしているとする国の判断が問われることになる。

では、原発を設置してよいと判断するための基準はどのように定められているのか。実は、その基準は法令で決められたものではない。原子力委員会（後には原子力安全委員会）において策定された審査指針が基準とされてきたのだ。安全設計指針、安全評価指針、さらにはそれらを補完する指針類など、パッチワークのように積み重なった審査指針の中で、もっとも基本となるのが「原子炉立地審査指針」だ。

どんな場所であれば原発を建ててよいのかを定めた「立地審査指針」はその名の通り、原発立地に対する基本的な考え方を示したもので、日本最初の商業用原発・東海原発の営業運転開始を前にした１９６４年に作成されて以来、ほとんど変わることなく、基本的な指針として使用されてきた。

「伊方訴訟」においても重要な争点となった「立地審査指針」は、原発設置の「基本的な考え方」について、こう記している。

「原子炉は、どこに設置されるにしても、事故を起さないように設計、建設、運転及び保守を行わなければならないことは当然のことであるが、なお万一の事故に備え、公衆の安全を確保するためには、原則的に次のような立地条件が必要である。
（１）大きな事故の誘因となるような事象が過去においてなかったことはもちろんであるが、将来においてもあるとは考えられないこと。また、災害を拡大するような事象も少ないこと。
（２）原子炉は、その安全防護施設との関連において十分に公衆から離れていること。
（３）原子炉の敷地は、その周辺も含め、必要に応じ公衆に対して適切な措置を講じうる環境にあること」
「十分に公衆から離れている」とはどういうことか、についてはこう記されている。
「A. 原子炉からある距離の範囲内は非居住区域であること。
B. 原子炉からある距離の範囲内であって、非居住区域の外側の地帯は、低人口地帯であること。
C. 原子炉敷地は、人口密集地帯からある距離だけ離れていること」

指針の説明では、「技術的見地からみて、最悪の場合には起こるかもしれないと考えられる重大な事故」（重大事故）の発生を仮定したとき、放射線による障害が出る恐れがある場所に人が住んでいてはいけない。

また、「技術的見地からは起るとは考えられない事故」（仮想事故）を仮定したときに、著しい放射線災害を与えるかもしれない場所は、「適切な措置を講じうる環境にある地帯（例えば、人口密度の低い地帯）」とされている。

この「重大事故」や「仮想事故」とは、一体どのような事故を想定しているのか、福島原発事故に至るまで数十年にわたって続けられていくことになる議論が初めて本格的に交わされたのが、伊方原発訴訟の法廷だった。

1審の松山地裁で、国側証人の中心となったのは、東京大学教授の内田秀雄だった。内田は、原子炉安全専門審査会の会長として、中曽根康弘原子力委員会委員長（科学技術庁長官）あてに提出された報告書『四国電力㈱伊方発電所の原子炉の設置に係る安全性について』（1972年11月17日付）をまとめた責任者でもある。

75年11月27日に国側証人として出廷した内田教授は、重大事故発生時にどのように備えられているのかと尋ねられて、こう答えている。

「起こるとは思えないような大きな事故の発生を仮定しまして、安全施設を設置し、管理する。これが想定事故時の安全対策で、一般の産業施設にはほとんど考えられていない特別な安全対策でございます。

技術的な見地から見て最悪の事態、最悪の場合には起こるかもしれないと考えられる事故といいますのは、典型的なものがいわゆる冷却材喪失事故であります。一次冷却系の配管は70センチメートルくらいの直径の配管でありますが、これが瞬時に破断するということを仮定するわけであります。一次冷却材配管が瞬時に破断したことを考えますと、その冷却材（冷却水）が格納容器に放出されます。放出されますので、一次冷却系の、あるいは圧力容器の中の圧力の急減、あるいは流量の瞬時な変動を検出しまして、制御棒を落とすことによって炉を停止いたします。これがスクラムであります。核分裂はそれで止まるわけでありますけれども、燃料体の持っております保有した熱量、それからそのあとに出ます崩壊熱によりまして、まだ燃料体の温度は上がって参ります。

このままでおりますと、燃料体が過熱されたり、破損したり、あるいは溶融することが考えられますので、それを冷やす必要があります。そこで緊急炉心冷却設備によりまして、炉心に水を注入いたします。ところが（配管の破断によって）冷却材が格納容器に出ますので、圧力とか温度が上がります。したがいまして、格納容器スプレーによりまして、水を降らせまして、格納容器の圧力、温度というものが設計条件以下になるようにするわけです。安全対策の一番大きなものは、工学的安全施設を持っていることであります。これは技術的な見地からそれが当然働き、それの性能が確認されておりますので、日本の立地指針の仮想事故におきましても緊急炉心冷却装置の性能は考慮されておりまして、炉心が溶けるということにはなりません」

内田教授の主張は、「重大事故」や「仮想事故」というどんな事故の想定においても、必ず緊急炉心冷却装置（ＥＣＣＳ）は働くことになっており、炉心溶融（メルトダウン）に至ることは考える必要がないというものだ。

それは、藤本氏が主張した「最大仮想事故概念」、つまり、たとえ何重もの安全装置が用意されていても、ある状況では全部だめになる可能性があり、自然法則に任せたときにどれだけの被害が出るのかを考えるべきだ、という考え方とは大きく隔たりのある主張だった。

原発事故の可能性

どこまでの事故を想定すべきかをめぐっては、法廷で内田秀雄教授にただされることになる。１９７６年2月26日には再び内田教授が松山地裁に出廷、反対尋問が行われた。

（原告側）「最大限として、外に出る放射性物質の量は、（原子炉）全体の何％ぐらいだという形で想定をして審査したわけでしょうか？」

（内田）「（放射性）ヨウ素の場合は９９４キュリーと評価しております」

（原告側）「それは（原子炉内にある放射性物質）全体のどのくらいになるわけですか？」

（内田）「１万分の1ぐらいじゃないかと思います」

（原告側）「これは（原子炉内の放射能が）全部出るように想定するのがいいんじゃないんですか？」

（内田）「安全装置は働くんです。それは設計審査指針によって、審査されて設計されておりますし、それは確認されていますから、安全保護装置は働くんです。ただ立地評価のために、その性能を無視して、前提を立てるわけです。冷却材喪失事故を考えて、そのときにＥＣＣＳは働くんです」

（原告側）「もしＥＣＣＳが働かないと炉心溶融に必然的に結びつきますね」

（内田）「完全に無視すると言うんですか」

（原告側）「作動しなければどうなるんでしょうか」

（内田）「冷却系配管がギロチン破断をして、しかもそのときにＥＣＣＳが全く働かないという仮定を立てれば、これは家に火をつけて水をかけない場合と同じですから、燃料の大部分は溶融せざるを得ないと思います」

（原告側）「その後の事態を科学的に考えればいかがなものでしょう」

（内田）「立地評価については想定外の問題です」

（原告側）「そうするとＥＣＣＳは作動をするという前提で立地評価をやっておられるわけですね」

（内田）「そうです」

炉心から冷却水が失われ、安全装置も働かない事態、それを内田教授は想定する必要がないほどわずかな可能性しかない「想定外の問題」だと言う。つまり、「重大事故」でもなければ、技術的にはあり得ないとされた「仮想事故」でもないのだという主張だった。

（原告側）「想定不適当事故ということを考えるときには、確率論を持ってくるわけですか」

（内田）「要するに比較論です」

（原告側）「どの程度の比率で比較論を持ってくるわけですか」

（内田）「国際的には、10のマイナス6乗くらいを目標にして、もう少し厳密に言えば、10のマイナス7乗よりも小さい、ということがはっきりするようなものは、想定しないわけです」

（原告側）「100万分の1以下、これが想定不適当の基準ですか」

（内田）「それは一つの目標でありますから」

（原告側）「100万分の1でも、当然起こりうるでしょう」

（内田）「起こりうるというわけではない。ありそうもない事故の確率というのは、こういう事故が起こらないというふうに設計して作ったわけです。起こらないけれども、実際に起こらないことの信頼性はどの程度なのか、ということの答えなんです」


この100万分の1の根拠として、国側が裁判所に提出した資料に、伊方裁判が始まって間もない1975年にアメリカの物理学者ノーマン・ラスムッセンがアメリカ原子力委員会の委託を受けて作成した「WASH1400」通称ラスムッセン報告がある。ここでは自動車事故や飛行機事故など様々なリスクと原発事故を比較している。

そして、原発事故で死亡する確率は、隕石《いんせき》の衝突で死亡するのとほぼ同じ50億分の1、原発で深刻な事故が起きるのはヤンキー・スタジアムに隕石が落ちるのと同じくらいだと結論づけている。

当時、来日したラスムッセンは、日本の自治体や電力会社の聴衆を前に、講演をしている。「日本はアメリカよりも人口密度が高いので、数倍の確率になる」「データ不足から原子力による晩発性のガンを計算することはできない」などと報告書に対してなされた批判に対して補足説明をしているが、それでも、基本的な結論に変化を及ぼすものではないと語ったという。

内田はその著書、『機械工学者の回想』（原子力安全研究協会）のなかで、原子力事故については、なぜリスクを比較することが重要だと考えるのかを記している。

「理学的な絶対安全を期待することと、工学的判断・相対的評価による判断との葛藤《かっとう》が存在する。シビアアクシデントの事象の解明とその技術的対策の研究には、正しくそういう問題意識に格差がある。技術的対策によって〝シビアアクシデントが実際に発生する潜在性は事実上ゼロに出来る〟従って〝社会通念としては絶対安全であると考えられる〟ことを確認し、その〝不確実性を出来る限り小さくすること〟の研究・評価を進めることが要点と思われる。これなくして、極限のシビアアクシデントを仮想するだけでは、内蔵される放射能の全量に近い放出を無条件に仮想する結果を導くことに他ならず、一般国民の誤解と戸惑いを招くだけであり、真の安全問題の解決にはならない。

原子力発電所を建設し、運転する問題で考えるとすれば、原子力利用のプラスの社会的意味・効果と事故によるマイナスの影響・リスクの潜在性との比較が行われる必要がある。原子力発電所の開発には、リスクを十分に低く、社会通念からはリスクゼロと言い得る程度に極めて低く、製造・建設・運転がなされるが、原子力利用施設が存在するという前提では、理学的な意味でのリスクゼロ、即《すなわ》ち絶対安全の保証は出来ない。無視できる程度のリスクは受容可能であるということで、原子力発電の利用が容認・推進されるということの認識が大切である（傍点筆者）」

内田は、工学の専門家として、リスクを最小限に減らす努力をすることの重要性を指摘する。しかし、自ら語っているように、その議論はあくまでも「無視できる程度のリスクは受容可能である」ことを前提としたものだった。

活断層は考慮されたか

果たしてリスクは「無視できる程度」といっていいのか。大きな自然災害の発生時などに、ＥＣＣＳも同時に壊れたり機能しなくなるケースがあるのではないか。伊方原発訴訟では大地震の発生をめぐっても議論がなされている。

原告住民側で地震問題を担当した荻野晃也氏はこう語る。

「日本の安全審査というのはね、いわゆる仮想事故は考えるけど、その原因は考えない。例えば巨大な１ｍの配管がバタッと、ギロチン破断するというのを考える、仮想する。だけどね、そうしても、『ほかの装置はみな健全だ。だから放射能もほとんど漏れない』という、こういう想定ですからね。それはちょっとおかしいんでね。少なくとも、事故が起きる、リアルに起きる原因が何かと考えたら、地震とかね、そういうものも当然考えなくちゃならないんですけども、地震に関してはできる限り過小評価をしたいと。そうでないと、ものすごく建設費が高くつくというのでやってきたんですね」

荻野氏が問題にしたのは、「活断層」の存在を検討していないのではないかということだった。「活断層」とは、数十万年前以降に繰り返し活動し、将来も活動を継続すると考えられる断層のことで１９６０年代末から注目されるようになってきた。現在、日本周辺に２０００以上の活断層が見つかっている。しかし、長い間、「活断層が地震をおこす」という『活断層説』は日本では決して主流ではなかった。荻野氏はこう続ける。

「残念なことに、日本は活断層説を否定してきましたから、活断層のある、これから地震が起きるような場所に原発が建ち並んじゃったんですよね。日本では『過去に起きた地震が同じところで同じ規模で起きると考えて耐震設計すればよい』ということになっていました。ですから、日本列島はどこで地震が起きてもおかしくないのに、過去に地震が起きたこと（記録）のない空白地域であれば、（想定する）地震力を低くできたんです。その典型が伊方だったんですね。目の前にすごい活断層があるんですよ。

仮想事故を考えるなら、その原因を考えるべきだ。活断層は短いように見えても、徹底的に下を探したらつながってる可能性があるわけですからね。そうすれば、つながってると考えて、『最大仮想地震』を考えれば……、そうすると日本では（原発は）建設できないんです。絶対できないですよ」

伊方原発の設置許可申請は、原子力委員会の原子炉安全専門審査会で議論された。その内容は、報告書『四国電力㈱伊方発電所の原子炉の設置に係る安全性について』にまとめられている。このなかに、活断層や中央構造線に関する記述は全く出てこない。

この問題で、裁判に国側証人として出廷したのは、建設省建築研究所国際地震工学部長で東京大学工学部の大崎順彦教授、１９７５年には原子力委員会原子炉安全専門審査会の審査委員に選ばれている。原告住民側の新谷《あらや》勇人《いさひと》弁護士が反対尋問を行った。

（新谷）「活断層かどうかということは、非常に大切なことだと思いますけれども、そうじゃないんですか」

（大崎）「それがはっきり活断層として地震を起こす証拠があるならば、それは報告書にとどめるのは当然だと思いますが、そうでないという報告を受けておりますので、報告書にはとどめておりません」

（新谷）「本当に調べられたんですか」

（大崎）「調べられたと思います」

（新谷）「あなたは正確にはご存じないんですか」

（大崎）「ただ、そういう報告を受けていませんので、そういう事実がなかったものだと思います。もし、はっきりした活断層があるならば、そのことを松田委員らは私に報告してくれると思いますが、そういう報告はなかったということです」

歪《ゆが》められた科学論争

大崎教授の証言に名前を挙げられた松田委員とは、伊方原発設置が決まった時、原子力委員会の原子炉安全専門審査会で審査委員をしていた松田時彦《ときひこ》のことだ。松田は１９６０年代後半になって活発になる活断層研究の日本における草分け的存在で、当時は東京大学地震研究所の助教授だった。

当時82歳の松田氏を都内の自宅に訪ね、証言調書に記録された大崎教授の言葉をぶつけてみた。

「ここですね、『活断層として地震を起こす証拠があるならば、それは報告書にとどめるのは当然だと思いますが、そうでないという報告を受けておりますので』……」

そこまで読み上げると松田氏は憤《いきどお》りをあらわにした。

「ああ、それは嘘《うそ》ですよ。それはひどいですね。我々があんなに時間、周りの方々も飽き飽きするほど時間を要したのは、（伊方原発の前を通る）中央構造線、あれが活断層であるということ、そのために（委員たちを説得するために）時間を取っていたのに、そのことがなかったと……」

１９７２年、原子力委員会の原子炉安全専門審査会審査委員になった松田氏は、伊方原発の安全審査に関わることになる。当時、松田氏が作っていた活断層地図では、伊方原発の近くでは海上に点線で中央構造線が推定されている。この部分が、本当に活断層なのかどうか、松田さんの主張を受けて、調査も行われたという。

「一番問題の中央構造線っていうのは、この沖合の海の中にあるはずだということだったんですけどね。最初から海底調査の結果云々《うんぬん》というようなことが、申請書に書いてあったわけじゃなかったと思います。で、海にその問題の、中央構造線があるんだよということで調査をお願いした。それで四国電力が、手配してくださって、調査やってくださって。音波探査っていう方法で、海底下の地質の様子を調べて、会議の席上で調べた結果を報告されて、我々がそれを見て、ああだこうだ、意見をしたんですね。まあ、それは予想通りのような、海底でそういう形があれば、これは中央構造線が動いた結果出来た地質構造だ、やっぱり活断層があるよ、ということになったと思うんですけどもね」

しかし、審査委員は工学系の専門家が中心で、「活断層だ」と主張する松田氏の意見は、容易には受け入れられなかったという。

「その中央構造線とか活断層についての議論が、かみ合うっていうような専門家じゃないものですから、むしろ、もうとにかく作る方向で準備して、作る方向でいるのに、予想外の活断層なんていうものが、すぐそばに中央構造線というものがあるということは、非常にやっかいな話が出て来た、なるべく知らないことにしておきたいというような雰囲気だったと思う。そして議論の果てには、『いや、そんなものがあったって、大丈夫、安全に作れますよ』っていう話を言われて、それは工学の方ですね。『工学的につくれますよ』と。そうすると、こちらとしては、『あるから気をつけて作らなきゃいけない、考慮しなきゃいけない』って言ってる時に、『大丈夫ですよ』って言われれば、『そうですか』で、まあ私たちはそれ以上追及しないで、まあ、今から見れば、引き下がっちゃったっていうことですよね」

最終的に、松田氏のいないところで報告書は作成され、議論されたはずの中央構造線や活断層に触れられることもなかった。

伊方裁判の国側証人になるようにとの声は松田氏にはかからなかった。代わりに「活断層問題」に関して裁判で発言したのは、地盤の専門家で通産省工業技術院地質調査所の垣見俊弘《としひろ》。証言調書には松田氏の記憶とは正反対の証言が記録されている。

「もし、中央構造線の影響が明らかにサイトに現れるということなら、我々も当然それを指摘しますし、当然、報告されると思います。しかし我々としては、見たわけですけれども、私にとっても、むしろ意外と思うくらい中央構造線の影響がないような、しっかりした地盤だったということで、そういうことを報告しましたところ、部会としても、そういうことで安心されて、特に中央構造線のことについては記録にとどめる必要はないというふうに判断をしたんじゃないかと私は思いますけれども」

インタビューの最後に、松田氏がつぶやくように言った言葉が印象的だった。

「危険というか、事実があるかないかはっきりしてない事実は、都合の悪いものを、都合の良い方に判断してしまうっていうのは、おかしいと思いますよね。『危険か危険でないか』っていう判断は、我々、学者には出来ないと思う。狭い範囲ですからね、学者（の専門分野）っていうのは。本当の判断というのは、誰がするのかっていう気がします。私が言えるのは、『活断層は地震を起こしますよ。地震が起こればこのくらいの大きな地震になりますよ』ってこと。私に限らず学者っていうのは概して部分しか知らないのに、『原発を作っていい』っていう判断は誰がするんですかね」

松田氏は１９７７年、柏崎刈羽原発１号機の安全審査にあたり、原発の東に確認されている長さ17㎞の活断層の先にさらに断層が続いている可能性を指摘、もし続いていれば想定される地震の大きさが大きく変わってくることから、さらなる調査をするよう主張したが、聞き入れられず、以後二度と原発の安全審査に関わらなかった。伊方原発の安全審査でなされた「活断層」の議論の顚末が例外的ではなかったことの傍

伊方原発付近の主要活断層と想定される地震

地震発生確率は30年以内

地震調査研究推進本部資料などより作成

証とも言える。そして3・11後の今になって、敦賀や東通、志賀原発などで「活断層の存在」が次々と問題になっている。

司法の責任

１９７３年に提訴された伊方訴訟は、内閣総理大臣による原子力発電所の設置許可処分を、初めて住民が訴えた裁判となった。原告被告併せて高さ１mにもなる証拠資料を提出、証人調べは１２６時間、原告側12人被告側９人の合計21人に上った。その証人調べのまっただ中、最高裁判所事務総局行政局は全国の裁判官を集めて、ある協議会を開いている。

今回の取材の過程で、『環境行政訴訟事件関係執務資料』とタイトルが付けられ、表紙に「部外秘」の印が押された資料を入手した。「合同」と呼ばれる協議会の議論をまとめたものだ。これによると、１９７６年10月、東京高裁、水戸・札幌・福島・松山の各地裁担当者を集め、「原子力発電所の周辺住民は、内閣総理大臣の行った同発電所の原子炉設置許可処分の取り消しを求めるについて、法律上の利益を有するものと言えるか」などをテーマに協議会が開かれている。

伊方訴訟では、伊方町の住民だけでなく、三崎町（現在は伊方町と合併）など佐田岬半島の広い範囲の住民が原告になっていた。しかし、原発事故による『将来の被害』を訴える適格者としてどこまで認められるのかは、裁判所にとっても初めての事態だったのだ。冊子には、各裁判所の意見と行政局の見解が記されている。

札幌地裁は、「原告の生命身体、あるいは健康におよぼす影響が非常に重要であるといったような場合でなければ原告適格は認められない」と原告適格に厳しい見解を示している。これに対し、東京高裁は、「原子炉規制法は一定距離内に居住する住民の個別的、具体的な利益を保護した規定と解される」と肯定的、そして伊方裁判を抱えている松山地裁は、「原子炉規制法は警察法規。住民は内閣総理大臣の許可処分に対しては抗告訴訟をもって争いうるのではなかろうか」とさらに踏み込んだ見解を示している。

日本の多くの人々が原発を具体的な脅威と認識しておらず、それどころか大気汚染や石油危機などの追い風を受けて、原子力は「未来のエネルギー」とそれまで以上にもてはやされていた時代である。

原発事故という、将来にあるかもしれない（ないかもしれない）被害を訴える住民にどこまで原告としての資格を認めるべきか、裁判所にとって悩ましい課題だったことがうかがえる。最高裁行政局の見解でも明確にどこまでを原告として認めるかという問題に答えを出しているわけではない。しかし、伊方訴訟で最大の争点となっていた原発事故の可能性については、非常に踏み込んだ見解を示している。

「原子炉の事故というとすぐに原子炉の爆発イコール大被害という図式を簡単に想定しがちであるが、現在原子炉における事故として、技術的な見地から想定される最大のものは一番大きな口径の排水管の破断という事故であり、その事故の起こる確率は極めて少ないということ、……これまでその付近の住民に危害を与えたり、その人命に影響のあるような事故あるいは財産上大きな損害を及ぼしたというような事故はなかったということが指摘されている……実際に被害が起きなければ救済を受けられないのではないかというような危惧が現実になる可能性は非常に少ないというふうにも言えるのではなかろうか」

伊方原発訴訟においては、原告住民側に立った科学者証人によって、「原子力施設とはひとたび事故が起きれば、甚大《じんだい》な被害をもたらすものである」という事実がクローズアップされたのに対し、国側の証人は、「無視できる程度のリスクは受容可能」との論理を持ち出していた。つまり大事故の危険性をどう考えるかが、伊方原発訴訟の重要な論点であったはずだ。

最高裁判所行政局による「（大事故の）危惧が現実になる可能性は非常に少ない」という見解は、伊方原発訴訟の重要なポイントに関わる指摘であるとわかる。


その後、公判が終盤に差しかかったころ、裁判の行方に大きな影響を及ぼしかねない事態が松山地裁で起きている。結審を目の前にして、突如、証人調べのほとんどに立ち会ってきた村上悦雄裁判長が名古屋高裁に異動になったのだ。これは、原告側の藤田弁護士にとっても驚きの出来事だった。

「もう2カ月か3カ月で結審して判決していただけるなという時期に、裁判長として原子炉の中へ実地検査で入ったり、ほとんどの証人調べに立ち会った村上さんとおっしゃる裁判長と左陪席の裁判官、その二人とも飛ばしてしまうわけ。一人は名古屋高裁転勤、一人は庁内の別の部に。最高裁がそういうふうに人事介入して、裁判官の首を切る。そんなことほとんど、考えられませんがな」

村上裁判長は、国に対して安全審査の全記録の提出を求め、拒否する国に対して提出命令を出すなど、その訴訟指揮は原告住民側の信頼を得ていたという。しかし証人調べがほとんど終了した1977年4月に異動となって、名古屋高裁から植村秀三裁判長が赴任。しかし植村裁判長は結局一度も法廷を開くことなく6月に東京高裁に転出、代わって名古屋高裁から柏木賢吉裁判長が転入した。

不可解なドタバタ劇を経て、1978年4月25日、松山地裁で伊方原発訴訟の1審判決が下される。「万一の事故の場合でも、住民の安全は維持できる」。原発設置許可の取り消しを求めた原告住民の請求は棄却された。

この結審間近のドタバタの時期、被告である国側は新たな主張も持ち出している。一つは、「原告住民には当事者適格がない」、つまり裁判を起こす資格がないとの主張。もう一つは、「本件の内容は高度に専門技術的な性格を有しているので、行政庁（政府）の裁量に属し、裁判所の判断になじむものではない」という主張だ。裁判開始当初、第一級の学者を並べ、正面から争おうとしたことに比べると、国側の姿勢は大きく後退していたことがうかがえる。

判決を子細に見てみよう。国側が論点として持ち出してきた「原告適格」に関しては、広く認められている。一方で「原子炉の安全性の判断には、特に高度の専門的知識が必要であること、原子炉の設置は国の高度の政策的判断と密接に関連することから、原子炉の設置許可は周辺住民との関係でも、国の裁量行為に属するものと考えられる」との判断を示した。つまり、原発が安全であるかどうかを決めるのは、国の裁量に任されているという内容だ。「原子炉の危険性に鑑《かんが》み、国の裁量行為には制約が加えられている」とも述べているが、その中身は、「原子炉等規制法や原子力委員会設置法によって定められた審査により、安全が確認される」ことだとされた。

地震については、「仮に、中央構造線による地震の発生があったとしても、そのマグニチュードは七程度」だと述べ、想定された震度を上回らないとした。ちなみに現在では中央構造線が動けばマグニチュード８程度あるいはそれ以上の地震が起きると推定されている。

そして『重大な事故』の想定は、安全審査で適切に判断されているとした。「立地審査における災害評価は、原子炉と周辺環境の間に適切な離隔を置くために、想定事故という手法をとっているものであって、ＥＣＣＳその他の工学的安全防護設備は、安全性の確保ができるもの」だという結論だった。

１９５０年代に慎重論を置き去りにしたまま導入され、やがて「夢のエネルギー」ともてはやされるようになっていた原子力は、１９７０年という高度経済成長の頂点において、正面から警鐘を鳴らす人々の登場に直面した。そして、原発を進めてきた国や専門家と反対派が正面から対決する場となったのが、伊方原発訴訟であった。「原子力施設とはひとたび事故が起きれば、甚大な被害をもたらすものである」という論理は、原子力に批判的な科学者たちの登場によってクローズアップされ、原発建設が予定される地元住民の反対運動の柱となった。

これに対し、原子力を推進してきた専門家は、「無視できる程度のリスクは受容可能」との論理を持ち出す。大事故になれば、住民たちにとっては受容できない被害が生じる以上、原発が大事故に至る確率は極めて低く、安全なものであると言い続けるしかなかった。

裁判は、原発建設をめぐる問題をさまざま提起しつつも、1審原告敗訴となり、舞台を高松高裁へと移すことになる。国側はこの裁判で勝利したが、原子力政策を進めていく上で、原発の安全性を世論に強く訴えることの重要度が、ますます大きくなっていることは明らかだった。

第6章　最重視された稼働率《かどうりつ》の向上

「脱石油」の時代

高度経済成長が本格化した1960年以降、電力需要は毎年10%の勢いで伸び続けていた。こうしたなかで、アメリカ製の安価な軽水炉原発が登場し、将来のエネルギーを支えるものとして原子力発電に期待が集まるようになる。1970年には、日本原電・敦賀1号機と関西電力・美浜1号機、71年には東京電力・福島第一原発の営業運転が開始。70年10月22日の原子力産業新聞は、今後20年間で117基の原発が稼働するようになるという予測を報じている。原子力への大きな流れが生まれようとしていた。

しかし、その後、原発へのシフトが必ずしも順調に進んでいったわけではなかった。それどころか、原子力を不安視する声が高まり、国や電力会社は世論対策に力を注ぐことを強いられるようになっていく。とりわけ、1974年に起こった原子力船「むつ」の放射線漏れ事故では、原子力を担《にな》う国の行政システムそのものへの不信が頂点に達した。さらに、本格的に運転を開始した軽水炉原発ではトラブルが頻発、石油ショックによる原油の高騰《こうとう》を背景に、電力会社は稼働率上昇を求める財界からのプレッシャーにさらされることになる。こうした中で、「原子力の安全」をめぐる考え方はどのような変遷《へんせん》をたどっていくことになるのだろうか。本章ではその推移を見ていくことにする。

まず注目したのが、70年代に電力会社が力を入れるようになるマスコミ対策の実態だった。原子力がバラ色のエネルギーと見られていた時代には、原発建設に何より重要だったのは、首長や政治家、漁協の幹部など地域の有力者とのコミュニケーションだった。議会で賛成決議が通れば、地元の理解が得られたということになり、その後は用地買収と漁業権放棄を地域のボスの力を借りて円滑に進めることで、原発建設が可能だったからだ。

ところが、70年代初めの伊方原発建設では反対の住民運動を押さえ込むことができず、ついには裁判にまで発展してしまう。新聞などのマスコミを通じて、一般の市民にも原発への不信の声は広がっていった。こうした状況に危機感を抱いた電力会社は今度は逆に、自ら〝マス・コミュニケーション〟を利用した宣伝に乗り出すことで、直接世論への働きかけを始める。

新聞を使った広告宣伝の主体となったのは、電力会社９社（現在は沖縄電力を含め10社）でつくる電気事業連合会（電事連）だった。伊方原発の反対運動をはじめ、各地の原発反対運動が世間の耳目を集め始めた１９７１年、東京電力会長の木川田一隆（64年から71年まで電事連会長）は電事連の広報部を立ち上げ、ダイヤモンド社の取締役論説主幹をしていた鈴木建《たつる》を広報部長に据えている。

鈴木は、著書『電力産業の新しい挑戦――激動の10年を乗り越えて』（日本工業新聞社）のなかで、電事連の広報活動をこう振り返っている。

「私は９電力の社長会で、原子力の広報には金がかかりますよ、しかし、単なるＰＲ費ではなく、建設費の一部と思ってお考えいただきたいとお願いした」

当時、鈴木の片腕として広報誌作成やマスコミ対応にあたった人物に話を聞くことができた。１９７３年から75年にかけて北陸電力から電事連広報部に出向していた稲垣俊吉《しゅんきち》氏。２０１１年の夏、大学の非常勤講師をしていた稲垣氏を富山県に訪ねた。

稲垣氏が電事連広報部に出向した頃、電力会社は火力発電所の公害問題への対応などにも力を割いていたという。原子力へと傾斜を強めるきっかけはオイルショックだった。

「そのときは今（節電が呼びかけられていた2011年の夏）よりもっとひどくてねぇ。要するに石油がほとんど入って来なくなったんですね。そうすると日本というのは石油に依存しておったもんですから、これは大変だということで。もう、電力会社も石油、火力が非常に多かったから発電ができなくなって。それでもう、節電令でね。11時になってくるとね、それこそ飲食店がみんな消灯せいっていうことになったんですよ。

それと、電力会社にしてみてもね、コストが上がるわけですよ。量が足りないだけじゃなくて。油の値段が何倍にもなってしまいまして。翌年電気料金が上がりましたけれど、だいたい平均で6割ぐらい上がりましたねぇ。6割なんていうのは、天文学的な数字ですよ。今、それほどひどくないけれども。そのときの日本がいかに石油に依存していたかっていうことが、痛切にわかったんですね。しかも石油っていうのは、中東に依存している。それによって日本経済はマヒすると。これは大変だっていうんで、日本中が大騒ぎしたわけですね。そういう石油から脱却しなきゃいかんと。その頃は『脱・石油』っていうのがね、大きい声で叫ばれたんですよ。今、『脱・原発』

って言いますけれどね、その当時は『脱・石油』ですよ。それでね、じゃあね、石油に代わるものとしては原子力しかないだろうと。それで原子力に傾斜していって。電気事業連合会の広報部も、原子力PRに傾斜したんですね。なかなか原子力っていうのは、おいそれと出来ないわけですから。やっぱり地元の同意が必要ですからね」

これ以降、鈴木広報部長のもと、稲垣氏たちはマスコミ対策へ積極的に攻勢をかけていくことになる。

新聞に登場した原子力広告

電事連広報部がまず目をつけたのは、朝日新聞だった。稲垣氏に当時の記憶をたどってもらった。

「私の上司の部長、鈴木部長から聞いた話では、新聞広告にはですね、自衛隊と原子力の広告はまかりならんという、新聞社の空気だったという事なんですよ。それでね、いろいろな方にあたっていましたら、朝日新聞は（広告に）学者先生を出してね、それでレクチャーしてくれと。今までの新聞広告っていうと、どっちかっていうとマーケティングの方が多かったんですけれどね、こういう意見広告みたいなものは初めてやり始めたんです。新聞にこういうね、意見を述べるというのは日本ではあんまりなかったですね」

1974年、朝日新聞に掲載された広告を見てみよう。最初の広告は8月6日、「広島原爆の日」だ。この日が初めての新聞広告の日として選ばれた理由を尋ねてみたが、稲垣氏は知らないとのことだった。10段組の広告に、最初に登場したのは、放射線医学総合研究所の渡辺博信・環境衛生研究部長。放射線の基礎知識を学ぶ読み物として書かれている。「現代は放射線をおそれる時代から生活に取り入れる時代です」という小見出しがその論旨を表わしている。その後、原子力研究所の宮永一郎・保健物理安全管理部長、東京大学工学部の都甲泰正《とごうやすまさ》教授、原子力研究所の村主進・安全工学部長らが次々と登場している。稲垣氏は学者を登場させた広告の狙《ねら》いについて、こう語る。

「新聞広告っていうのはですね、いかに文章を短くして、そうしてパンチのあるようなね、PRをしていくかというやり方なんですけれどね、朝日新聞の広告はどちらかというと、びっしりと書いてあるわけですね。しかも大学の権威ある先生がお話になると。そういうことで、少しでも皆さんにそれを信じてもらえれば大変ありがたいと。やっぱりこの、信頼関係っていうのは大変必要ですからね。そういう事で、こういう形のPRをやったわけです」

この朝日新聞への広告をきっかけに、新聞への原子力広告は堰《せき》を切ったという。鈴木はこう記している。

「朝日新聞に原子力のＰＲが載り始めると、早速読売新聞が飛んできた。『原子力は、私どもの社長の故正力松太郎さんが導入したものである。それをライバル紙の朝日にＰＲ広告をやられたのでは、私どもの面目が立たない』というのであった」

読売新聞への広告は、１９７５年1月26日から掲載が始まっている。「原発賛成派」を自認する漫画家・近藤《こんどう》日出造が自ら取材した記事をイラスト入りで紹介する〝柔らかい〟連載広告だ。電事連側は近藤の書く記事に対しては一切口出ししなかったと稲垣氏は記憶している。

こうして、朝日と読売に原子力広告が掲載されるようになると、今度は毎日新聞からも出稿要請が来たという。

朝日新聞に遅れること1年5カ月、１９７６年1月28日から毎日新聞へも広告掲載が始まっている。当時のことを稲垣氏はこう振り返った。

「やっぱりオイルショック以降にね、新聞広告の掲載量が減ったんじゃないですか。それでね、やっぱり競争でね、朝日に出すなら我が社にも出してもらいたいっていうので、それは向こうから言うてきたはずですよ。代理店を通じてね。

この頃はね、新聞の広告っていうのは、非常に彼等の収入源だったからね。こぞってこじあけてね。『我が社にも我が社にも』という風に言ってこられたんで。だから、そういう事から各新聞社の人もですね、そんなに厳しい批判記事というのは、書かれなかったんじゃないかなぁ。それは記者に聞いてみないと判《わか》りませんけれどね。記者のみなさんもそういう意味では原子力をやらなきゃならないという風な気持ちになって来られたんじゃないですか」

毎日新聞に掲載された広告は、庶民の暮らしに原子力発電がどう関わっているかを伝えることで、原子力を身近に感じてもらう内容になっており、朝毎読の三大紙で三者三様だった。ところでよく見ると、広告に記された名前は、「電気事業連合会」ではなく、「日本原子力文化振興財団」になっていることに気づく。稲垣氏に尋ねた。

「振興財団ですね。あぁ、そうですねぇ。あのね、『原子力文化振興財団』っていうのは、この原子力の普及に対するですね、PRをやる団体なんですね。それで、財団ですしね。電気事業連合会よりも当たりがいいだろうということで、この名前で出したんです。内容的には全部『電気事業連合会』ですね」

稲垣氏自身は文系出身だったが、電力会社の社員として、日本のエネルギーを自分たちが担っているという使命感を持って働いてきたという。

「まぁとにかく発電所を作るのに大変みんな苦労しましたね。だけどそれはね、やはりエネルギー供給産業だという事でね、ものすごい大きい使命感を持っていたんですね。供給責任と言ったらそれまでですけれども。そういう使命感がないとね、石を投げられても何をされてもね、お願いに行かなきゃならない。こういうね、社をあげてやるっていうね、これはまさに電力会社の使命感ですね。まぁ悪い面で言うとね、地域独占だという事を言われますけれどね。まぁ分散してそれだけ使命感を持つ人がね、他に出て来るかっていうと、なかなか出て来ないですね。やっぱり私ら会社に入った時以来、そういう使命感を持ってやらなきゃならんという事をたたき込まれたわけですから。石を投げられてもそこで立ち止まらずに前に進まなきゃならんと」

電力会社が新聞広告を通して、世論に訴えかけていた時期、国は、原発を受け入れた自治体の住民対策に乗り出している。オイルショックの翌年1974年6月3日、電源開発促進税法、電源開発促進対策特別会計法、発電用施設周辺地域整備法の3つの法律を制定。いわゆる電源三法だ。発電施設を受け入れた自治体に対して、交付金を出す仕組みを整備、とりわけ原子力施設の受け入れに対しては、多くの交付金が支払われることになった。こうして、高度成長の裏側で成長から取り残されてきた地方では発電所関係の雇用や税収増に加えて、交付金を当て込み、原発受け入れに賛成する気運が形成されていった。

世情の変化を追い風に、伊方原発の建設も着々と進んでいた。1976年には最初の核燃料が搬入され、77年1月初臨界、9月30日には運転を開始する。さらに2号機の設置も決まり、78年2月には工事が始まっている。この2号機設置をめぐり、科学技術庁が開いた住民説明会の映像が残っていた。

「事故が起こるとわかっとるもん、我々地元の住民は事故あったとき、どないして避難したらいいんかそれを教えてほしい」

発言しているのは、南海日日新聞記者で原発に反対する筆を執り続けていた若き日の近藤誠氏だ。

科学技術庁の職員が説明する。

「みなさんが避難しなければならないような事故は、まず社会通念的に言えば、『ない』と言えます」

地元で反対を貫いてきた大沢肇氏も発言している。

「絶対安全であるということでなければですな、許可すべきもんではないんじゃないですか」

激しい反対運動にもかかわらず、伊方原発の建設はその後、３号機まで進められた（写真提供：ＮＨＫ）

職員が答える。

「地元住民の納得を得なくては、許可できないという仕組みにはなってない。これは申請がありますと、我々は法律に基づいて審査するという立場にございますので」

食い下がる住民の姿が捉《とら》えられている。

「もし今の言い方だったら、四国電力が手続きをしたからやりましたが、住民のことは知りませんということになってしまう」

「申し訳ないけどもう時間ですから」

平行線のまま、説明会は打ち切られていた。

伊方原発に反対し続けてきた近藤誠氏は、当時をこう振り返った。

「ほんとに原発に反対するのはね、いわゆる非国民だと。科学を知らない、無知な、農民・漁民がですね、科学を恐れて反対してるだけだと、そういうような中で、いわれない批判の中で、反対者をパージしていくという、そういうことがあったと思いますね。『農民・漁民が何を言うか』とか、あるいは『地域エゴ』というね、日本中のエネルギーの問題も考えない愚かな者たちだということで、どこへ行ってもはねつけられてしまう、住民が話し合いを求めても、その話し合いそのものが拒否されてしまう」

伊方町では、福島原発事故の後でも「モノを言う」ことをはばかる重い空気を感じた。電話で、あるいは会って話をしてくれた人も、多くがカメラの前で話すことを拒否した。その理由として、ほとんどの人たちが、家族・親族や近所に原発関連の仕事をしている人が多いことをあげた。かつて反対運動の中心にいた人に対して、「あの人は電力会社からカネをもらったから話せないのだ」などと噂《うわさ》する声も聞いた。しかしそれだけではないだろう。政府や電力会社による安全宣伝と、反対派に対する徹底した排斥が、「物言えば唇寒し」という風潮を地元に植え付けた結果のように思えた。

原子力船むつ　放射線漏れ事故の衝撃

福島原発事故では、「原子力事業者を強く規制する独立した機関がなかった」ということが一つの問題として浮かび上がってきた。原子力安全委員会が今回の事故にあたって十分に機能しなかったとの批判もなされている。原子力安全・保安院も原子力行政の推進省庁である経済産業省の中にあるため、やはり規制当局としての役割が果たせていなかったと指摘された。こうした反省に立って、2012年9月に原子力規制委員会が誕生したが、果たして規制当局としての役割を果たせるのか注目されている。

ところでかつてアメリカでも、原子力政策を推進するアメリカ原子力委員会が安全面や事業者の規制も行っていることへの批判が高まったことがある。このとき、アメリカ原子力規制委員会（ＮＲＣ）が原子力委員会から独立する形で作られた。１９７５年１月のことだ。

同じころ、実は日本でも同様の議論が、高まっていた。きっかけとなったのは、74年9月1日、日本最初の原子力船「むつ」が太平洋上での出力実験中に、放射線漏れを起こした事故だった。１９９２年1月16日に開かれた島村原子力政策研究会では、この事故について報告されている。報告者は元科技庁事務次官の伊原義徳氏だ。

「原子力船は、結果的には非常に不幸なプロジェクトでした。色々の手違いがありましたが、最初の予算の見直しで完成が3年近く遅れたのが、大きく響きました。最初に母港を横浜にしたいとの申し入れを、社会党の飛鳥田《あすかた》横浜市長に断られ、青森県の大湊《おおみなと》に引き受けてもらいましたが、その時には地元も歓迎でした。ところが、当時年間数千万円の水揚げ高であった陸奥《むつ》湾のホタテ産業が、もたもたしていた数年の間に数十億円という産業に成長した。そうすると、漁業者の方は、今まで苦労して出稼ぎなどで凌《しの》いでいたのが、出稼ぎはしないでも済むようになった。ホタテ産業に少しでもマイナスになることはイヤだということで、反対の動きが出てきました。

その時私が非常に記憶しておりますのは、川内町漁協に参りまして、原子力船は決して危険なものではないと、幹部の方々に説明をしたんです。すると、専務理事の方が、『伊原さん、あんたの話はわからんこともないけれども、説明の相手が違うよ。われわれは魚屋だ。魚を獲《と》って売れればいいんだ。放射能で汚れていようがどうしようが、買ってくれれば全く文句ないんだ。だから、あなたが説明にいくべき場所は、魚を買う人たちの所である。魚を獲る人間のところにきて、いくら安全だといっても駄目だよ』とこう言われたのが、未《いま》だに記憶に残っています」

この事故の当時は、ちょうど原子力行政に対する不信が高まっていた。74年1月29日には衆議院予算委員会で不破哲三《ふわてつぞう》議員（日本共産党）が、アメリカ原子力潜水艦の日本寄港の際に、日本分析化学研究所（現・日本分析センター）が行っている放射能調査の化学分析に捏造《ねつぞう》があることを追及。報告書に書かれた測定日が、ほとんどの原潜寄港について、実際の測定日と異なっていること、分析機械が故障している時期にも測定したことになっていること、測定結果も、異なった試料で同じ分析グラフが出ていることなどが指摘され、「デタラメ測定」と大きな問題になっていた。

また3月には、被ばく労働者の問題も国会で取り上げられている。日本原電敦賀原発での作業中に岩佐嘉寿幸《かずゆき》さんが被ばくしたとされる問題だ。森山欽司《きんじ》科学技術庁長官（原子力委員会委員長）は「被ばくはあり得ない」と答弁、岩佐さんはこの年4月、日本初の原発被ばく裁判を起こしている。

この月には、原子力委員会の田島英三《えいぞう》（当時、立教大教授）委員が、原子力安全問題担当の委員を増やすよう求めながら無視されたことを理由に辞任を申し出、委員会を欠席していることも報じられた。「原子力発電所建設をがむしゃらにやる」と強硬発言を繰り返す森山長官に対して、田島委員が「民主・自主・公開」の原子力三原則が守られていないと反発を強めていたことが指摘された。

原子力船「むつ」はまさにこうした時期に、実験航海を迎えようとしていた。「むつ」は母港とする青森県むつ市の大湊港で原子炉を積み、1972年には核燃料も装荷したが、ホタテ貝養殖の漁業者の猛反対に遭い、港から出られない状況が続いていた。これに対して森山長官は「警察力を動員してでも出港させる」と強硬な姿勢で応じる。

そして1974年8月25日、森山長官が立ち会い、出港式が開かれる。「むつ」の周囲では三百数十艘《そう》の漁船が抗議活動を行い、式直後には海上保安庁の警備船と漁船の間で小競《こぜ》り合いも起きた。深夜、強風のために漁船が撤収した間隙《かんげき》を縫って出港した「むつ」は北太平洋上の実験海域で臨界実験を行う。新聞記者たちを乗せた中で行われたこの実験は、しかし9月1日夕方、熱出力を上げたところで放射線漏れを起こし、失敗に終わった。先進的な原子炉メーカーであったアメリカのウェスティングハウス社などが指摘していたにもかかわらず、放射線遮蔽《しゃへい》リングの欠陥を改善していなかったことが原因だった。

その責任の所在をめぐる議論は、原子力行政のありかたへの批判へと発展していった。1992年に開かれた島村研究会で、当時、科学技術庁研究開発局の審議官を務めていた沖村憲樹《かずき》がこの時のことを島村武久と議論する形で報告している。

(沖村)「原子力船『むつ』放射線漏れ問題が起こりまして、原子力行政のあり方についてて非常に大きな世論が起こったことはご承知の通りです。この時の議論の一つに、『むつ』の放射線漏れが起こったのはどちらの責任かということがあった。どちらといいますのは、科学技術庁か運輸省かということですが。科学技術庁が担当する原子炉の設置許可の段階では、ご存知のように非常に基本的な事項だけしかやりませんので、その段階のものが原因なのか、あるいはその後の運輸省担当の設計工事方法認可の段階、あるいは材料を含めてその後の段階のことが原因なのかということです。必ずしも役所側の対応がはっきりしませんで、行政体制上問題があるんじゃないかというふうに問題が発展をして、原子力行政全体を見直すべきじゃないかということが出てきたと思います」

（島村）「原子力船『むつ』放射線漏れが1974年の9月1日にあり、これが直接の動機であったことには間違いないんですが、中間報告にも書いてありますようにその頃いろんなことがあったんです。それまでに、原子力発電所でいろいろ事故というか問題があったり、あるいは分析化研のデータ改ざんの不祥事みたいなものが相次いでおった。それが『むつ』で頂点に達し爆発したということだと私は思うんです」

（沖村）「それから、ちょっともう一つあれなんですが。当時はエネルギー問題が非常に重要で、石油が足りなくなるから原子力にシフトしなければいかんって言うわけですけども、一方において原子力に対する国民の不安から立地がなかなか進まない。これを進めるためには、行政機構全体を1回いじってみなきゃいけないということも背景にあったというふうに思いました」

ここで指摘されている責任問題とは、「むつ」の安全審査を行った原子力委員会原子炉安全専門審査会会長の内田秀雄東大教授が9月10日、衆議院科学技術振興対策特別委員会で、「安全審査は申請書をもとに基本設計を審査、それ以降の詳細設計や建造に当たっての注文をつけるが、そのあとの行政側（運輸省）のチェック体制が欠けていた」と証言したことに端を発している。

その後、基本設計の安全性を審査した科学技術庁（原子力委員会）と、船の建造を管轄《かんかつ》する運輸省が責任を押しつけあったことが、原子力行政への不信を増幅させ、規制当局のありかた自体が問われることになった。

1974年10月、「むつ」の放射線漏れ問題調査委員会と原子力行政を検討するための委員会の設置が決まり、翌年「原子力行政懇談会」が設置、有識者による原子力行政のありかたをめぐる議論が始まった。

座長に就いたのは、戦後のエネルギー政策策定に深く関わってきた経済学者の有沢広巳。メンバーとして原子力の研究者や原発立地自治体の長、マスコミ関係者や労働組合の代表などが参加した。

挫《ざ》折《せつ》した「原子力規制委員会」構想

原子力行政懇談会の議論が進んでいく中で出てきたのが、推進と規制の両方の役割を担っている原子力委員会を分割して、原子力行政を規制する強力な組織「原子力規制委員会」を設置するよう求める意見だった。参考とされたのは、ちょうどアメリカで誕生したばかりのアメリカ原子力規制委員会（NRC）だった。

日本にもアメリカ型の強力な権限を持った原子力規制委員会を作るべきだとの議論はどのような変遷をたどったのか、当時、原子力行政懇談会の事務局を務めていた沖村憲樹氏を訪ね、同氏が顧問をつとめる科学技術振興機構で、話を聞くことができた。

「原子力行政懇談会では、まず委員が14名いらっしゃったんですが、労働界から産業界からメディアから行政官からとか、非常に幅広い方で構成されました。と同時に、幅広く国民の意見を聞こうということで、役所、電労連、総評、電力、それからメーカー、地方自治体、主婦連とか、非常に幅広いところから、たぶん各界から意見を聞き尽したというぐらい十分に意見を聞いたというふうに思います。

特に当時、アメリカはNRCというのがもうできていまして、大体3000人ぐらいの規模で非常に手厚い規制が行われていたんですね。そのことを勉強されている方も数多くいらっしゃいまして、特に電労連とか、それから当時、田島先生という立教大学の先生がメンバーでいらっしゃったんですが、この先生もそうで、それから日本共産党とか、いろいろなところからアメリカ型の規制委員会を作るべしと、開発と規制を分けるべきだという意見が、非常に強いご意見がございました」

電労連（全国電力労働組合連合会）というのは、電力会社の労働組合で現在の電力総連（全国電力関連産業労働組合総連合）の前身。原子力政策推進の立場をとってきたが、稼働する原発が10基を数えた当時、労働者の被ばくが問題となるにつれて、原発に慎重な姿勢をとるようになっていた。

1975年2月の「電労連月報」では、このような文章も掲載されている。

「私たちの心情としては、これらの体制（被ばくの総量規制・安全についての法体系整備）をまず早急に確立してもらわぬ限り、原子力発電所に対して従来のように両手《もろて》をあげて協力することには二の足を踏まざるを得ない。事実、組合内部でも被ばく量その他の問題で漸次《ぜんじ》トラブルが増えていて、私たちが責任をもって説得できるものでもない」

また、稲垣武臣電労連会長は1975年3月に開かれた参議院科学技術振興対策特別委員会にも呼ばれ、労働者被ばくの問題について発言、下請け労働者の被ばくは把握が困難なことも指摘している。

しかし、強力な規制機関をつくるべきだとの議論は、次第に方向転換していくことになる。規制委員会設置を主張していた電労連の稲垣執行部が8月の大会で交代、原発積極推進派として知られた新書記長の青木賢一が稲垣に代わって原子力行政懇談会のメンバーに入ったことがきっかけだった。

10月には、国の原子力政策に批判的だった日本労働組合総評議会（総評）の酒井一《いち》三《ぞう》副議長が懇談会メンバーを辞任する。原子力政策の推進を前提とした運営への不満が理由だったとされる。総評は、この後、社会党とともに反原発運動に傾斜を強めていくのだが、原発に最も批判的だった委員の辞任は、行政懇談会の議論の方向にも影響を及ぼしたのではないだろうか。強力な権限を持った規制委員会を設置すべしとの議論はやがて下火になっていったようだ。沖村氏はこう回想している。

「原子力開発を進めるべきだというところではある程度皆さん統一していたんですよ。そこについて反対された総評の方が早くお辞めになりました、途中で。そういう意味では進めるべきだという各界の方のご意見の集約だったんです。

その規制委員会の意見が議論される中で、やはり規制だけを集中的に考える機構が、原子力開発の根幹である炉の設置許可とか運転とかを全部握る、そういうことで原子力の開発がうまくいくんだろうかという意見がずいぶん寄せられまして、非常に反対意見が根強くて、はっきりおっしゃる方、はっきりおっしゃらない方も含めて、やはりアメリカ型の規制委員会というのは日本の原子力開発の将来に懸念《けねん》があるという反対意見だったというふうに思っています」

その後、原子力行政をめぐる議論は、規制官庁を一本化すること、ダブルチェックを行う諮問《しもん》機関をつくることに収斂《しゅうれん》していったと沖村氏は語る。

「炉の設置許可から設計工事の認可、それから運転まで全部一貫して規制をしろという、旧科技庁はやらないで、原子力発電所であれば通産省が一貫してやる、船用炉であれば運輸省が一貫してやるということで、一貫すれば『むつ』の事故の原因のところは消えるわけですね。

それだけだと推進する官庁が規制をすることについて、国民の側から見て不信感が払拭《ふっしょく》できないんじゃないかという議論もありますし、さらに入念にチェックをしたほうがいいという意味から、諮問機関として原子力安全委員会というものを設けてダブルチェックをするという案が出てまいりました。そうしますと、規制は一貫化するし、さらに入念にダブルチェックをする、だからいいじゃないか、じゃ、この案で行こうというような形に落ち着いていったというふうに思います」

規制委員会を求めていた人たちも、原子力委員会から分離した安全委員会を設置する方向で納得していったという。意見のとりまとめに重要な役割を果たした電労連の青木書記長はこう記している。

「『原子力委員会』と『原子力安全委員会』の二つの委員会を設け、それぞれ現在の原子力委員会同様の機能を持って対処します。これによって、国民の立場からの安全行政がより一層推進されることが期待される一方、エネルギー源としての原子力開発が、より積極的に推進されることが期待されます」

1976年7月「原子力行政懇談会」は最終のとりまとめを三木武夫《たけお》首相に提出。これを受け、78年7月には原子力委員会設置法等が改正。10月、原子力委員会から分離して、新たに安全問題を担当する原子力安全委員会が発足した。

この原子力安全委員会はアメリカ原子力規制委員会（NRC）のような強力な機関にはならなかった。電力会社などを指導する場合も、意見を述べるだけにとどまり、直接、指示・命令する権限も持たないものとなった。

行政懇談会の議論を法律の形にまとめていく作業をしていく過程は、どのようなものだったのだろうか。沖村氏は、科学技術庁の原子力法令制度審議室の室長として、法律化の作業も中心になって進めたという。

「内容的にほとんどその懇談会のご意見を忠実に成文化した。各省と相談しながらしたんですが、若干ニュアンスが違ってきたな、というところでは、(懇談会の審議過程では)原子力安全委員会は各省が規制を一貫化したものを設置許可から運転までダブルチェックするという感じでありましたが、各省からいちいち安全委員会にそれを報告するということを、細かいところまで全部しますと、受け取ったほうも膨大な作業になりまして、結果的には通産省と同じような人数が安全委員会にいることになるんですね。

やっぱりその分はある程度引いて判断して、必要だと思うところを再度意見を言って聞くというやり方のほうが効率的だなと思って。

ですから、法律としては、炉の設置許可に関わるところだけはきちんと法律上の協議をして、あとは安全委員会が必要と思うところを、報告を受けながら判断するというやり方でダブルチェックしていくということに少し変わりました。ここのところは若干ニュアンスが変わったかもわかりません」

1992年に開かれた島村研究会では、元日本原電の板倉哲郎と沖村の間で、次のようなやりとりがなされている。

(板倉)「ちょうどアメリカが(推進と規制の)二つに分かれたでしょう。アメリカでもね失敗したと思ってるところは多いんですね。あれでもうさっぱり開発がなくなりましたからね。失敗したと思ってるところ多いんですよ」

（沖村）「基本的には予算の権限とか何とかは全部原子力委員会に残してありまして、今のあれは法律的には平等ですけども、予算の決定権とかなんかは全部原子力委員会にあります。安全研究につきましても予算の配分権は原子力委員会にありますし、そういう意味では権限としては十分残っていると思っているのですけど」

そして沖村氏はこうまとめている。

「結果的に15年経《た》ってみますと、原子力の反対も安全委員会が吸収して、原子力発電も滞りながらもスムーズにいってますので、この体制も結果的にはよかったのではないかという気がします」

権限と人員を持った原子力規制を担当する強力な機関を設置すべきだという声は、原子力行政懇談会の議論の過程で、原子力政策の推進を前提としたものへと姿を変え、最終的に法律化されるときには、権限の弱い諮問機関的な安全委員会の形に収まった。原子力政策推進のためには、「規制」ではなく、あくまでも「安全の確認」にとどめるという姿勢が貫徹されたといえる。原子力行政を見直そうという動きは、その後、福島原発事故が起きるまで具体化することはなかった。

完全ではなかった技術

原発が立地された地域で取材すると、電力会社や自治体の担当者から、「原発は安全だ」と繰り返し聞かされてきたとの話を聞く。しかし、原子力発電に関わってきた技術者たちの証言からは、そんなに簡単な話ではなかったことがうかがえる。アメリカから購入した原発プラントを、日本において実際に運用するというのは、並大抵の苦労ではなかったという。本格的に稼働した原発はまさにトラブルの固まりだったのだ。

こうした議論は、島村研究会でもなされていた。１９９１年、原子力研究所の研究員が報告している。

「１９６０年ころまでに米国でそんなに大したことやってると思えないんです。それでできた技術で、そのままになってる部分が結構あって。蒸気発生器みたいになんとかしなきゃならんってところは、日本も外国も一所懸命やってると思いますけど。そうじゃない部分について、最初設計してこれでうまくいってるからということで、基本が解明されてない部分が残ってるんじゃないですか。リアクター（原子炉）全部はわかりませんけど。

だからそういうものをもう一回見直して、そこの中から研究テーマを探すようなことしないと。ただ問題は、そういうこと言い出すと、反対派が強い中で、『今更そんなことがわかってなくて何してるんだ』と、叱《しか》られるのが非常に怖いから、誰もよう言い出さない」

敦賀原発、美浜原発、伊方原発など初期に導入された原発はアメリカで量産され、それまでに比べて安く建設することが可能になった軽水炉だ。1960年代には西側各国で導入が始まっており、「プルーブン・テクノロジー（実証済みの技術）」としてアメリカから輸出された。その際には、アメリカのメーカーとの「ターン・キー契約」、つまりキーを回せば動く状態、全《すべ》てパッケージとして販売されていた。

ところが、島村研究会のメンバーで元日本原電副社長の浜崎一成氏によると、現実には、実際に動かしていくなかで次々とトラブルや故障が発生、そのたびに問題点を改善していかなければならなかったという。

「原子炉をね、軽水炉をアメリカから入れるときは、いわゆるプルーブン・テクノロジーという、まあその標題があったわけです。プルーブン・テクノロジーというのは、もう全て実証済みの技術だよと。で、我々もそのつもりでいたら、いやー実際にはなかなかそうはいかなかった」

日本最初の商業用軽水炉である敦賀原発は福井県敦賀半島の先端近くにある。立地から操業開始まで中心的に携わったという浜崎氏に、敦賀1号機の敷地を案内してもらった。

浜崎氏は1954年、最初の原子力予算が国会で承認されたその年に中部電力に入社。その後、原子力発電建設に取り組むべく、日本原電に出向している。

「このタービン建屋は当時のままですね。向こうがアメリカオリジンの古い廃棄物処理建屋なのですが、これでは小さすぎて処理容量が不足していたのでもう一つ新しい設備を作らなくてはならなかったんです」

原子力発電所を実際に操業し始めると、フィルターやビニールシートなど放射能に汚染された廃棄物が大量に生み出される。アメリカから輸入した施設はすぐにいっぱいになってしまって処理しきれなくなったという。

「要するに処理能力がもう足りないわけです。アメリカでは、ある程度廃棄物が出てくれば、当時はね、砂漠に捨てる所があるから、そこへ持って行きゃいいと。だから最低限必要な容量しか、設けてなかったというようなことがありましたよね。それから設備の中でも、配管の応力腐食割れの可能性とか、それから燃料の性能が落ちる、要するに鉄さび等の。そういうものを減らすためにというんで、ものすごい努力しましてね」

現場で格闘していたのは、電力とメーカーの技術者たちだった。トラブルの対応や新しい部品・施設の開発に当たったと浜崎氏は語る。

「最大の苦労というのはね、（軽水炉の）原子力発電所というのは初めてでしょ。東海の発電所はちょっと別だけど。各社から運転する人、補修する人、これは原電にそういうプロパーの社員は、まだいないし、経験者を集めなきゃならない。もう各社が選りすぐりのスタッフを送り込んできたわけ。ところがそこで見る図面とかね、マニュアルとか、みんな英語で書いてあるんです。それを消化しなきゃなんない。だけどこれを見事に消化していった。一人前のものに仕上げようという、自分たちの力で技術にするということに対する意欲というのはものすごく強かったから。メーカーさんが24時間スタンバイして、何かあると、連絡すれば直ちに飛んでくると。主要なスタッフは東京だから、ここにも駐在はしてたけども、技術者の先頭に立つような人たちというのは、すぐ駆けつけるというような体制を敷いてましたね」

そうした技術者の一人で、1954年東芝に入社し、プラントの設計改良に携わってきた益田恭尚氏も当時の苦労を語ってくれた。

「敦賀1号や福島第一、第二の建設の頃には、アメリカGE社の下請けとして、『プルーブンな技術なのだから、ねじ1本取り替えるな』と指示されましたよ、大型計算機を使用しての作業は徹夜の連続でね、図面を手に入れるためにアメリカに渡ったり、苦労の連続でした」

しかし、トラブルが頻発していたことも、現場の技術者たちが苦闘を続けていたことも、どれほど市民に知らされていただろう。浜崎氏は、市民と技術者がだんだんと遠い存在になっていった経緯をこう語っている。

「やはり原子力というのは、なかなか一般の人にわかりにくい。火力発電所みたいに、お湯を沸かして蒸気を出して、それで発電機回してというのは、目で見てわかるけれども、この原子力というのは、そこから熱が出て、蒸気を出して、発電機を回して電気を出してるというものを、直接見ることができない。こういうことを理解するというのは、一般の人にとっては非常に難しいですよね。

だから、逆に言うと、難しいから、言うことがやっぱり中途半端《はんぱ》になる。面倒くさいことは言おうとしなかったということでしょう」

「実証済みの技術」として導入されたアメリカ製軽水炉が、実は「不完全な技術」であることがわかったとき、技術者たちは、問題の解明や対策に力を尽くしてきた。それでも、ひとたび原発事故が起きれば深刻な被害を招くことになる。浜崎氏の証言からは、「安全だ」と強調しながら建設が進められる中で、やがて問題を指摘すること自体に、消極的になっていったことがうかがえる。

稼働率向上のプレッシャー

トラブルの続出は、原子力政策を推進していく上でも大きな問題となりつつあった。トラブルのたびに長期に原子炉を停止させなければならなかったために原発の稼働率（設備利用率）が大幅に低下しだしたのだ。1970年度に73．8％（4基）だった稼働率は、75年度には実に42．2％（12基）にまで低下していた。

原発は建設に多額の投資が必要だが、燃料費が安いことがメリットだとされ、運転をすればするほどそのメリットが生かせるとされてきた。稼働率の低下は、そのメリットが生かせないということであり、原発に反対する人たちからも指摘される。1970年代半ばには稼働率問題は、原子力発電への依存を高めていこうとする国や財界にとって由々しき問題となっていた。

第Ⅰ部にも登場した東京電力元副社長の豊田正敏氏はオイルショック当時、東京電力の原子力保安部長として、この稼働率問題に中心的に取り組んだ人物だ。1975年度の東京電力の原子力発電所の稼働率は17・1％。経団連会長だった土光敏夫（当時、東芝会長）から直接、稼働率問題に取り組むよう働きかけも受けていた。

豊田氏は、電力会社が経験したトラブルや運転保守の経験に基づき、プラント設計の改良や保守方法の改善を図るために、原子炉メーカーと共同で研究開発に取り組むこと、その成果を踏まえた原子炉の改良と標準化を進めることを社内で主張したという。こうして進められることになった「改良標準化」は、それまでの経験を踏まえて、機器の改良を進め、電力会社の垣根を越えて、成果を反映させていこうとするものだった。それにより、アメリカからの輸入品だった軽水炉原発を日本の実情に合わせたものに改良しようと考えたのだ。今回、われわれのインタビューに対して、豊田氏はこう語っている。

「改良標準化というのはね、（第三次まで）10年ぐらいかかったのかな。とにかくね、アイディアだけじゃだめでね、それが本当に実現できるかというのは、やっぱり研究開発も要るんですよね。だから、それに対してはね、通産省の原子力発電課長にお願いしてね、電気料金の中に電力共通研究費というのを織り込んでもらってね。それは相当の額だったですけど、それを織り込んでもらって、各社から金を出させて、稼働率向上のために研究開発をやりました」

その著書『原子力発電の歴史と展望』（東京図書出版会）のなかで、豊田氏はこう記している。

「当時の料金担当の門田常務が昭和50年度の電気料金改定にあたって、原子力関係の研究開発費を料金算定に織り込むよう働きかけを行うべきであると言って下さった。そこで早速、当時の通産省の高橋原子力発電課長にお願いしたところ、即座に賛成して下さり、他の電力会社にも織り込むよう指導して下さって、その年度の料金改定に織り込むことに成功した」

1975年6月には、原子力発電設備改良標準化調査委員会が発足。通商産業省を中心に電力会社、原子炉メーカー、研究機関が協力して、故障対策や、作業時の労働者の被ばくを減らすべく格納容器などの改良が進められる。ちなみに委員長には内田秀雄東京大学工学部教授（機械工学）が就任、豊田氏は幹事を務めた。

こうして進められた「改良標準化」作業は、1980年代の第三次改良標準化まで続けられ、「日本型軽水炉」とも呼ばれる改良型沸騰水《ふっとうすい》型（ＡＢＷＲ）と改良型加圧水型（ＡＰＷＲ）の設計開発にまで至っている。

故障やトラブルの少ない改良型の原発を開発していくことで稼働率は向上に転じた。しかし、こうした改良の成果が反映されるのは新しく作られる原発に対してのみで、古い原発について、大幅な変更を加えることは、そもそも考えられてもいなかったと豊田氏は語る。

「材料もそれから設備も、標準化すればですね、予備も共通で持てるとかね、安全審査も一回で済ませられるわけですよ。あとは右へならえで、安全審査期間も短縮できるわけです、そういうメリットはあります。だけど既設のものについてはやることはやりますけども１００％はやりませんということはある。

お金の問題じゃなくて、現実的にできないことについては、しようがないでしょ、場所も、もう作られたあとだから、その中でできることをやるという、新しいのだったら自由にやれますけど、特に格納容器なんて大きくするって無理な話でしょ。取り替えみたいなものだって、作業のスペースだって限られている。やむを得ませんよね、その範囲内でやる、新しいもののとおりにはできませんというのはあります。

まあ変えたほうがいいですけどね。変えられないやつはそのままにしておいたとしても、設備利用率70％になればいいと、基本設計を変えるということはもともと考えてなかった」

電力料金に上乗せすることで生み出された資金で進められた研究開発により、改良標準化された新型の原子炉が建設されていったが、すでに建設済みの原発を建替えることは非現実的なこととして考慮されなかった。長く運転することを前提に、「安価な発電が可能」としてきた原発を短期間で廃炉にすることなど、検討する余地もなかったのだろう。「平均して設備利用率70％になればいい」という豊田氏の発言は、原子炉の改良にあたった人たちの正直な思いを代弁しているように思われる。

三次にわたって進められた改良標準化で、１９８０年代半ばには約75％の稼働率を達成。95年度から２００１年度に至っては80％台が維持されている。しかしこの高い稼働率の裏側で、大きな背信行為が行われていたことが、２００２年になって明らかになる。東京電力の福島第一・第二・柏崎刈羽の各原子力発電所で合計29件のトラブルを発見しながら、点検記録に記載せず、国にも報告していなかったのだ。虚偽記載が行われていたのは１９８０年代後半から90年代前半にかけてのことだった。その後、同様の虚偽記載は、ほかの電力各社でも行われていたことが明らかになっていった。

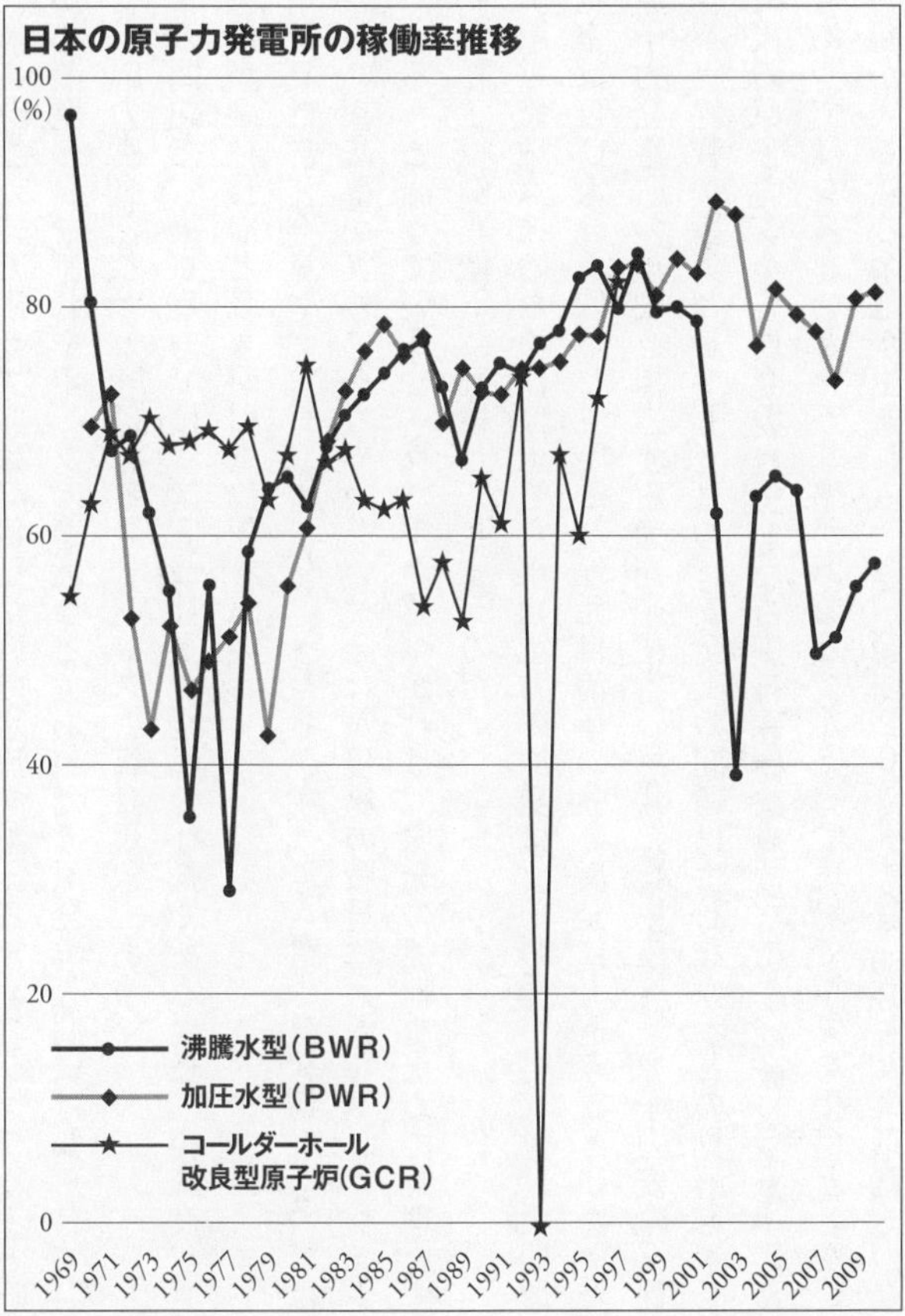
日本の原子力発電所の稼働率推移
100
(%)
80
60
40
20
0
沸騰水型(BWR)
加圧水型(PWR)
コールダーホール
改良型原子炉(GCR)
1969
1971
1973
1975
1977
1979
1981
1983
1985
1987
1989
1991
1993
1995
1997
1999
2001
2003
2005
2007
2009

記載されなかったトラブルは、原子炉内の水流を整えるためのシュラウドと呼ばれる炉心隔壁のひび割れやポンプの摩耗などであった。原発導入期には知られていなかった「応力腐食割れ」と呼ばれるステンレスの腐食現象である。

この問題で、東京電力では、南直哉社長や歴代の社長である会長・相談役、原子力発電担当副社長など5人が引責辞任している。

南社長は辞任会見で、「言い訳になってしまうが、どんな小さな傷もあってはならないという基準が実態にあっていない。それが現場の職員に大きなプレッシャーとなっている」と語っている。トラブルが見つかれば、原発の運転を止《と》めて修理をすることになり、稼働率低下に直結してしまうのだ。

実際、修理点検のために停止した東京電力の原発は、その後、再稼働に手間取り、稼働率は再び大きく低下している。地元自治体の強い反発にも遭うことになった。

原子力発電所の規制を担当する通商産業省（現在の経済産業省）原子力安全・保安院は「不実記載が事実としても、直ちに安全上の問題は生じない」との見解を示し、後に最後の原子力安全委員会委員長となる班目春樹《まだらめはるき》（当時、東京大学教授）も「どんな損傷もあってはならないという基準があると、かえって現場で損傷を損傷としない勝手な判断が入り込む余地が生まれる」（読売新聞２００2年8月30日）と東京電力の立場に同情を示している。

一方で、基準を見直して緩和するというのも困難なことだったようだ。当時原子力委員だった木元教子氏は、「通商産業省がいっていたのは、（中略）多少の欠陥があっても動かす維持基準には『とんでもない』と国民から風当たりがあり、とても言い出せる雰囲気はなかったということですね」（2002年11月「エネルギーフォーラム」）と語り、原子炉の運転を止めなければならない損傷の基準を緩和することは、世論の抵抗を恐れて手をつけられなかったのだと指摘している。

以上、述べて来たように1970年代以降の日本では、原子力施設を強力にチェックする独立した規制機関が作られなかった一方で、稼働率向上を求める財界のプレッシャーと原子力に厳しい目を向ける世論の狭間《はざま》で汲々《きゅうきゅう》とする、極めて特異な状況の下で原子力発電が進められてきた。

2012年末、東京電力が発表した報告書（『福島原子力事故の総括および原子力安全改革プラン骨子（中間報告）』）では、「安全は既に確立されたものと思いこみ、稼働率などを重要な経営課題と認識した結果、事故への備えが不足した」とされている。

「安全は既に確立されたもの」と思い込んだ理由の一つとして、世論対策の影響を挙げることができるだろう。「原発は安全だ」と声高に訴えれば訴えるほど、原発で発生する大小様々なトラブルを表面化させることすら難しくなり、現実には未完成で大きな危険をはらんだ、原子力という技術に、正面から向き合うことができなくなっていったのである。

前章では原発設置をめぐる日本で初めての「科学裁判」として伊方原発訴訟を取り上げたが、その裏側ではこうした事態が進行していた。そのため、国や電力会社など推進側にとっては是が非でも負けられない裁判になったのではないだろうか。時系列的に見ると、全国紙への原子力広告掲載が始まり、第一次改良標準化が完了して間もなく、伊方原発訴訟の1審判決が出されている。原子力安全委員会が設置されたのはその直後のことだった。１９７８年から高松高裁に舞台を移して始まった2審は、原子力発電に対して、さらなる稼働率向上を求める財界の圧力のなかで進められていくことになる。そして、ちょうどその最中、1審判決の一年後に当時史上最悪といわれた原発事故が発生することになる。

第7章　自らの神話に縛られていった「原子力ムラ」

起きないはずのメルトダウン

１９７９年3月28日早朝、アメリカ・ペンシルバニア州のスリーマイル島原子力発電所で、加圧水型軽水炉から大量の放射性物質が環境中に漏れ出す大事故が発生。２日後の30日午前、発電所近くの学校閉鎖や妊婦・乳幼児への避難勧告などが出されたことで、住民は身近にあった原発が事故を起こしたことを知り、数万人が避難する騒ぎとなった。

この事故では、緊急炉心冷却装置（ＥＣＣＳ）が停止し、核燃料を冷やしていた冷却水が喪失、燃料の45％に当たる62トンが溶融していたことが、後に明らかになった。いわゆる「メルトダウン」（炉心溶融）である。

まさに、１年前に原告住民敗訴の判決が言い渡されていた伊方裁判の１審の法廷で、原告側が「起きる」可能性を指摘したのに対し、国側が「起きない」と主張していた事故が現実のものとなったのだ。この事故は原発を進めてきた専門家たちにも大きな衝撃を与えることになった。

長年原子力安全研究に携わり、後に原子力安全委員会委員長も務める佐藤一男氏は、スリーマイル島原発事故が、日本のみならず世界的に安全研究の必要性を考えさせるきっかけとなったと言う。

「スリーマイルアイランドの事故っていうのは、原子力安全委員会が発足して半年ぐらいして起こったわけですが、やっぱり非常に衝撃が大きくて、いろいろな影響を及ぼすんです。何しろ軽水炉ばっかりじゃなくて、原子力発電所で深刻な状況になった初めての経験だったんです。あれが原子力に関係する人たちに与えた衝撃っていうのは、ものすごいものがありました。これはもう根底から今までの考えを改めなきゃいかんと。そればっかりじゃなくて、『どうも（原子力の）安全というものを考えるのに、あまりに論理が確立してないんじゃないか。行き当たりばったり、その場しのぎの議論しかしてないんじゃないか』、という痛烈な反省が起こったんです。やっぱり、安全っていうものをもう少しきちんと考えていかなきゃいけないな、という感覚的なものは生まれてきたでしょうね。すぐには実を結ばないけど、そんなものは」

佐藤氏は、1978年以降、高松高裁で進められた2審に、国側証人として出廷した人物でもある。これから後、佐藤氏は、いわゆる「原子力ムラ」の一員としての立場と、原子力安全の専門家としての立場の狭間《はざま》で苦悶《くもん》し続けることになる。スリーマイル島原発事故はその原点となった。この事故が起きるまで、原子炉の燃料棒が溶融するような事態は、想定されることすらなかったと佐藤氏は語る。

「少なくとも安全に関連して、そういうのを考えてる人はいませんでしたね。その頃の考えといいますか、ものの見方は、『原子炉は厳重な頑丈な格納容器の中に入れてあって、何が起こったって、その影響は格納容器の中で閉じ込められちゃうんだ。だから周辺に影響が及ぶなんていうことはないんだよ』と、そういうイメージなんです。だから、メルトしようがしまいが、そんな細かいことは考えてやいませんね。これはちょっと、私なんかも大先輩の何人かの方を非難するようなことを言わなきゃいけないんだけど、日本ではかなりの期間、『安全なんていうことを口にするな、安全の研究なんかとんでもない。そんなものは国民を不安に陥《おとしい》れるだけじゃないか』という、そういう風潮がわりと強かったんです。だから安全性なんていうことを銘打った研究は、まず、とても日の目を見ない。そういう時代がだいぶ続いていたんですよ」

——安全のことを言ったらどうなるんですか？

「村八分だよ、いうなれば。誰も相手にしなくなっちゃう」

——村八分っていうのは、どこから村八分にされるわけなんですか？

「原子力ムラからですよ。村八分っていうのは単なる表現ですが、そんなことを言う人は、もう仲間外れにされちゃいますから」

既にアメリカでは安全に関する議論が始まっていた。1960年代末から70年代初めにかけて、冷却材喪失事故の重大性が指摘されるようになったのだ。そして、炉心に冷却水を注入することで核燃料を長期にわたって冷却し、メルトダウンを防止するECCSが有効に働くのかをめぐって論争がおきていた。伊方訴訟の法廷でなされた議論を先取りしたものと言える。

こうした議論を踏まえて作成されたのが、前述した「WASH1400」（ラスムッセン報告）という報告書だった。伊方訴訟第1審では、「原発事故で死亡する確率は、隕石《いんせき》の衝突で死亡するのとほぼ同じ50億分の1」と結論づけたこの報告書が、国によってなされた「深刻な原発事故が起こる確率は100万分の1」との主張を裏付ける証拠として提出されていた。

しかし当時、原子力研究所でただ一人「ＷＡＳＨ１４００」の研究を任された佐藤氏は、この報告書に対して、全く異なった受けとめ方をしていた。

「ここで言われている『設計ベースを超える事故』なんていうのは、やっぱり起こり得るなというふうに受け取りました。というのは、この『ＷＡＳＨ１４００』まで、以前は『(設計)ベースを超える事故』の確率はだいたい10のマイナス6乗からマイナス8乗ぐらいだろうと言われていたんです。論証なしでですよ。ところがこれ（ラスムッセン報告）は、10のマイナス3乗から4乗という数字を出したんです。えらい違いでしょ？　それがまず、きわめて衝撃的だったんです」

佐藤氏によると、１９７５年の「ＷＡＳＨ１４００」が出るまでは、「『設計ベースを超える事故』が起きる確率は極めて低いので、評価するに及ばず」とされていたのだという。その確率は10のマイナス6乗から8乗、つまり１００万分の1から1億分の1と言われていた。それが「ＷＡＳＨ１４００」では１０００分の1から1万分の1、つまり日本で言われていたより１０００倍から1万倍高いと示されたことで、確率は低くても設計段階で想定されていないような深刻な事故は起こりうるのだと、佐藤氏は考えるようになったという。

原子力安全のジレンマ

スリーマイル島原発事故後の1979年4月23日、原子力安全委員会は、日本でも原発事故の防災活動について調査審議するため、原子力発電所等周辺防災対策専門部会を設置、1年余にわたって審議を行っている。そして翌80年6月26日には、「原子力発電所等周辺の防災対策について」（防災指針）をとりまとめ、原子力安全委員会で承認された後、内閣総理大臣に報告されている。

① 原子力防災において特に考慮すべき核種は希ガス（クリプトン、キセノンなど）及び揮発性核種（ヨウ素）である。

② 防災対策を重点的に充実すべき地域の範囲として、原子力発電所等を中心として半径約8kmから10kmの距離をめやすとして用いることを提案。

③ 緊急時には、環境のモニタリングを実施。

④ 防護対策の準備や指標（屋内退避や避難、飲食物の摂取制限）を示す。

⑤ 緊急時医療体制やヨウ素剤の適用についてその基本的な考え方を示す。

ガイドラインでは揮発性の高い希ガスやヨウ素を考慮することとされ、放射性セシウムやストロンチウム、プルトニウムなどが環境中に放出されることは想定されていない。

それでもこのガイドラインが作成されたことは画期的なことだったと佐藤氏は語る。

「それまで日本では、安全研究でさえ村八分なんだから、防災対策なんてことを言おうもんなら、そんなことを口にしただけで、もう仲間外れにされました。ですが、一夜にして、それこそ安全委員会が、この防災対策について取りまとめて、こういうふうにやったらいいんじゃないの、というような一種のガイドラインを出したんです」

このガイドラインは、7月には内閣総理大臣から、各省庁および中央防災会議議長に伝えられ、さらに都道府県防災会議の会長宛《あて》に通知されている。しかし、自治体で本格的に原子力災害を想定した防災訓練がなされるようになるのは、ほとんどが1990年代以降のことだ。ガイドラインへの反発があったのだろうか、佐藤氏に尋ねてみた。

「これは自治体から来ましたよ、当然です。まず『なんだ安全だって言ってたじゃないか、それがこんなことをやるのか』というのがまず第一ですね。当たり前ですね。それから、『こんな原子力防災なんて、雲をつかむようなやつ。たとえば台風や洪水でなんていうんなら、なんとか普通の人でも判断出来る。原子力の災害なんて、地方自治体が判断してやるなんてのは荷が重すぎるんじゃないか』と、二つの不満の声はありました。そのぐらいの声は、当時の僕の耳にも聞こえてきていました」

「大きな事故は起きない」と言われて原発の設置に協力してきたのに、後になって突然、「大きな事故が起きた場合に備えろ」と前言を翻《ひるがえ》されるのは、原発を抱える自治体にとって容易に受け入れられないことだったのだ。そもそも、伊方原発訴訟の1審では、大量の放射性物質が放出されるような大きな事故は起こりえない、と主張してきた国が、その主張を撤回することなく、大事故を想定した防災対策を採ろうとすること自体に矛盾があったと言える。

原子力安全委員会で、防災対策のガイドラインが作られて間もなく、伊方裁判の2審が始まっている。1審では、伊方原発の安全審査の責任者・内田秀雄東京大学教授が国側証人として、深刻な事故が起こる確率を、「国際的には10のマイナス7乗よりも小さいということがはっきりするようなものは想定しない」「(深刻な)事故の確率というのは、(そのような事故は)起こらないけれども、実際に起こらないことの信頼性はどの程度なのか、ということの答え」と証言していた。スリーマイル島原発事故を受け、どのように証言するかは大きなポイントだったはずだ。しかし、高松高裁

で開かれた2審の法廷に、当時、原子力安全委員を務めていた内田教授が出廷するこ
とは、結局なかった。代わって出廷したのは、皮肉なことに、防災対策をまとめた佐
藤一男氏だった。
「夜、内田先生から自宅に電話がかかってきて、『頼むから引き受けてくれ』と言わ
れたのです。大先輩ですから直接頼まれたら仕方ないですよね」と佐藤氏は語った。
高松高裁で開かれた控訴審で、原告住民側は、国が、安全審査の際には「想定して
いない」、想定不適当事故だとしていたメルトダウン事故が起きた以上、原発設置許
可は無効だとあらためて訴えている。1981年2月9日に出廷した原告側、藤本陽
一早稲田大学教授（当時）の証言だ。
「スリーマイル島の原子力発電所で起こった事故は、論争の経過を言えば想定不適当
な事故に属するものでございます。（スリーマイル島の事故で出ている放射能は）伊
方の安全審査のときの最悪の仮想事故の数字を上回る量で、数十倍に達する量が出た
わけです」
国側証人として出廷した佐藤氏は、深刻な事故は起こらないとしてきた国の主張を、
一人で背負わざるを得なくなっていた。スリーマイル島原発事故について尋ねられ、

こう証言している。

「運転員と呼んでよろしいかと思いますが、この人たちの誤った判断に基づく、行動によると思います。それが決定的な要因でございます。したがってその設計そのものが直接の決定的要因になっている、ということではございません」

佐藤氏の証言は、スリーマイル島原発事故を受け、「安全審査の違法性と現場での運転管理の問題は無関係である」とする国の主張に沿ったものだった。原告側証人として出廷した藤本陽一氏は、法廷で佐藤氏の証言を聞いたときの印象をこう語った。

「スリーマイルで起こったことは、原告の側にすれば、今まで心配していたようなことがちゃんと起こったじゃないかということ。それに対して、国のほうの考え方は『スリーマイルは、事故を起こしたときの運転員が幾つかの運転規則を破ったから起こったのであって、原子炉が悪いからそうなったのではない』。つまり、『伊方の原子炉の安全審査と、スリーマイルの事故とは関係ないものだ』という逃げ口上だったと思います。

『運転員が規約を違反したり、サボったりしたことが原因だとすれば、それは原子炉の安全審査とは関係ない』というようなことはちょっとおかしくて、安全性という考え方に立てば、『運転員が間違っても、ブレーキが働くようにしておく』というのが当然だと私は思っています」

１審で国側が「起こることはない」としていたメルトダウンが現実におきたことについては、佐藤氏に対し、原告側弁護団による厳しい反対尋問が行われた。１９８１年９月16日の法廷でのやりとりだ。


（原告側）「（メルトダウンにより）圧力容器がわれたら、（放射性物質が）全部外へ出てしまいますね。大変なことになりますね」

（佐藤）「はい」

（原告側）「国の方では、いやそれは破損することはないという前提に立ってますね」

（佐藤）「はい」

（原告側）「住民のほうからは、圧力容器だって破損しないという保証はないじゃないかと主張しておった、これはご存じですか？」

（佐藤）「私は、直接は目にしていないと思います。ただ、圧力容器が破損するかどうかという問題はいろいろなところで論じられてはおります」

（原告側）「圧力容器の破損に対しては、安全装置が無いんだということ。これはいいですね」

（佐藤）「破損そのものに対しては、破損してしまえば、直接にはございません」

（原告側）「日本では破損しない前提で安全審査をしているんですね」

（佐藤）「さようでございます」

国側証人としてただ一人法廷に立つことを強いられた佐藤氏は、取材に対してこう語った。

――原子力には、絶対安全だと言って、住民に説明をしてきたところがありますよね？

「（絶対安全だと）誰が言ったのかっていうことになるんです。そんなことをね。住民のほうで、そういうほうが耳障《みみざわ》りがいいから、そうかって思いたくなるんです。だって安全だって言われたほうが安心でしょうよ。だけどね、そういうことを言ってる人は、本当にそう思って言ったんだろうかと」

――それはどういうことですか？

「その場しのぎのことを言ったのかもしれない。あるいは本当にそう思ったんだとしたら、そういう人はそういう仕事（原子力安全）を担当する資格に欠けていたかもしれないですね、逆にね。『そんないい加減なことで安全担当してたんですか』、なんて言いたくなる話でしょう。だから、そういう話っていうのは、非常に後になってね、災いを残すんです、いろんな意味で。そういうことを言った人たちっていうのはね、もうお亡《な》くなりになったり、引退したりしちゃってるからさ、まあいいかもしれないけど、後継者はひどく苦労するんですよ」

埒《らち》があかないと考えた原告側は、1審の証人であり、伊方原発の安全審査の責任者である内田秀雄東大教授（当時）の証人尋問を求める。また、スリーマイル島原発事故を調査し、放出された放射性物質量の評価を行っていた京都大学原子炉実験所の瀬尾健《たけし》助手の証人申請も行われた。

しかし、この裁判は突然、終わりを迎える。裁判長が弁論終結を宣言し、内田教授も瀬尾助手も、証人調べを行われることのないまま結審となったのだ。

1984年12月、原告住民側の控訴は棄却され、「人為ミスによる事故は安全審査の違法性に関係なし」との国の主張が認められる。原告住民側は上告、伊方原発訴訟の行方は、最高裁判所での審理に託されることになった。

事故の教訓は生かされたか

1986年4月26日、ソ連のチェルノブイリ原子力発電所で、人類がそれまで経験したことのなかった大事故が発生する。原子炉の爆発によって成層圏まで達した放射性物質は、世界中に降下、とりわけヨーロッパでは広い範囲に汚染をもたらした。その全容はいまも明らかではない。

この事故の衝撃は大きく、原子力安全を研究してきた専門家の間では、深刻な原発事故が不可避となったときの、あるいは起きてしまったときの対応をめぐって議論が始まった。1992年5月28日、原子力安全委員会は、『発電用軽水型原子炉施設におけるシビアアクシデント対策としてのアクシデントマネージメントについて』という勧告を出す。原子力安全委員会の原子炉安全基準専門部会共通問題懇談会による定義では、シビアアクシデントとは、「安全設計の評価上想定された手段では、適切な炉心の冷却または反応度の制御ができない状態であり、その結果、炉心の重大な損傷に至る事象」であるとしている。そして、これに対処する「アクシデントマネージメント」を整備するよう原子炉設置者と行政庁に対して求めたのだ。

勧告をまとめた佐藤氏はその著書の中で、こう解説している。

「原子炉施設の設計・建設・運転をどれほど入念に行なっても、時には異常が発生し、それが設計で考えていたのと大きく違う経過をたどる確率は、全くゼロにすることはできない。……このような状況下で、現場の要員が、現実の事故シーケンスが予想から外れたからと言って、何もしないで手をこまねいているとは、甚だ考え難いことである。……このように必ず存在するであろうアクシデントマネージメントの活動を一層有効ならしめ、誤った判断や操作を防止するために、可能な限り体系的に準備を進めておこうということなのである」（『原子力安全の論理』）

伊方訴訟の1審では「100万分の1の確率」をどう取るかが問題となっていた。国側は、「起こらないこと」として語り、原告住民側は「起きる可能性がある」として設置許可処分の取り消しを求めていた。1992年に原子力安全委員会が出した勧告は、事業者に対して、「起きる可能性がある」ことを前提に準備をするよう求めているが、決して規制を求めたわけではなかったとも佐藤氏は言う。

「手落ちがあって、それで安全じゃなくなってるっていうことなら、そこは規制を強化しなきゃいけない。だけどそうじゃないんだったら、こういうアクシデントマネージメントみたいなものは、かなり低くなってOKだと思われるリスクも、さらに低いに越したことはないから、これは事業者が（自主的に）できるだけ低くするような努力をしなきゃいけないという位置づけで書かれているんです。これは規制ではないよ、というスタンスで書かれています。ですから、国は（規制）しなくてもいいのです」

ようやく検討されるようになった深刻な事故、シビアアクシデントへの対応。しかし、常にコストを問われる事業者の自主的な努力に任せて、十分な準備がなされるほど、危機感は共有されていたのだろうか。1991年夏に開かれた島村研究会での議論に、チェルノブイリ原発事故に対する関係者の一つの受け止め方を見ることができる。発言しているのは、当時通産省の官僚だった谷口富裕《とみひろ》だ。

「この間ヨーロッパの人たちと議論してて、フランスの政府の人とOECDの人がいましたけど、チェルノブイリは非常に良かったって言うんです。チェルノブイリが何故《なぜ》良かったかっていうと、まず、チェルノブイリが起こったことで、もちろんソ連の体制がおかしくなっただけじゃなくて、ソ連でもう、がむしゃらに原子力をやらなくなった。東欧圏も原子力やめになった。発展途上国でも、原子力やることについて、非常に慎重になった。

結果としては日本が一番得するんじゃないか。石油危機の時にも同じこと言われたんです。石油が足らなくなって、脆弱《ぜいじゃく》で一番困るのは日本じゃないかという俗説に対して、石油を最も効率的にうまく使う技術なり、産業ポテンシャルが一番高いのは日本だから、日本が一番得すると。今度のチェルノブイリでも、そういう意味で原子力技術はなかなか難しくて大変で、それぞれ各国で目いっぱい、社会情勢ふまえてやってる中でブレーキがかかった時に、一番改善の能力と持ちこたえる能力が今あるのは日本じゃないか」

前述のように、１９７５年から始まった「改良標準化」は第三次まで進められ、85年には日本型軽水炉とも言われる改良型沸騰水型《ふっとうすいがた》（ＡＢＷＲ）と改良型加圧水型（ＡＰＷＲ）の基本設計を完了するに至る。稼働率《かどうりつ》も70％以上を維持するようになっていたとはいえ、谷口氏の報告は、日本の原子力関係者の驕《おご》りを端的に表しているのではないだろうか。また、中部電力の元副社長で国の原子力委員も務めた伊藤隆彦氏は、「チェルノブイリのときに私たちはこう説明したんです。『あれはもう固有の安全性のない、全く炉型の違う原子炉だから、日本では起こりません』」と語っていた。

原子力発電関係者のなかで、チェルノブイリから教訓を見出《みいだ》し、それを日本の原発の安全に生かそうと、真剣に考えた人は必ずしも多くはなかったようだ。

チェルノブイリ原発事故を受けて、ＩＡＥＡ（国際原子力機関）が出した調査報告書では、ソ連における「安全文化の欠如」が指摘された。このとき生み出された「安全文化」という言葉の定義は、「原子力施設の安全性の問題が全《すべ》てに優先するものとして、その重要性にふさわしい注意が払われることが実現されている組織・個人における姿勢・特性」とされた。しかしソ連を批判できるほど、日本には「安全文化」が根付いていると誰が言えたのだろうか。

チェルノブイリ原発事故が起きた当時、伊方原発訴訟は、最高裁判所で審理が行われていた。しかし、1審2審の判決が覆《くつがえ》ることはなかった。

1992年10月29日。伊方原発訴訟は原告住民側の上告棄却で幕を閉じる。判決理由は以下の通りだった。

「原子炉設置許可は、各専門分野の学識経験者などを擁する原子力委員会の科学的、専門技術的知見に基づく意見を尊重して行う内閣総理大臣の合理的判断にゆだねる趣旨と解するのが相当である」

「周辺住民が原子炉設置を告知されたり、意見を述べる機会がなかったことは、法による適正手続きを定めた憲法違反とはいえない」

19年にわたり、原告側弁護団長をつとめた藤田一良氏は、当時の記者会見で、悔しさを嚙《か》みしめながらこう語っている。

「とにかく最悪の判決である。最高裁がこういう不誠実な判決を出す、司法としてあるまじき判決を出すということであれば、原発に関してどのような大災害がおこり、国民の広くに降りかかるような事態に対しては、最高裁も共同して責任をとらなければならない。そういうふうに考えました」

スリーマイル島原発事故やチェルノブイリ原発事故を踏まえた教訓は、日本ですでに設置された、あるいはこれから設置されようとしている原子力施設にも生かされるべきであったはずだ。そういう意味では、長い裁判期間中に、二つの大事故を経験することになった伊方原発訴訟では、事故に関する情報や分析がもっと取り上げられてもよかったのではないか。その上で、立場を異にする科学者が司法の場で、市民の注目の下に論争を戦わせることも可能な舞台だったはずだ。しかし、国策の分厚い壁に阻《はば》まれ、議論を徹底させる場にすることは叶《かな》わなかった。

これ以降、原発設置に反対する住民が勝ったのは、2003年名古屋高裁金沢支部における「もんじゅ」設置許可処分の無効判決（05年最高裁で破棄、確定）と06年金沢地裁における志賀原発2号機運転差し止め判決（09年名古屋高裁で原告逆転敗訴、10年最高裁上告棄却）のみ。反対住民の勝訴が確定した裁判は1例もない。

「安全」とはなにか

チェルノブイリ原発事故をきっかけに、これまで避け続けてきた「シビアアクシデント」を想定しての準備も求められるようになっていった。しかしそれは事業者の自主的な取り組みにまかされ、規制の基準が作られたわけではなかった。

19年にわたった伊方原発訴訟もまた、シビアアクシデントの可能性を真剣に問い直すきっかけとはならなかった。そして、今度は日本の国内で深刻な事故が発生する。

１９９９年9月30日午前10時35分、茨城県東海村。核燃料加工会社「ＪＣＯ（旧・日本核燃料コンバージョン）」で製造中の核燃料が核分裂連鎖反応を起こし、20時間にわたって臨界状態が続くという原子力事故が起きたのだ。いわゆる「東海村ＪＣＯ臨界事故」、核燃料加工施設内でウラン溶液が臨界に達し、作業員2名が死亡、1名が重症、近隣住民や駆けつけた消防隊員ら多数が被ばくする惨事となった。

この事故では、午前11時15分にＪＣＯから科学技術庁に第一報が伝えられていたが、県や村への通報は事故から約1時間後、その上、12時30分になって東海村が独自に住民への屋内待避を呼びかけるまで、国や県からの指示がなされることはなかった。東海村村長（取材当時）の村上達也《たつや》氏は、私たちのインタビューに当時を振り返ってこう語った。

「国は何も出来てないと思いましたよ、安全対策なんていうことについては。ただ『前に行こう、前に行こう』と、原子力を推進していこうというその考え方だけしかないから事故が起きたと思いましたしね。だから対応もできない、原子力災害に対しての法律は出来てないし、安全を守るための安全規制体制というのも出来てないと、そういうことを強く感じました。何もやってない国だなと思いましたね。そういう『安全の面』あるいは『地域社会を守るため』というようなことについては何もされてないと」

当時も、国の中央防災会議では、万が一、原子力発電所等における事故の影響が周辺地域に及んだり、あるいは及ぶおそれがある場合には、国は、直ちに事故対策本部を設置し、専門家の技術的、専門的助言を受けて、防災対策を講じることとされ、関係道府県や関係市町村でも災害対策本部を設置し、広報、退避、緊急時医療等の災害対策を実施することとなってはいた。

しかし、科技庁のなかに災害対策本部ができるのは事故から約4時間たった午後2時半のこと。その後も、指示は出されず、午後3時になって村は独自にＪＣＯから半径

350m以内の47世帯住民に対して避難要請を行う。やはり村上村長の判断だ。事故を起こしたJCOの職員たちが、すでに避難しているとの情報から決断したのだという。

「避難なんていうことがね、（村長である）私自身が命令しなきゃならないというようなことでありますし。その頃、その当時、その時間帯、政府は何をやっていたかというと、何もやってない。対策本部も科技庁にはできましたが、何ら指示はない、動きがない。『避難』ということを私が言ってからですよ、国のほうが慌《あわ》てて動き始めたのは。まぁとにかく原子力推進することに頭がいっぱいで、原子力の危険性とかなんかは蓋《ふた》をしていくと、住民にはそういうことは言わないと。いわゆる『安全神話』を作ってきたわけですね。その時ほんとに痛感しましたよ」

当時の原子力安全委員会委員長は佐藤一男氏だった。国内で起きた原子力事故、しかも放射線被ばくによる死者を出すような事故が起きて、ようやく小渕《おぶち》恵三首相（当時）以下、政治家たちも危機感を持ったのだと佐藤氏は振り返った。

「東海村で、JCO事故っていうのが起こった時に、村長が実に見事に半径何百メートーは避難だとか、ほとんど孤立無援でやったわけですよね。情報何もないんだから。なにしろJCOが、自分のところで何が起こってるかさえ分からなかったんだから。

そんなの見て、これではいくらなんでもやっぱり、地方自治体の負担が重過ぎるだろうというんで、国はなにより、安全委員会はどういう役目だとかね、そういうのを取り決めた特別措置法というのが、あの後で作られるんですね」

ＪＣＯ事故後の１９９９年12月17日、内閣総理大臣が原子力緊急事態宣言を出した場合、内閣総理大臣に全権が集中し、政府だけではなく地方自治体・原子力事業者を直接指揮し、災害拡大防止や避難指示などができるようにする『原子力災害対策特別措置法』が制定された。

これにともない、スリーマイル島原発事故後の１９８０年６月に原子力安全委員会が作成していた「原子力発電所等周辺の防災対策について」（防災指針）は防災の対象施設を原子力施設一般に広げて、名称も「原子力施設等の防災対策について」に変更、希ガスとヨウ素だけでなく核燃料物質の放出や臨界事故も想定、外部からの放射線だけでなく内部被ばくへの対応も必要とされた。

また、現地において、国の原子力災害現地対策本部や都道府県及び市町村の災害対策本部などが、原子力災害合同対策協議会を組織し、情報を共有しながら、連携のとれた応急対策を講じていくための拠点としてのオフサイトセンターの整備や「防災対策を重点的に充実すべき地域の範囲（ＥＰＺ）」も示された。ちなみに原子力発電所におけるＥＰＺは、原子炉から半径約８kmから10kmとなっている。福島第一原発のオフサイトセンターは約５kmのところに作られていたが、事故に際しては放射線量の上昇により使用することができなくなってしまった。

内外で原子力事故が起こるたびに、「どのように安全を担保するのか」が議論され、ガイドラインが作成されてきた。しかし、深刻な原発事故が「起きる可能性がある」としたら、住民は原発を受け入れるだろうか。根源的な問題に行き着いた佐藤氏はその難しさをこう語る。

「原子力施設っていうのはリスクがあるんです。まあこれは原子力施設に限らないけど。それがね、非常に大きくなっちゃいけないからというんで、いろいろ規制をしたり、安全装置をつけたり、いろいろするわけですね。だけどね、どれほどやったところでね、完全に１００パーセント安全、絶対安全にはならないんです。というのは何故かっていうと、安全っていうのはタダじゃないんです。お金も人手も時間もさんざんかけて、しかも、それを支える政治的、経済的、社会的、技術的なインフラストラクチャーがあって、それで初めて、安全っていうのは達成できる。そういう努力をして獲得するもんだっていうの。その努力はね、無限ではありえない、有限。だから我々が手にすることができる安全っていうのは有限。そうするとどこまでやればいいんでしょうかという議論になるでしょう。いくらやったってゼロにはならないじゃないですか。ゼロを目指して努力するのはいいけれど、実際問題としてどっかで手打ちをしなきゃいけない。『どこですか、それは？』ということになる」

「どの程度安全であれば、十分に安全と言えるのか」、それが2000年9月、原子力安全委員会が設置した安全目標専門部会に課せられたテーマだった。部会では、03年8月に『安全目標に関する調査審議状況の中間とりまとめ』を作成する。そこには以下のような問題意識が記されている。

「世界の原子力安全関係者は、TMI事故やチェルノブイリ事故の経験を貴重な教訓として、発電用原子炉施設における、設計で想定した事象を大幅に超えて炉心の重大な損傷に至る事象（シビアアクシデント）のリスクを抑制することが重要と認識した。

このような状況を踏まえて、原子力安全委員会は、我が国の原子力安全規制活動によって達成し得るリスクの抑制水準として、確率論的なリスクの考え方を用いて示す安全目標を定め、安全規制活動等に関する判断に活用することが、一層効果的な安全確保活動を可能とするとの判断に至った」

『中間とりまとめ』では、この問題意識に沿って、「国民からの御意見」を反映した上で、最終的なとりまとめを行いたいとしている。しかし議論は、この後、棚上げにされてしまったと佐藤氏は証言する。

「ちゃんとした安全目標っていう形にするとか、安全のための政策にどう反映させるかなんてこと、一切、安全委員会はやってない。つまり棚上げにしちゃったんですよ。『中間とりまとめ』のままで、あれ何年経《た》っとるん？ これはね、一生懸命苦労して、第一の安全目標はこうあるべきだっていう議論をして、報告書をまとめた人に対する重大な侮辱だよ。僕はさんざんこれは言ってるんですがね、あんまり反応ないんだよね」

——どうして棚上げにされたわけなんですか？

「知りません。あまりにも問題が難しすぎて、もう諦《あきら》めちゃったのかね？ 知らないけれど。しかしね、本当はそういう議論をして、それで国民の合意を得た上で、ここまでなら合理的と思うよ、という線を引いて、というのがものの順序でしょうね」

福島原発事故を経験して

2011年3月11日、渋谷のNHK放送センターも大きな揺れに襲われた。仕事の手を止め、テレビに目をやると、やがて東北地方を襲う大津波の映像が流れ始めた。福島第一原発では、地震による送電線の損壊に加えて、津波をかぶった非常用電源も機能せず、全電源喪失からメルトダウンへと向かっていたことが、後に明らかになった。そして、東京電力や経済産業省原子力安全・保安院、政府関係者は繰り返し記者会見を開き、「想定外」という言葉を連発した。

放射性物質が大量に放出されたことが伝えられると、首都圏でも市民が飲料水や食料を買い込みに走り、西日本へ脱出する人たちが相次いだ。パニック状態と言ってい い。それは、ある意味で当然の反応だったとも言える。日本では、「想定外の事故」は想定しないことを前提に原子力政策を進め、その前提のもとで世論の大多数は原子力発電を支持してきたのだ。そして福島原発事故の後、東京電力が公開した手順書でも、長時間の全電源喪失という事態は想定されていなかったことが明らかになっている。市民のみならず、原子力発電を扱う事業者までもが、「想定外の事故」は想定していなかった。

「あそこは日本原電ですが、右側が東海原発1号炉ですね、あれは解体中。で、左側の大きいのが東海2号炉、東海第二発電所ですね。あそこからここまで3㎞ですから、危機一髪と言うか、紙一重のところでセーフだったんですが、福島と同じようになってもおかしくなかった。あと、津波が70㎝高ければ被《かぶ》りましたね、全電源喪失ということになった。5.4ｍぐらいの津波が来ました、ここにも。これも偶然で来なかったっていうだけですな、10ｍ、15ｍ来てもおかしくなかった」

村役場の窓から、太平洋のほうを見ながら、茨城県東海村の村上達也村長（当時）は語った。原発立地自治体は交付金や固定資産税、電力会社からの寄付金などへ財政的に依存している所が多く、福島原発事故後にも目だった反対の声が聞かれるケースは少ない。こうした中、村上氏は原発の廃炉を求め、注目を集めていた。

東海村には、１９５６年に日本で最初の原子力研究施設「日本原子力研究所」が作られ、その10年後には、最初の商業原発「東海第一原発」が運転を開始した、日本の原子力の原点とも言える地だ。97年から3期（取材当時）村長を務めた村上氏は、東海村が「原子力の村」へと変貌《へんぼう》していく様子を、子ども時代から見つめ続けてきた。

「東海村は、最初はね、誰もが原研（だけ）が来ると思ったんだな。昭和31年に原子力研究所が来ると言ったけども、実は、ワンセットで来たんだよね。原子力研究所が来る、原子燃料公社が来る、そして発電所も作ると、村民はそこまで考えてなかったんじゃないかな。

私が中学2年の時に、（日本原子力研究所設置が）決まったんです。で、3年の時に、最初の（原研の研究用原子炉ＪＲＲ－1）火入れ式ということで、初臨界になった。それから、ちょうど高校3年の時に、イギリス人がここに来て、あそこの（日本の商業用原子炉）第1号炉（東海第一原発）を建設しだしたんですね。

その頃はね、東海村に原子力研究所が来て、それから最初の原発が作られるということで、大変、将来に希望を持ったし、誇りにも思ってたけどね。それまでは、北関東の寒村だわね。当時、昭和30年頃は、日本中、とっても貧しい時代だったし、特に北関東の寒村っていうのは、そういう所ありましたからね。そういうとこに、突然、近代的な最先端の原子力研究所が来るなんてことはね、大変、我々としては期待も持ってたですね」

東海第一原発は廃炉作業が進められ、現在は東海第二原発も運転を停止した状態だ。この東海第二原発は、２０１１年の東日本大震災で、原子炉が自動停止、常用電源も失われた。6.1ｍある原発の防潮壁に5.4ｍの津波が押し寄せ、工事中の穴から海水が流入、３台ある非常用電源のうち、１台が故障したが、残りの２台で何とか原子炉の冷却を継続することが可能となった。この防潮壁は、茨城県のハザードマップ見直しを受けて震災2日前に高くしたばかり、津波があと少し高かったら、あるいは震災があと少し早く起きてしまったら、全電源喪失もあり得たと指摘されている。

就任3年目にJCO臨界事故を経験していたことに加え、こうした事実を知ったこともあるのだろう、村上達也氏は、福島原発事故とその後の福島に起きていることを、もしかしたら東海村がそうなったかもしれない姿、あるいは将来に東海村に起きるかもしれない出来事として見てきたようだ。東海村で、毎年行ってきた避難訓練、防災訓練も、福島事故のような規模は全く想定されていないものだったという。

「自分たちの問題として引き換えて考えれば、とてもとても我々は避難も何も出来ないなと思いましたね。ここは30㎞圏内になりますと100万人おりますからね、100万人の避難なんていうのはどうやるんでしょうか、と思いましたね、東海村だけでも3万7000人おりますし。

（避難訓練は）私どももね、JCOの臨界事故のあと、翌年からずっと毎年くらいやっているんです。去年、一昨年《おととし》（2010年）あたりからは、自家用車を使っての避難訓練もやりましたがね、まぁそれは一歩前進したわけだけども、東海村が全村避難するなんていうことは考えてもおりませんでしたから、避難場所につきましても『コンクリートの建屋内に避難しろ』というぐらいのことで。とてもそういうものでは間に合わないということを（福島原発事故後は）考えましたし。矮小《わいしょう》な避難訓練をやってきたと思ってますね」

東海村役場は、立派な建物だが、近づいてみると、地震によるひび割れがあちこちに入っており、空調もなしで震災の年の夏を過ごしていた。受付には原子力関係のパンフレットがいくつも並んでいる。手に取ってみると、電源三法の交付金によって作られた公共施設などが掲載されている。病院、消防署、福祉センター、公民館などなど、原子力と共に歩んできた村の姿だ。村上氏は、１９９７年の就任以来、原子力に関わる世界と接して感じた印象をこう語った。

「原発立地市町村に対しては特別待遇をしてくる。国に取り込まれている世界、国に抱え込まれてる世界だなという感じがしますよ。いわゆる『原子力界』と『国』という形の中にわれわれはこう組み込まれているわけですからね。われわれ自身もいわゆる『原子力のムラ』ということで批判をされてる世界の一員だろうとは思ってます。この自治体自体も特殊な世界の中に組み込まれていると思います。特別扱いされてますよね、電源交付金やなんかでは。カネで推進していくというところに大きな問題があったと思いますがね。

あともう一つはね、モノが言えなくなる世界です。だって、その地域全体が、原子力（ムラ）に組み込まれますから、圧倒的な力ですよ、原子力の世界、あるいは原発の世界っていうのは。そこで皆働いて職を得る、財源もそこに頼るということになりますから、モノが言えなくなりますよ」

村上氏は、国策で推し進められ、カネでがんじがらめになった地方の自治体が「モノを言う」ことの難しさを一言一言かみしめるように語った。そして、「国策」の名の下に、蔑《ないがし》ろにされているのは住民の安全であり、地域社会なのではないか、と問う。

「『国策、国策』ってね、一つの政策についてこれほど『国策』という言葉を使うのは原子力の世界だけですよね。これは非常にわれわれ地方の住民にとっては圧迫感があります。

われわれ住民のこと、あるいは地域社会のことよりは『国益だ』とか『国威だ』とか、『これはエネルギーの安全保障だ』とか『自給率だ』とかいう、その言葉の中に十分に現れてると思うんだけども。それが具体的に現れたのが、今回の福島原発事故ですよ。あすこの人たちの命だとかあの人たちの暮らしだとか、全然守っていないと

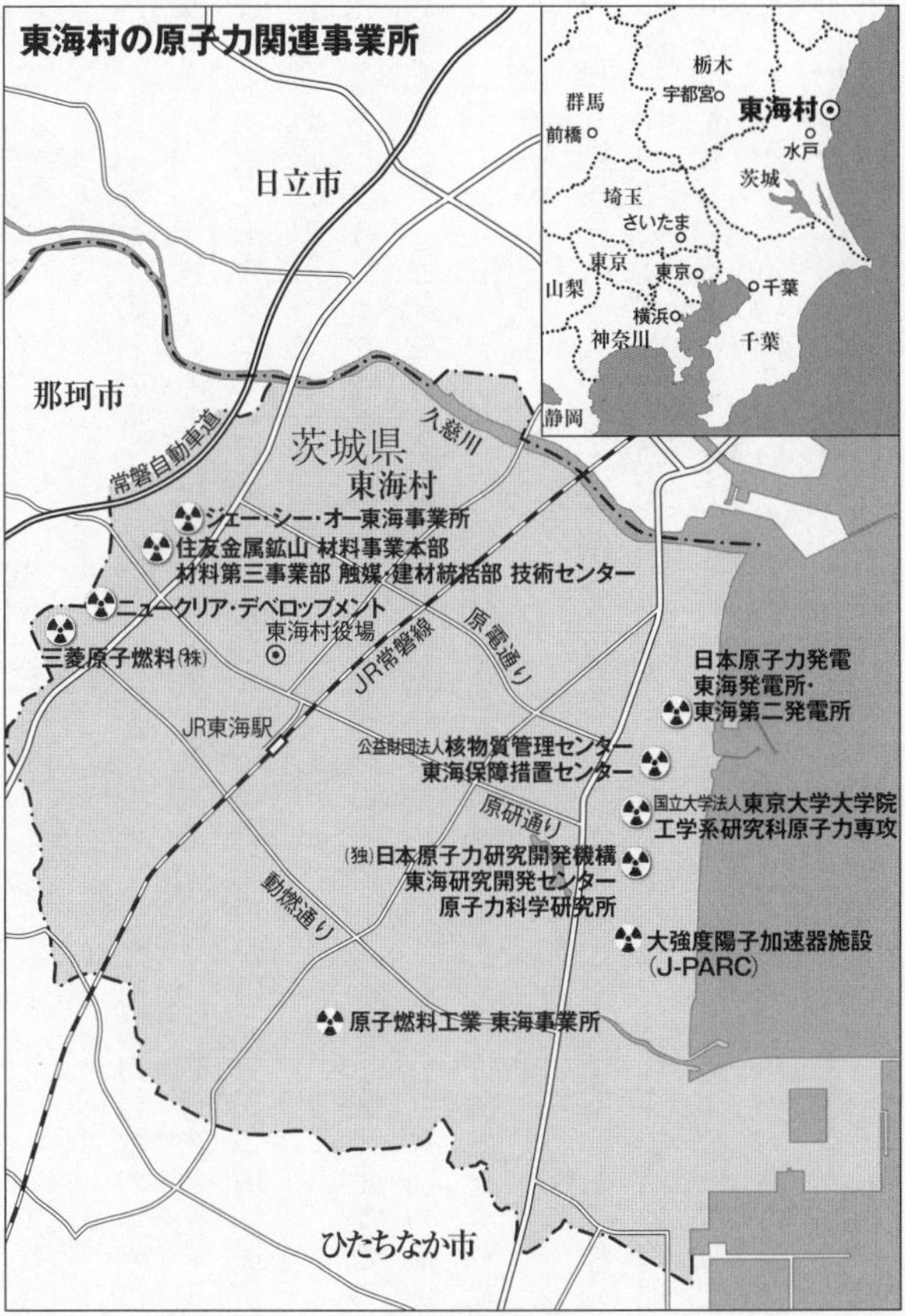

東海村の原子力関連事業所
栃木
宇都宮
群馬
前橋
東海村
水戸
茨城
埼玉
さいたま
東京
東京
千葉
山梨
横浜
神奈川
千葉
静岡
日立市
那珂市
常磐自動車道
久慈川
茨城県
東海村
ジェー・シー・オー東海事業所
住友金属鉱山 材料事業本部
材料第三事業部 触媒・建材統括部 技術センター
ニュークリア・デベロップメント
三菱原子燃料(株)
東海村役場
原電通り
JR常磐線
JR東海駅
日本原子力発電
東海発電所・
東海第二発電所
公益財団法人核物質管理センター
東海保障措置センター
原研通り
国立大学法人東京大学大学院
工学系研究科原子力専攻
(独)日本原子力研究開発機構
東海研究開発センター
原子力科学研究所
動燃通り
大強度陽子加速器施設
(J-PARC)
原子燃料工業 東海事業所
ひたちなか市

私は思っていますよ、今の段階では国は」

「国策」や「国益」の名のもとに必要性を説かれ続けてきた原子力発電の歩みは、日米安保という「国策」のもと、沖縄が在日米軍基地の74％という過分の負担を担わされている現実とも重なって見える。どちらも、中央の論理が優先し、地域住民が主体的に運命を選び取ろうとすれば困難に直面する。

先に述べたように原発立地自治体には、「犠牲の対価」として、交付金などの「利益」が配分され、原発受け入れの動機付けがなされてきた。しかし、今回の福島原発事故を経験した現在、村上氏は、原発による目先の利益のために、故郷を天秤にかけるわけにはいかないと考えるに至っていた。

「やっぱり国民一人一人が豊かな心で、カネではなくて豊かな心で安心して住めるような国を作っていく、というのが根本だろうと思いますがね、それを経済の論理だけでゴリ押ししてくると……。地方もそれに乗っかってきたわけですよね。電源交付金をもらうとか、あるいはそういう大企業、原発に就職口、雇用を求め、あるいはそこからの財源を求めるということで、それで地方が繁栄しようとしてきたということが、結果としてこういう形になっているわけです。

『原発による繁栄は一睡の夢でしかない』。一睡の夢で、30年、40年、原発によって豊かになれるかも知らんけども、それはいったん事があれば、ふるさとも暮らしも、そして未来まで失うという、何もかも失うというふうに私は今回感じましたね。だから一挙に、われわれは豊かさを求めてはいかんと。われわれはやはり地道に、地方は地方で努力をして生活を豊かにしていくという、そういう関係作りをしていくということが本来必要だったんじゃないのかねというふうに思うし。

福島第一原発事故を見てて、あれに遭遇して、私は言うべきことは言わなきゃ、我々の将来もないと思ってますからね。汚染地図を見ると、これは恐ろしいことが起きてるな、地図上から消える町が生ずるだろうと思ってます。故郷の大事さっていうものを、私はつくづく感じましたね」

原子力政策を推進するときに持ち出されてきた論理の根幹には、原発などの原子力施設を設置することの、「メリットとデメリット」あるいは「利益とリスク」を天秤にかけるという考え方があった。これに対し、伊方原発に反対し続けた農民や漁民を支え、東海村の村上村長がたどりついたのは、「故郷を天秤にはかけられない」という信念だ。

福島原発事故の後、事故直後の混乱の中で苦しむ被災者たちの声を数多く聞いた。チェルノブイリ原発事故の被災地を訪ね、25年後の今も苦しみ続ける被災者たちの姿も取材した。放射能で汚染された故郷を追われる福島の人々、汚染された故郷に帰って暮らし続けるベラルーシの人々、被災者の声に耳を傾けながら、何百年、あるいはそれ以上にわたって人間の営みが続けられてきた「故郷」を失うということの意味を考え続けてきた。決して「経済的な豊かさ」の指標だけでは測れない「豊かなもの」が放射能によって失われていくことへの悔しさ、やるせなさ、怒り——。取材をしながら自分のなかに蓄積されていったのはそんな感情だったように思う。

かつて原子力に反対する人々は、「火を恐れる獣と同じ」と切り捨てられた。社会の進歩や発展が何より大切な価値とされた時代には、抗《あらが》い難かったかもしれない。しかしこれからの原子力のありかたを考える議論は、一人一人の市民が、何が大切なことなのかをもう一度考え直すことから始めるべきだろう。「豊かさとは何か」を、一つの物差しで測ることができなくなったのが、3・11後の日本社会なのだから。

第Ⅲ部　〝不滅〟のプロジェクト——核燃料サイクルの道程

第８章　なぜ日本は核燃料サイクルを目指したのか

福島原発事故で露呈したもう一つの危機

日本に多数の軽水炉原発が建設され、数十年に亘《わた》って稼働《かどう》され続けた結果、これまでに生じた使用済み核燃料は、その量１万４２００トンにも達している。もし各地の原発を稼働させ続けていけば、使用済み核燃料は年間１０００トンのペースで増え続けていき、原発敷地内や六ヶ所村の中間貯蔵施設など国内にある保管スペースの許容量２万トンを、あと６年ほどで超えてしまうことになる。

こうした状況の中、２０１１年３月、福島第一原発事故が起こった。爆発や火災のあった１号機から４号機には、２７００体もの使用済み核燃料が、行き場のないまま保管されていた。使用済み核燃料は、人間が近づけば死に至るほどの強烈な放射線を発している。しかも高温を発しているため、常に冷却水で満たされたプールの中で冷やし続けるか、乾式キャスクという鋼《はがね》でできた専用の密封容器の中に閉じこめておかなければならない。非常に危険で取り扱いが難しい。

さらに厄介なのが、使用済み核燃料から取り出したプルトニウムだ。わずか13ミリグラムを吸い込んだだけで半数致死量に至る猛毒の物質で、その半減期は2万4000年。六ヶ所村の再処理工場で試験的に取り出したものと、先行して造られた茨城県東海村の再処理施設で取り出されたもの、さらにイギリスとフランスの再処理工場に委託して取り出してもらったものを合わせると、日本が抱え込んだプルトニウムの総量は40トンを超えるとみられている。その一部が、使用済み核燃料と同様に行き場のないまま国内各地の原発敷地内などで保管されているのである。

2011年10月、ETV特集「原発事故への道程」前・後編の放送を終えると、私はすぐに島村原子力政策研究会の録音テープを提供してくれた元科学技術庁の官僚、伊原義徳氏を訪ねることにした。伊原氏にぜひ尋ねたいことがあったからだ。

実は、島村研究会の録音記録は、かなりの部分が「核燃料サイクル」を巡る議論に費やされており、軽水炉についての話題は、その合間にエピソード的に語られているというものだった。なぜメンバーたちの関心が、これほどまでに核燃料サイクルに集中していたのか、伊原氏に直接会って確かめたかったのである。

核燃料サイクルとは、原発の使用済み核燃料を再処理してプルトニウムを取り出し、再び燃料として使用するというシステムだ。核燃料サイクルでは、「高速増殖炉」というプルトニウムを増殖できる原子炉を使うことが大前提となる。高速増殖炉で核燃料を燃やすと、使用前よりも多くのプルトニウムを生み出すことができる。このプルトニウムを再処理工場で再び核燃料に加工し、高速増殖炉の燃料として使っていく――。このサイクルが完成すれば、理論的には日本は１０００年以上エネルギー問題から解放されることになるというものだ。

無資源国である日本にとって、核燃料サイクルは極めて魅力的であるが、技術的にもコスト的にも様々な困難を抱えており、失敗すれば国家の破綻《はたん》を招きかねない、非常にリスクの高い計画でもある。私が最も気になったのは、島村研究会の録音テープに残されていた、伊原氏と島村武久との会話だ。

「日本の大きな将来ということを考えた時に、ＦＢＲ（高速増殖炉）が日本に一番適しているということを決められたわけですよ。それはまあ理想も理想、夢ですな。全くの夢だったわけなんですよ」（元科学技術庁・島村武久）

「日本ではプロジェクト不滅の法則というのがあってですね。いかにおかしくても死なないと。まあ、いったん決めたら最後までやるというのが特質なんでしょうか」

（伊原義徳）

果たして、島村や伊原氏ら科学技術庁の官僚たちは、どんな現実に直面し、どんな思いを抱えながら半世紀を過ごしてきたのだろうか。二人が交わした会話の意味を、取材を深めて、改めてとらえ直さなければならない。そんな思いで、再び、新橋の古ぼけたビルの一室にある原子力政策研究会の事務所を訪ねた。伊原氏は前回と変わらぬ穏やかな表情で私を出迎えた。核燃料サイクルに対する伊原氏の意見は、実に明快だった。

「そもそも日本が原子力をやろうと決めた理由は、核燃料サイクルを確立させるためだったんです。軽水炉をたくさん造ることでは、ありませんでした。核燃料サイクルこそが、究極の国家プロジェクトだったんです。このプロジェクトを完成させなければ、原子力に手を出した意味は全くありません。今でも変わらず、そう思っています」

実際には、電力会社が次々と軽水炉の原発を建設していき、高速増殖炉は全く普及しなかった。伊原氏たちの思い描いた計画とは全く異なる方向に進んでいったわけだ。

この間、欧米各国は、技術やコストの面から、早期の実現性は低いとして、見直しや撤退が行われてきた。それでも日本は、島村武久や伊原氏たちを中心に、１９５０

年代の原子力行政のスタート時点から一貫して、核燃料サイクルの確立を目指し続けてきた。これまでに投じられた国家予算は、12兆円を超える。

しかし、核燃料サイクルの要《かなめ》として福井県に造られた高速増殖炉「もんじゅ」は、試運転の段階でトラブルを起こして以来、一度も本格稼働していない。また、青森県六ヶ所村の再処理工場でもトラブルが相次ぎ、現在に至るまで本格運転はできていない。

さらに問題を複雑化しているのが、前述した大量の使用済み核燃料の問題だ。本来ならば、軽水炉の使用済み核燃料は、国が進める核燃料サイクル計画によって再利用される予定だった。これも既に述べた通り軽水炉の使用済み核燃料の中には、少量のプルトニウムが含まれている。そのため国は、将来、高速増殖炉の時代が訪れたときに備え、軽水炉の使用済み核燃料を、資源として利用していくことを考えていたのである。伊原氏は私に、その構想を語った。

「使用済み核燃料は、そのまま放っておけば極めて危険な高レベル放射性廃棄物でありますが、再処理工場でプルトニウムを取り出し、新たな核燃料として再利用することができれば、貴重な資源に生まれ変わります。ですから、そのまま捨ててしまうなんてもったいない。だから、いつか使える日が来るまで、処分せずにとっておくのは、当然のことです。ものを大事にしようという考えは、日本人が生まれながらに持っている、すばらしい素質でありますから」

福島第一原発事故がきっかけとなり、2011年、初めてこれまでの核燃料サイクル計画が、根本から見直されることになった。半世紀に亘って続けられてきた核燃料サイクル計画が、事実上、破綻していることを、多くの専門家や研究者が認めた。さらに、早急に何らかの手を打たなければ、日本という国が転覆しかねない事態にまで至っていることも指摘された。

原子力委員会は、計画を根本から見直すための小委員会を設置。これまで核燃料サイクルを推進してきた専門家の他、社会学者や市民研究者など、様々な分野の人々が委員に選出され、それぞれの立場から意見交換がなされた。

私は会議を傍聴し続けたが、終始、議論はかみ合わず、「継続」「撤退」「留保」という選択肢を示すだけに留まり、小委員会は2012年10月に廃止。将来のプランは、いまだ明確に定まっていない。

将来の世代に係わる重大な選択を迫られている今こそ、半世紀に亘って続けられてきた核燃料サイクルの道程をたどり、改めて検証しなければならない――。私は、時代を１９５０年代の日本の原子力黎明期《れいめいき》まで遡《さかのぼ》り、取材を始めていくことにした。

トリウムかプルトニウムか

２０１２年４月、私は改めて、伊原義徳氏の自宅を訪ねた。伊原氏は、私にぜひ伝えたいことがあるという。取り出したのは、ある議事録だった。１９５６年６月、発足したばかりの科学技術庁で、将来の原子力行政を担《にな》わされた主要メンバーによって開かれた内部会議を書き起こしたものだ。

「この会議が、私たちにとって初めて真剣に核燃料サイクルについて議論した場でした。この時は、将来の方向性を巡り２つの意見が出されまして、大いに論じ合いました」

会議の参加者は、当時、管理課に所属していた伊原氏をはじめ、原子力政策課長の島村武久、そして原子力調査課の村田浩など計７人の若手官僚たち。中でも伊原氏は、アメリカへの原子力国費留学から帰国したばかりで、最も若年ながら、最新の知見を持つ一人として発言している。議事録を見て意外だったのは、伊原氏を除く多くのメンバーが、核燃料サイクルの資源として、プルトニウムではなく「トリウム」という物質に注目していることだった。

トリウムとは、鉱物の一種であるモナザイトに含まれている金属。プルトニウムと同様に、トリウム専用の増殖炉を開発すれば、増殖させることが可能な物質だ。当時、モナザイトは、工業のハイテク化に不可欠な希土類（レアアース）を数種類含有していることから、世界中でその鉱床の開拓が進められていた。そのためトリウムも、その副産物として比較的容易に入手できる見込みがあった。しかもトリウムは、プルトニウムを生み出す資源であるウランに比べ、その埋蔵量ははるかに多いと見込まれていた。島村武久と村田浩は、このトリウムのメリットに大いに注目する発言を残している。

「去年のジュネーブ会議あたりでは、（ウランに比べ）トリウムの方が調べてみると10倍ぐらい多くなりそうだ」（村田浩）

「その他に、（ウランに比べて）分離がし易《やす》い。さらに、割りにアジアというか、手近なところに資源も多そうだ」（島村武久）

「例えば、朝鮮だとかマレーだとか、インドとかにも」（村田浩）

「それにまだそれほど紐《ひも》が付いていないし、どうかするとみんな米国に行っちゃうとかという問題もない」（島村武久）

島村たちの発言は、当時の世界情勢の中で正鵠《せいこく》を射た見方といえる。

こうしたメリットに加え、トリウムにはプルトニウムとは異なるもう一つの特徴があった。それは、軍事利用が極めて困難というものだった。トリウムは原子炉で燃料として使用しても、核兵器の材料となるプルトニウム２３９が生じない。またトリウムが核分裂した結果生じるウラン２３３は、濃縮させることが困難であることから、すぐには核兵器の材料とはならない。さらに、核分裂によってもう一つタリウムという物質も生成されるが、タリウムは極めて強いガンマ線を発しており、持ち運びが困難なことから、テロリストによる核ジャックのターゲットにされにくいという特徴も持っていた。

トリウムはこうした特徴があったことから、核兵器の開発・製造を軸に原子力政策を展開してきた欧米各国にとって、あまり魅力的な物質ではなかった。これは、裏を返せば、資源獲得や技術開発をめぐる激しい競争に巻き込まれずにすむということになる。そのため島村たちは、日本は、独自にトリウムを軸にした核燃料サイクルを確立すべきと考えたのである。

「資源的に考えて、トリウムに、一意専心突っ込んでいった方が良くはないか」（村田浩）

「なるべく早くトリウム型の炉というものに手を着けて、ゼロパワーのものから始め

て、主力を傾注していくべきではなかろうか」（島村武久）

これに対し異論を唱えたのが、伊原義徳氏だった。伊原氏は、当初からあくまで核燃料サイクルはプルトニウムを軸に進めていくべきと主張した。その理由は、アメリカへの留学経験に基づくものだった。

「プルトニウムの方が経験がある。トリウムは増殖するかしないかもまだ実験的には、確かでないんです。ただ、計算すれば増殖しそうだということなんです。増殖するはずだけれども試していない」

伊原氏が留学したアメリカのアルゴンヌ国立研究所では、当時、ウランからプルトニウムを取り出し、増殖炉で増殖させる研究が成果を結びつつあった。1951年、アイダホにある原子炉試験場で高速増殖実験炉ＥＢＲ－1が稼働。同年末、ＥＢＲ－1は、世界最初の原子力発電に成功した。さらに、稼働後にＥＢＲ－1の炉心燃料とブランケットを分析した結果、実際にプルトニウムが増殖していることが確認された。発電と増殖、その両方が実現できる可能性がいち早く実証されたのである。この研究を、伊原氏は現地で目《ま》の当たりにし、身体《からだ》が震えるほどの大きな感銘を受けたという。

「ＥＢＲ－1の見学に行きましてね。ごく小さな原子炉でしたけれども。増殖が実証

トリウムとプルトニウムを混ぜて作るMOX燃料を使う発電

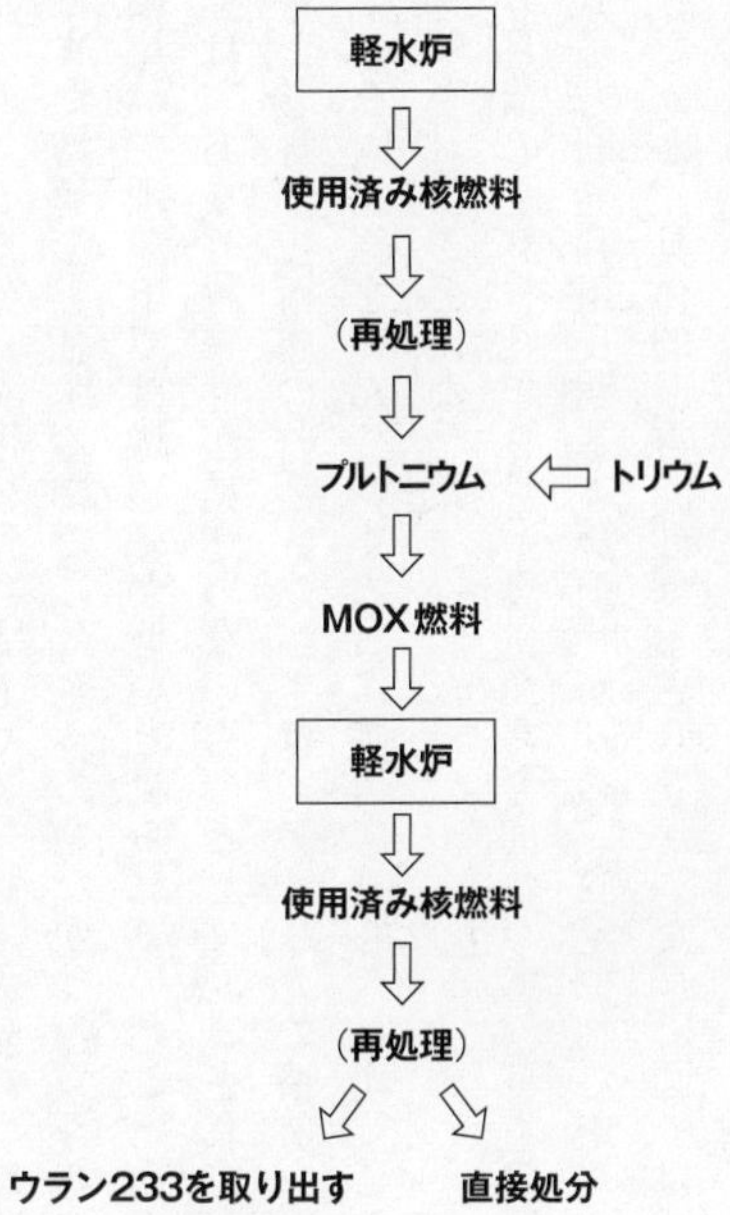

※再処理して新たに発生したウラン233を取り出すか直接処分するかは、その時の状況で決める。

されたということで、その原子炉を見たときに、大変感銘を受けました。大変素晴らしい技術だなと。日本にもこの技術を導入して完成させたいなと思いましたね」

他方、オークリッジ国立研究所では、トリウムによる増殖の実験が行われていたが、この時点ではまだ増殖を実証するまでには至っていなかった。さらに、トリウムはプルトニウムに比べて理論上では増殖率が低いと見られていたことから、アメリカではトリウム研究は、あまり将来性が見込めないものとして認識されていた。

結局、島村たち科学技術庁の若手メンバーは、アメリカの情勢を検討した結果、日本が独自にトリウム路線を進んでいくことに確信を持ちきれず、この会議では最終的な結論は先送りされることになった。

会議の3カ月後の1956年9月、島村たちも加わって、日本の原子力政策の基本を定める「原子力開発利用長期基本計画」が初めて内定されたが、ここでも、プルトニウムかトリウムか、具体的な方向性は示されなかった。計画では、将来日本が目指すべき道は、増殖ができる「増殖炉」を国産で開発・建設していくことを指摘するに留まった。こうして、非常にあいまいな方針の下で、日本の核燃料サイクル計画はスタートしていくことになったのである。

しかし、プルトニウムを選択した場合、最大の問題となるのは、直ちに核兵器の材料として利用できるという点だった。そもそもアメリカが、莫大《ばくだい》な国家予算を注ぎ込んでプルトニウムの研究を始めたのは、核兵器を開発するためだった。マンハッタン計画である。１９４５年、ニューメキシコ州トリニティ実験場で行われた世界初の核実験で使われた原子爆弾、そして長崎に投下された原子爆弾ファットマンは、プルトニウムを材料として作られたものだった。

さらに当時の日本では、その後、相次いで行われた核実験をめぐって激しい反核運動が巻き起こっていた。伊原氏たち科学技術庁の官僚たちは、プルトニウムを資源として利用していくことに、全く抵抗を感じなかったのだろうか。私は率直な疑問をぶつけた。伊原氏の答えは、明快だった。

「日本の原子力関係者は、原子力の軍事利用なんてことは誰も考えていませんでしたから。そういう頭は全くない。まあ平和利用ボケかもしれませんけれどもね。みんな平和利用のことしか考えてなかったのは事実です」

当時の伊原氏にとっては、太平洋戦争という悲劇を繰り返さないためにも、いち早く核燃料サイクルを確立させることが何をおいても必要と感じられたのだという。

「太平洋戦争に日本が突入した理由の一つに、資源エネルギーをいかに確保するかということがあったというのは周知の事実でございましょうけれども、長期的に見て日本のように資源の乏しい国は、原子力の平和利用というのが非常に有効な手段であるということは事実です。したがって、そのためには核燃料サイクルの技術が確立される必要があるということです。我々の世代は資源論というのが非常に強く、重要な問題として頭の中にあるわけです。今はもう世界各国から何でも輸入できますから、若い方には資源論というのはピンと来ないかもしれませんけれどもね」

こうした考え方は、伊原氏たち科学技術庁の官僚たちだけが持っていたわけではなかった。当時の新聞や書籍に目を通してみると、むしろ物理学者を中心とした科学者たちの間で、積極的に原子力の平和利用を推し進めるべきであるという意見が強く存在していたことがわかる。

その理論的支柱となった一人が、当時、立教大学教授だった物理学者の武谷三男だ。科学史家でもある武谷は、原子力について当時進歩的な評論活動を行っていた哲学者の鶴見俊輔《つるみしゅんすけ》らとともに『思想の科学』を創刊。アメリカの核実験を批判するなど、積極的に発言していた。その一方で、武谷は独自の理論も展開していた。雑誌「改造」1952年11月号に掲載された「日本の原子力研究の方向」という一文に、その考えを見ることができる。

「日本人は、原子爆弾を自らの身にうけた世界で唯一《ゆいいつ》の被害者であるから、少くとも原子力に関する限り、最も強力な発言の資格がある。原爆で殺された人びとの霊のためにも、日本人の手で原子力の研究を進め、しかも、人を殺す原子力研究は一切日本人の手で絶対に行なわない。そして平和的な原子力の研究は日本人は最もこれを行う権利をもっており、そのためには諸外国はあらゆる援助をなすべき義務がある」

日本は被爆国であるからこそ、率先して原子力の平和利用研究を自主的に進め、世界の範たる存在になるべきであるという考えだ。この考えは、１９５４年に日本学術会議による「民主・自主・公開」という平和利用三原則へとつながり、１９５５年の原子力基本法に反映された。

伊原氏ら科学技術庁の官僚たちは、こうした物理学者たちの考えに深く影響を受け、核燃料サイクルのいち早い実現こそが日本の国家的使命と考えていたのである。そのために最も迅速で確実な手段こそが、プルトニウムの利用であった。伊原氏は、アメリカ留学で初めてプルトニウムを手にしたときの思い出を私に語った。

「プルトニウムの缶詰というものを見せてくれましてね。プルトニウムはそのままだと酸化してしまいますから、缶詰にしてあるんですね。それを手で持つと、ポカポカと温いんです。これは崩壊熱といいまして、元素がどんどん壊れていくときに熱を出す。その崩壊熱でね、缶詰が温かいんですよ。日本人でプルトニウムを手に持ったという人は、少ないと思いますけれどもね。いやあ、日本でも早くこういう缶詰を作りたいなと思いましたね」

もちろん、伊原氏たちもプルトニウムが軍事利用と不可分の存在であることは知り尽くしていた。しかし、日本は被爆国であるからこそ、絶対に軍事利用をさせることなく、平和利用に徹してプルトニウムを利用していくことができると、信じて疑わなかったのである。

国策に定められた高速増殖炉開発計画

核燃料サイクル計画は、政治家たちからも支持された。1954年4月、衆参両院で原子炉の建造のための2億3500万円の国家予算が成立した。この時すでに政治家たちの間では、国策として国産の増殖炉をいち早く建造することが、明確な目標として据えられていた。原子力政策の立案に奔走した政治家の一人、自由党の衆議院議員・前田正男は、島村研究会の録音テープに次のような証言を残している。

「燃料サイクルの方の施設が早くつくられて。まあそういうようなことは、当然、日本のエネルギーの安全保障っていう対策からね、国が責任もって管理しなきゃいけないと。国の予算でどんどんやらないと、というのが一番大きな思想だったと思いますね。特に戦後の日本の復興期については、我々が復興しなければならないという責任感があって。これは戦後国会に出てこられた方は、みんなそう思っておられたと思うんです」（前田正男）

「国会議員だから、全《すべ》てのことをおやりになるだろうけど。スローガンの一つに、科学技術がちゃんと入っていた。あの当時から、民間で発電を行なうのであれば、原子炉は電力会社に任せたほうがいいけど、一方、今でいう燃料サイクル関係は国が握ってやれということを言っておられた。うまくいきゃいいけれども、どうもやはり民間もいい時と悪い時とありますから、中断したりすると困ると」（島村武久）

「遅れてしまうんです。どうしてもやっぱり国で予算をつけて推進しないといけないんで」（前田正男）

前田正男のほか、改進党の齋藤憲三、中曽根康弘ら科学技術に関心が高い政治家たちの働きかけによって、その後も原子力予算は年々増額を続けていった。初の原子力予算成立から4年後の1958年には、その総額は30倍を超える77億円にまで達している。科学技術庁の官僚たちは、この潤沢な予算を、核燃料サイクル研究に注いでいった。

ところが、スタート時点からその足並みが乱れていたことは、第I部で述べた通りだ。国の原子力政策の大綱を定める原子力委員会で、原子力委員会委員長の正力松太郎と、委員であり科学者である湯川秀樹・藤岡由夫との間で、意見が対立したのである。

湯川たち科学者は、核燃料サイクルの確立を含む、原子力の基礎研究の充実を求めていた。これに対し正力松太郎は、原子力発電をいち早く商業ベースに乗せることを最大の目標とすべきであると主張した。原子力委員会委員長に就任して早々、正力は「5年以内に日本で実用的な原子力発電を始める」と発表。正力の主導の下、当時、世界で初めての商業規模の原発だったイギリスのコールダーホール型原子炉の導入計画が進められていった。正力は、まだ確立していない核燃料サイクル技術の開発に国家予算をつぎ込むよりも、すぐに実用化できる原子炉を作ることを優先させたのである。

正力の方針に疑問を抱いたのは、科学者たちだけではなかった。伊原氏は、正力の方針は官僚たちが目指していた核燃料サイクル計画とは、全く相容《あいい》れないものだったと振り返る。

「正力さんご自身から核燃料サイクルに関する展望というものを聞いたことは、一度もありませんでした。もうとにかくいかに安く原子力発電を開始するかと、それが正力さんのお考えでございまして、それ以外のご発言はございません」

正力の他にも、核燃料サイクル計画に関心を持たない人々は数多くいた。中でも最も及び腰だったのが、電力会社をはじめとする産業界だった。

「産業界も、特に電力会社さんはですね、頭では理解するけれども、とにかくキロワットアワーを安く、電気を発生するというのが一番の眼目でございましたから。とにかく核燃料サイクルに関しては、いわば国が孤立状態の中で、責任を負って進めていかなければならないというのが実情でございました」（伊原）

こうした中、国は核燃料サイクルの研究拠点として、一つの組織を立ち上げた。1956年6月に設立された、「日本原子力研究所（原研）」である。原研には全国の大学や研究機関の他、メーカーの研究開発部門からも一流の研究者たちが呼び集められた。原研では、核燃料サイクルの要として、まずプルトニウムを燃料とする高速増殖炉の研究開発が始められた。開発にあたり参考にされたのが、世界で初めての原子力による発電とプルトニウム増殖を成功させた、アメリカの高速増殖炉EBR－1だった。

当初、科学技術庁の官僚たちは、アメリカの技術をそのまま導入すれば、容易に高速増殖炉は造れると考えていた。原子力政策課長の島村武久は録音テープにこんな証言を残している。

「その当時の気持ちからいえば、高速炉というのはね、すぐにでもできると思ったのよ。もう実験炉は方々に外国にありましたしね。言い換えればね。日本は後発で始めたと。その時に目標は何におくかと。よそがもう高速炉の実験炉までどんどんやっているんだから、日本としても当然高速炉を勉強したらいいじゃないかと」

しかし、現実はそう甘くはなかった。原研が発足する前年の1955年11月29日、EBR－1で、作業員の操作ミスによる炉心溶融事故が発生したのだ。高速増殖炉は、いったん制御が効かなくなると原子炉が暴走し、場合によっては炉心溶融に至るという致命的な欠点があることがわかったのだ。

さらに高速増殖炉では、炉心を冷やす冷却材に、500度に熱して液体にした金属のナトリウムを使っていた。プルトニウムを増殖させるためには、原子炉内で次々と核分裂が続く連鎖反応を起こす必要がある。そのためには中性子を減速させないことが重要になってくる。最も手近な冷却材は、軽水（普通の水）であるが、水には中性子を減速させてしまうという性質があった。そのため冷却材に水を用いると、連鎖反応を起こすことはできない。これに対しナトリウムは、中性子を減速させず、スムーズに通すという特徴があった。ナトリウムであれば、効率よく連鎖反応を起こすことができる。

ところがナトリウムには、非常に厄介な特徴があった。それは、水に触れると化学反応を起こして爆発を起こしてしまうことだった。空気中のわずかな水分にも反応し、火災を起こすため、ナトリウムが漏れないよう、溶接や配管の取り回しを慎重に行わなければならなかった。高速増殖炉は、その設計や建設、運転に当たっては、細心の注意を常に払わなければならないという、非常にデリケートな原子炉だったのである。

ナトリウムが漏れたり、配管の中に空気が入らないようにするためには、高い気密性が求められる。そのためには、徹底的に基礎研究を積み重ねなければならない。原研の研究者たちが出した結論は、直ちに実用化することは不可能というものだった。アメリカの技術を導入すればよいという、島村たち科学技術庁の官僚たちの当初の目論《もく》見《ろみ》は破れ去った。

迷走する増殖炉の研究開発

高速増殖炉の開発が大きな壁にぶつかる中、事態を打開するために、原研は新たな人物を理事に迎え入れた。東芝の技術者で、日本で最初の真空管を開発した現場主義の異才、西堀榮三郎《えいざぶろう》だ。

西堀は、沈滞ムードに陥っていた原研に赴任すると、早速、新たな提案をした。それは、高速増殖炉に代わり、全く別の新たな炉を開発しようというものだった。この時の様子を、島村研究会に招かれた西堀は、次のように振り返っている。

「大変でした。ここは一体何する所なんですかと言ったら、誰も答えられない。だから、新しい炉型からスタートすべきなんですよと言いました」

「最初から増殖炉ということをいっていたのだけど。増殖炉は難しすぎてすぐに相手にはならんのです。だから増殖炉の他に、何かもっと手近なものがあっていいはずだと」（島村武久）

西堀は原子力委員会に働きかけ、原子力開発利用長期基本計画を策定するにあたり、一つの意見を具申した。それは「半均質炉」という新しい炉を開発することだった。半均質炉は、冷却材に厄介なナトリウムを使わずにすむ上、高速増殖炉に匹敵する増殖率でプルトニウムを増やすことができるとされていた。この頃、アメリカやイギリスでも、半均質炉は高速増殖炉に代わる新たな炉型として注目され、研究・開発が進み始めていた。

西堀の提案に、科学技術庁の官僚たちはこぞって賛同した。そして、半均質炉の開発は、直ちに新たな国家プロジェクトとして採用され、西堀は、プロジェクト・リー

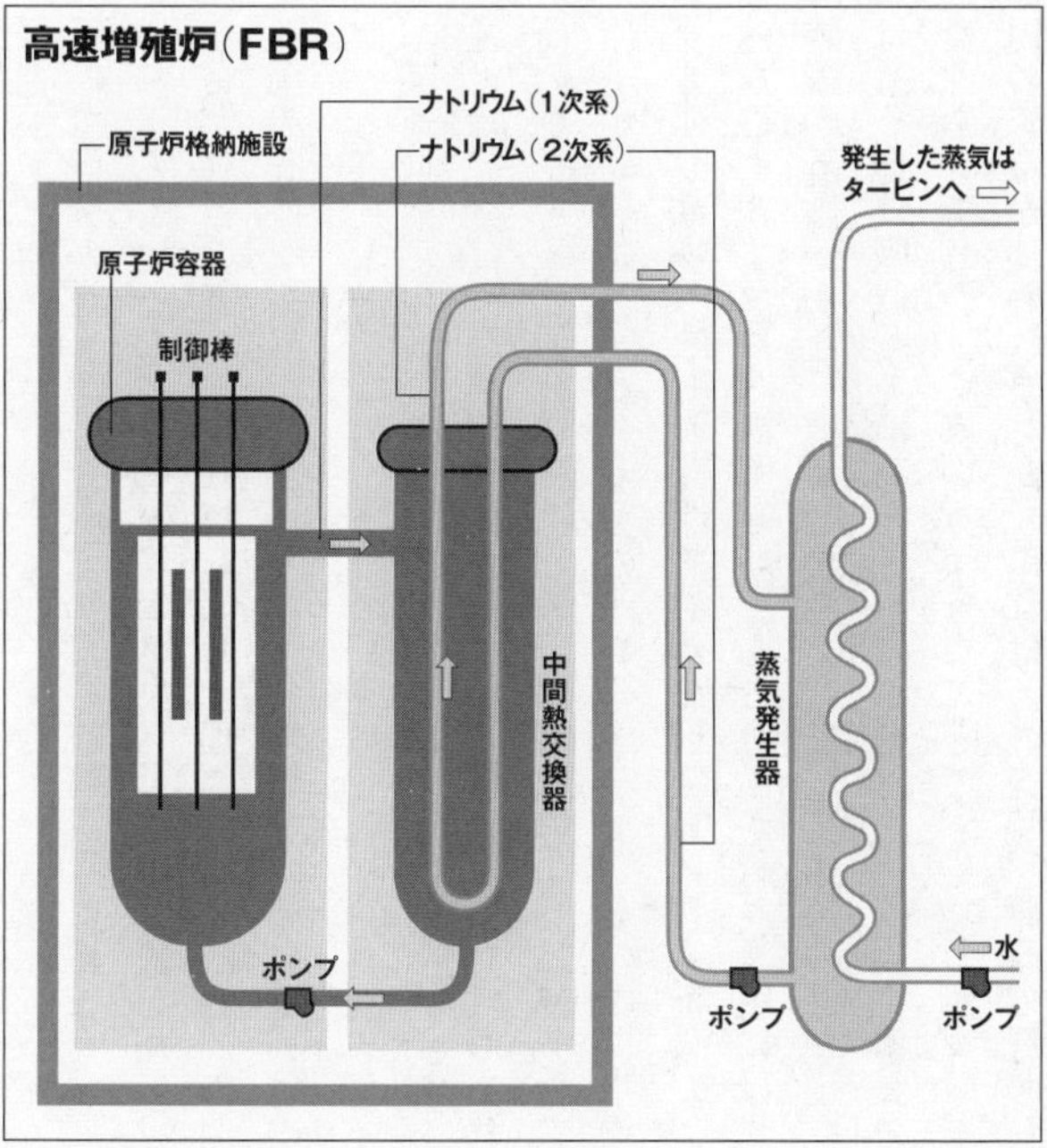
高速増殖炉（FBR）
ナトリウム（1次系）
原子炉格納施設
ナトリウム（2次系）
発生した蒸気は
タービンへ
原子炉容器
制御棒
中間熱交換器
蒸気発生器
ポンプ
水
ポンプ
ポンプ

ダーに就任した。

西堀は、先行して研究が進んでいた欧米からの技術導入に留まらず、独自のアイディアを次々に盛り込んでいった。冷却材にビスマスという金属を用い、効率的に炉を冷却する方法など、独自の案を次々に打ち出し、理想的な半均質炉の開発に向けて全力を注いだ。西堀の旺盛《おうせい》なパワーに支えられ、半均質炉の開発は異例のスピードで進められていった。

その一方で、高速増殖炉の研究開発に割り当てられる予算と人員は、大幅に削減されていった。主役は完全に、高速増殖炉から半均質炉に取って代わられようとしていた。当時の原研の様子を、元研究員の武田栄一は、次のように述べた。

「その当時、原子炉開発試験室というものがありまして、その中に半均質炉のグループと高速炉のグループがありました。半均質炉の研究員は10人前後だったですかね。それに対し高速炉のグループは3人ぐらいでした。私が行った頃にはすでに、半均質炉の臨界実験装置の計画がかなり進んでおりまして、高速炉のグループは人数も少ないし、できればもう他に吸収して潰《つぶ》しちゃってくれと（原研副理事長の）嵯峨根遼吉さんに頼まれたくらいでした。こういうようなことで、半均質炉プロジェクトには、4年間で4億円の資金が使われました。これはその当時、原研で行われてきた他の研究開発に比べて、一桁《けた》多い金額を投入したことになります。かなりのウェイトで半均質炉の開発に金をつけたということです」

しかし、西堀榮三郎の独創性と異才ぶりは、徐々に原研の内部では、浮いたものとして見られるようになっていった。西堀が新たなアイディアを次々と持ち込んだことから、半均質炉の研究・開発には、当初の見込みよりも多くの時間と資金を要した。なかなか実用化しない事への批判が、西堀の周囲で起こり始めた。当時の様子を西堀はこう振り返る。

「非常に私がショッキングでしたのは、原子力研究所の理事というものは、１期は認めるけれども２期は認めんぞと。プロジェクトとして何かやろうとしたら、そんな短い時間ではできない。短い期間でちょこちょこっとやれることしかできないんだということが、途中でわかりました」

それでも西堀は半均質炉の開発を推し進めようとしたが、原研の内部での軋轢《あつれき》は深まるばかりだった。元研究員の武田栄一らは、次のような証言を残している。

「西堀さんはアイディアの新規性ということを非常に尊重される。それで、そういう要素を各所に持ち込まれるわけです。そういう新規性のものを全部組み込んだプロジェクトとなりますと、成功する可能性がどんどん減ってきてしまうわけです。それでプラント全体がうまく働くかどうかということが心配になってきたわけです。最後の方では、西堀さんは、『プロジェクトがうまくいかなくてもいいじゃないか。一つでも二つでも新しいものを開発して、それがうまくいったということであればそれで十分ペイする』と、そういうような考えを言われたんです。プロジェクトの最高責任者としては、ちょっと問題があったのではないかという気がします」（武田栄一）

「まあ一言で言うと、お遊びが過ぎたようです」（元原研研究員・杉本栄三）

結局、半均質炉は実用化が困難と判断され、4年間で開発プロジェクトは中止となった。つぎこまれた4億円の資金は、具体的な成果を見ることなく消えてしまったのである。

ビジネスを目論むメーカーの参入

核燃料サイクルの要となる、高速増殖炉の開発——。その迷走が続く中、打ち切りとなった半均質炉に代わる、新たな原子炉を売り込んできた人々がいた。ビジネスチャンスを見込んで原子炉の製造に参入し始めていた、日本のメーカーの技術者たちだった。

中でも最も具体的なプランを持ち込んできたのが、日立製作所から原研に出向していた、島史朗たちだった。当時のいきさつを、島は次のように述べている。

「日本では技術の新しい展開については、国際派と国粋派っていうのがいまして、日立は国粋派に属するわけです。だから国産でやっていこうって気がありました。国産で初めから一歩から手がけてみたらどうでしょうかという提案を、僕は科学技術庁の伊原義徳さんにしました。そう言っているうちに、動力炉の国産に関する委員会というのがありましてね、そこで大いにやりましょうやって話になったんです」

島史朗たちが提案した新しい国産の原子炉とは、「新型転換炉」。島たちによる独自の設計の炉で、高速増殖炉よりもプルトニウム増殖能力は劣るものの、冷却材にナトリウムではなく、重水という比重の重い水を使うため、技術的なリスクは少ないとされた。そのため島たちは、新型転換炉は、高速増殖炉よりも早く実用化できると主張した。さらに欧米に頼ることなく、日本独自の技術で進めていける点を、島たちは大きなメリットとして訴えた。新型転換炉は、科学技術庁の官僚たちの期待を一身に集めることとなった。

1967年、国は、新型転換炉を、高速増殖炉が実用化するまでの間を担う〝つなぎ〟の炉として開発することを決定。新型転換炉と高速増殖炉の二つを、併せて国家プロジェクトに指定し、同時進行で研究開発を進めていくことにした。

しかし、当時、科学技術庁で新型転換炉の審査にあたった伊原義徳氏は、島たちによって熱心な売り込みがなされた背景には、表向きとは異なるもう一つの理由があったという。

「メーカーさんは、原子炉をたくさん受注したいわけですね。ところが高速増殖炉はなかなか実現できておらず、発注を受けるという段階までいっていない。そうなると高速増殖炉の前に、新型転換炉というのを開発して、たくさん発注していただければありがたいと。まあこういう商売上の理由もあるわけです。メーカーさんというのは、技術者を抱えて常にその人たちが最新の知識や技術を持てるようにしておく必要があるわけです。そのためには、常に一定量の注文をいただいて、ちゃんと機械装置を製作して、お売りするということが続いていないといけないんですね。仕事が途切れてしまいますと、せっかく養成した技術者が散ってしまうという恐れもあるわけですから」

当初、エネルギーの自立という夢の実現を目指してスタートしたはずだった核燃料サイクル計画。その要となる増殖炉の開発は、現実を前に徐々に歪《ゆが》み始めていった。新型転換炉の開発が始まった1960年代後半、状況はさらに混沌《こんとん》としていく。その要因となったのが、国の核燃料サイクル計画とは別に、電力会社が独自で各地に次々と商業用原発の建設を始めていったことだ。

電力会社が採用したのは軽水炉。現在、日本にある原子力発電所は、もんじゅただ1基を除き、全てが軽水炉だ。軽水炉は、冷却材に普通の水を用いるため技術的困難が少なく、設計も単純で建設費を安く抑えることができた。

また軽水炉を製造するアメリカのメーカーは、設計から運転まで一括して引き受ける、ターン・キー契約で日本の電力会社に売り込みをかけてきていた。完成後にキーを受け取り運転させるだけですむという手軽さから、日本の電力会社は次々と軽水炉を導入していった。

しかし、軽水炉は、燃料となるウランのうち1％程度しか燃やすことができないという、非常に資源効率の悪い炉だった。しかも、高速増殖炉のように、プルトニウムを増殖させる能力も持っていない。軽水炉は、核燃料サイクル計画には全く適さない炉だった。

しかし、新型転換炉の開発はまだ始まったばかりであり、高速増殖炉の開発は相変わらず遅々として進まないままだった。このまま莫大な予算と時間が消費され続けていけば、核燃料サイクル計画自体が、国民から不要なものと判断されかねない。そのため国は、核燃料サイクル計画を継続させるため、高速増殖炉よりも早期実現の見込みが高い新型転換炉の建設を、より強力に推し進めていくことにした。

この国の姿勢に不満を抱いたのが、電力会社だった。東京電力の元副社長、豊田正敏氏は、新型転換炉の開発に莫大な国家予算がつぎこまれるようになったことを、電力会社はこぞって疑問視していたと証言する。

「電力会社だって、いずれウラン資源はなくなるから、高速増殖炉を開発するのは当然ではないかと思っていました。ただ、導入したての軽水炉の運転で一杯一杯でしたから、高速増殖炉の開発は、国が責任を持ってやってくださいよと。そういう考えでしたね。ところが、国は途中でそれを放り出しちゃって、新型転換炉なんていうものに手を出して。そんなものに手を出さないで、高速増殖炉に専念すべきなんですよ。新型転換炉なんていうものをね、なんで国策でやらなきゃいけなかったのか。これは私は当時の関係者はけしからんと思っていますね」

国と電力会社の亀裂《きれつ》が深まる中、核燃料サイクルは、さらに迷走し始めていった。科学技術庁の中でも意見は統一されなかった。島村研究会のメンバーたちは、後に開かれた会合においても、当時の混迷をそのまま引きずっている。

「半均質炉とか新型転換炉とか中間の炉を開発しようというのは、いかなる発想からそんなものが出てくるのか。全然理解できない」(元科学技術庁・青江茂)

「問題はあるんだけどね。僕の理解ではこういうことなんです。高速炉が立ち上がってくるのに時間がかかる。このまま放っておくとね、何か打ち立てないと、永久に炉を国産化するという機会は失われるであろうと」（元原研・島史朗）

「後発で始めた日本が、その目標を何におくのか。よその国は、もう高速炉の実験炉までどんどんやって進めている。日本としても当然高速炉を研究したらいいじゃないかと当時は思った。ところが、原研で高速炉をやってくれっていったけど、炉を作るのに何年もかかってるからね。高速炉なんて手の出しようもないわけよ」（島村武久）

さらに問題を複雑化したのが、原研内での労使対立だった。当初、原研には独身寮に水道すらひかれておらず、さらに、運転を開始したばかりの研究2号炉ＪＲＲ－２でトラブルが続出したことから、職員たちは労働環境の改善や安全の確保を強く要求。今後の研究開発において民主・自主・公開の原子力平和利用三原則の徹底を求め、組織トップと激しく対立していた。

この状況を憂《うれ》えた当時の科学技術庁長官の佐藤栄作は、原研に対し直ちに運営を改善するよう指示。新たに原研本部に労務部が設置され、労組やこれを支持する研究者たちが次々とつるし上げられていった。その結果、労使間の闘争はさらに激化の一途を辿《たど》り、ついには国会で自民党議員たちを中心に、「原研はアカの巣窟《そうくつ》である」との批判が集中して行われるようになっていった。

混迷の中、国が打ち出した打開策は、原研に高速増殖炉と新型転換炉の開発を任せるのを諦《あきら》めることだった。1967年10月、国は原研から独立した組織、動力炉・核燃料開発事業団（動燃）を新たに設立。この新組織に、高速増殖炉と新型転換炉の研究開発を、さらにテンポを上げて進めていくよう託したのである。

一方、この間にも電力会社は次々と軽水炉の建設・運転を進めていき、あっという間に日本の原発の主流は軽水炉となっていった。国は、核燃料サイクル計画を方向修正せざるを得ない状況に追い込まれた。そこで苦肉の策として新たに打ち出されたのが、軽水炉から出る使用済み核燃料を、核燃料サイクルの資源として再利用していくという方針だった。軽水炉の使用済み核燃料に含まれている少量のプルトニウムを再処理工場で取り出して、今後開発されるであろう高速増殖炉や新型転換炉の燃料として使うことにしようという考えである。

そのため国は、電力会社に使用済み核燃料を再処理し、プルトニウムを取り出すよう求めた。しかし、この頃、電力会社では導入したての軽水炉で燃料棒が破損するなどのトラブルが相次ぎ、それどころではない状態だった。元東京電力の豊田正敏氏は、使用済み核燃料の再処理は、国が主体となってやるべきだと考えたという。

核燃料サイクル

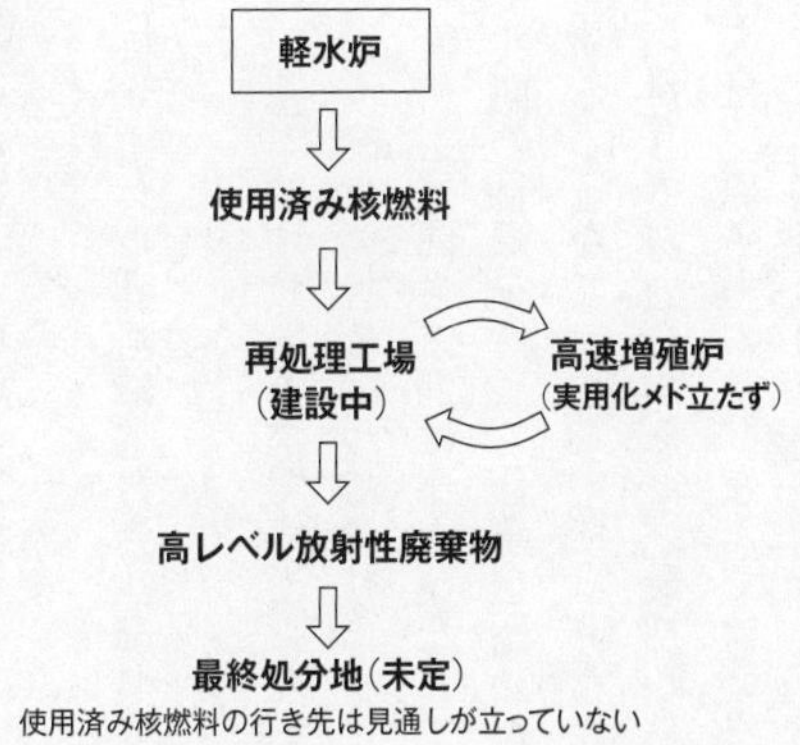
軽水炉
使用済み核燃料
再処理工場
（建設中）
高速増殖炉
（実用化メド立たず）
高レベル放射性廃棄物
最終処分地（未定）
使用済み核燃料の行き先は見通しが立っていない

「いやあ、再処理を頼まれたってとても引き受けられませんよ。電力会社にとっては、軽水炉をトラブルのないものにするということが最大の使命でしたから。だから国が言ってくることに対しては、反対もしないけれども、積極的にはやらないという考え方ですかね。そういう姿勢を取ることがいいとか悪いとか、私としては言えませんけれどもね」

伊原氏は、国が示す核燃料サイクル計画に電力会社を引き込むことは、非常に困難だったと振り返る。

「電気事業者っていうのは、基本的に政府不信ですからね。お上のやることはどれだけうまくいきますかねえという冷たい目を持っておりますからね。私どもが原子力の仕事を始めた時はですね、役所も民間も区別はなかったんですよ。メーカーも電力会社もね、みんな原子力屋で共同の目標を持って仕事を始めたわけだったんですね。だからその人達が仲間割れをするようなことがあっては非常に困る訳なんですよね。みんな共通の目標で同じ目標に対して努力をすると。最初からそういうことでいたわけですから。まあ悪口を言う人は〝原子力ムラ〟なんて言いますけれどもね」

使用済み核燃料の再処理に対し、消極的な姿勢を崩さない電力会社。島村研究会では、国が何とかして、電力会社を核燃料サイクルに導こうとした様子が語られている。

「軽水炉に関しては、国が余りお金出してないんですよね」（元通産省・谷口富裕）
「軽水炉に金を出してないというとね、１９６７年だったですね。あの時に、まあこれはいま言うとまずいことになるかもしれませんが、軽水炉は確立された技術でね、売り込みもきてるんだから、そっちの方へお金を出さんでも、もういいだろうという説が、ある有力な筋からきて。それでそちらの方まではといって切っていったという経緯があるんですよ。それで次は再処理の問題だっていうんで、再処理の方へお金がずっと流れ始めたような記憶があるんですけどね」（元四国電力顧問・田中好雄）
「サイクルに行ってる分が、むしろ２０００億とか。一桁違いますよ」（谷口富裕）
国は原子力予算を、軽水炉の運転のためではなく、核燃料サイクルの確立のために重点的に投じていくことにした。

その最中、追い風となる出来事が起きた。１９７３年の第一次オイルショックだ。石油に頼る火力発電の将来が危ぶまれるようになる中、プルトニウムをリサイクルして使う核燃料サイクルに、経済界を中心に大きな期待が寄せられるようになったのである。

さらに追い風となったのが、この頃、ついに念願だった初めての高速増殖炉が完成したことだった。茨城県大洗町につくられた「常陽」だ。常陽は研究用の小型炉で発電機能は備えていなかったが、1977年4月、初臨界に成功。次なる本格的な高速増殖炉の建設に備え、様々な技術とデータが蓄積されていくこととなった。

並行して開発が進められていた新型転換炉も、完成にこぎつけた。福井県敦賀市につくられた「ふげん」だ。ふげんは1978年3月に臨界に成功。常陽とは異なり、最初から発電機能を備えており、同じ年の7月には初送電に成功。順調な滑り出しは、伊原氏たち科学技術庁の官僚にとって、大きな励みとなった。

そして茨城県東海村には、使用済み核燃料からプルトニウムを取り出すための再処理施設が建設された。1956年の科学技術庁の内部会議から22年。小さな規模ながらも、ついに日本で核燃料サイクルが一つの輪を結んだ。1970年代、核燃料サイクル計画は、エネルギーの将来を担う国家プロジェクトとして、ますます加速していこうとしていた。

第9章　核武装疑惑解消のために

外務省で議論された「日本の核武装」

日本の核燃料サイクル計画が、ようやく実現に向けた一歩を踏み出したまさにその時、状況を根底からひっくり返しかねない事態が同時進行で起きていた。きっかけとなったのが、1964年に中国がウラン235を利用した原爆を開発し、核実験に成功したことだった。さらに1974年には、インドが平和利用目的で建設された原子炉からプルトニウムを取り出して原爆を製造。核実験に成功した。

新たな核保有国がこれ以上増えることを危惧《きぐ》した、米ソを始めとする先進の核兵器国は、NPT＝核拡散防止条約を調印した。NPTのねらいは、核燃料サイクルなど平和利用も含め、各国の原子力の研究開発に歯止めをかけることだった。最も強硬な態度を取ったのは、アメリカのジミー・カーター大統領だった。カーターが核拡散を食い止めるためのターゲットとして定めたのは、日本だった。そして、「核不拡散法」というアメリカの国内法を楯《たて》に、日本に対して核燃料サイクル計画の中止を求めてきたのである。

なぜカーターは、これほどまでに日本に強硬な姿勢をとったのか。その理由を探るため、アメリカの核政策の立案に携わっていた中心人物の一人を取材した。シカゴ大学のリチャード・ガーウィン博士だ。ガーウィン博士は、当時のアメリカでは、日本が核燃料サイクル計画を推し進めた結果、大量にプルトニウムを保有するようになることが、強く懸念《けねん》されていたという。

「日本で原子力に携わっている人々は、再処理したプルトニウムから核兵器を作ることなどないという、自分たちが作り出したプロパガンダを信じ込み、核燃料サイクルを続けてもかまわないとしてきました。でもそれは間違いです。再処理したプルトニウムで核兵器を作ることは十分できます。ですからアメリカは、日本が高いコストを顧みずに再処理を続けようとしていることに対し、その目的は核兵器を作るためではないかと疑っていたのです。私は、日本に、『再処理は行うべきではない』と、再三、警告してきました」

島村原子力政策研究会のメンバーたちは、ようやく動き出した核燃料サイクル計画に横槍《よこやり》を入れてきたアメリカに対し、怒りを爆発させた。その一人が、外務省の官僚だった遠藤哲也氏だ。

「勝手極まりないといったらあれですけれども、核不拡散法というのをアメリカで作ってですね、各国に『お前、呑《の》め』と。アメリカは力が強いから勝手なことが言えると思うんですけれど、押し付けてきた。まあこういうようなことで。カーターは核不拡散政策強化の観点から、再処理はだめと。まあこういうようなことで。こういうような状況は非常に困る。やがて日本は東海再処理から次に、商業再処理に持っていくという構想があったわけですから、これをやられたらえらいことだ、大変なことだと」

島村武久も、当時のアメリカの態度に対して怒りを露《あら》わにしている。

「恐らくみんなアメリカと仲良くしなきゃならんと思いながらもね、あんまり勝手なことを言う、内政干渉も甚だしいじゃないかと。隷属《れいぞく》じゃないかと。総理になりゃすぐに、なにを置いてもアメリカに飛んで行ってね、大統領に会いにいくなんていうことは、属国じゃないかと。アメリカでも大体、属国みたいに考えてる人が多いですね。その辺にみんな一番基本の問題があるので」

この頃、島村たちとは異なる目的から、日本は核燃料サイクルを進めるべきだと考える人々が現れた。それは、外務省の官僚達だ。当時、彼らが作成した極秘報告書が、外務省に保管されていた。タイトルは「『不拡散条約後』の日本の安全保障と科学技術」。作成日時は1968年11月。報告書は、1964年に隣の中国が核保有国になったことに危機感を抱いた、一人の外務官僚によって作成されていた。その人物とは、外務省国際連合局の科学課長・矢田部《やたべ》厚彦《あつひこ》。矢田部は、日本の安全保障の観点から、プルトニウムを用いた核燃料サイクルに注目し、報告書に次のように記していた。

「中共（中国共産党）の向こうを張って発言していく上に、核戦力の保有は恐らく不可欠である。原子力の平和利用、特に原子力発電のための技術開発は、核兵器の製造のための扉を、一つ一つ開いていくと言ってよい」

この記述の真意を探るべく、私は矢田部厚彦という人物について調べ始めた。すると矢田部氏はまだ健在で、都内で暮らしていることがわかった。私は、早速、取材を申し込むため矢田部氏に電話をかけた。電話に出た矢田部氏は、思いの外、穏やかで優しい声をしていた。そして、「当時の状況をしっかりと理解してもらうことが、私の望みです」と答え、取材を承諾してくれた。私は氏の自宅を訪ねることにした。

都内の閑静な住宅街に、矢田部氏の暮らす家はあった。矢田部氏は、いかにも元外交官らしい、優雅さとしたたかさを兼ね備えた雰囲気の人物だった。各国の調度品がきれいに並べられた居間のソファにゆっくりと腰掛けると、矢田部氏は穏やかな口調で、報告書を作成した経緯について語り始めた。

「きっかけは、中国の核武装に危機感を抱いた政治家たちの働きかけがあったからでした。その中心人物は、自由民主党の参議院議員、源田実さんでした」

源田実は、大日本帝国海軍の戦闘機パイロット上がりの、第一航空艦隊甲航空参謀や大本営海軍参謀を歴任した人物で、太平洋戦争開戦の真珠湾攻撃にも参加した経歴を持つ。戦後は防衛庁に入り、航空幕僚監部装備部長を務め、国産初のジェット機Ｔ－１の開発を推進、同時に航空自衛隊のパイロットの育成にも力を注いだ。１９６２年には自民党の公認を受けて参議院議員に当選。議員となってからは、科学技術予算を充実させるべきであると訴え、科学技術の水準の高さこそが、防衛の強化になるとの持論を展開していた。

「源田先生は、やっぱり、信念はお持ちだったんでしょうね。個人的に議員会館に呼び出されて、『何をやっとるんだ』ということで、油を絞られたということですよ。この先生方はですね、日本が核兵器を使用したり、持とうということをおっしゃったわけではない。けれども、先生方はですね、将来、そういうことがあるかもしれないと。だからいってみれば、核のオプション（選択肢）を失ってはいけない。核のオプションを維持しておこうと。そういう議論です」

源田に呼び出された矢田部氏は、その求めに応じて、先の報告書を作成。これを受け、外務省では１９６８年11月20日に４１５号室に参事官らが集まり、極秘の会合が開かれた。外務省には、その議事録も残されていた。「第４８０回外交政策企画委員会記録」。出席者は、矢田部氏を含め14名だ。その内容は、原子力の平和利用と軍事利用がいかに表裏一体のものであるかを痛感させるものだった。

「核兵器を持つ国が殖えれば核戦争が起る可能性は多くなる。そうなれば、今までの戦争と違って日本もなんらかの形で被害を受ける可能性が多くなる」（仙石 敬《たかし》軍縮室長）

「高速増殖炉が出来るまでの間、プルトニウムは使い道がなくて溜《たま》って行く。ほとんど実験用の用途しかないわけである」（矢田部厚彦）

「それは、すぐ爆弾にはならないのか」（鈴木 孝《たかし》国際資料部長）

「いや、なる。爆弾1個作るには、おそらく半年ないし1年半ぐらいあればいいと言われている」（矢田部厚彦）

「日本国民は原子力に対して特別な感情を持っており、政府が原爆を作ろうとしても作れない状態にある」（仙石敬）

「そうすると、高速増殖炉等の面で、すぐ核武装できるポジションを持ちながら平和

利用を進めて行くということになるが、これは異議のないところだろうと思う」（鈴木孝）

「高速炉を作る技術が出来るようになれば原爆を作る技術もそれと同じだ」（矢田部厚彦）

外務省の官僚たちは、核燃料サイクルによってプルトニウムを取り出せることに注目。この技術を開発することにより、日本がいつでも核武装できる体制を整えておこうと考えていた。核武装という選択肢を持っておくことは、日本の防衛・外交上必要だという考えは、同僚の間で共有されていたと、矢田部氏は語った。

「平和利用の技術を磨いていけば、それに併行して、好むと好まざるとにかかわらず、意図するか意図しないかにかかわらず、軍事利用に転用できる技術もできていくと。それは当然そうでしょうね。お天道様《てんとさま》のご機嫌によって、天気が変わるかもしれない。天気が変わるってことはあり得る。だからまあ、〝折りたたみ傘は持っている〟ということじゃないでしょうかね」

矢田部氏は、この議論以降、外務省内で具体的に核武装が検討されたことはなかったという。あくまで、当時の時代状況の中で、私的な勉強会として出たにすぎない意見だと強調した。

極秘にされた「カナマロ会」の報告書

さらに取材を進めると、当時の総理大臣、佐藤栄作の下にも、核武装を検討していた人々がいたことがわかった。内閣調査室の調査官たちだ。その内の一人が健在であると聞き、私は早速、取材に訪ねた。

その人物とは、当時、内閣調査室で学術調査を担当していた志垣民郎氏。志垣氏は、玄関先に立って私の到着を待っていた。鋭い眼光。張りのある大きな声。到着早々、志垣氏は私に語り始めた。

「外務省が核武装を話し合っていたことは、ご存じでしょう。でもあれはねえ、私に言わせればおままごと、お遊びのレベルのものですよ」

志垣氏によると、内閣調査室での核武装研究は、志垣氏をリーダーに極秘で進められたという。そして、1冊の日記を差し出した。

日記には、1968年3月、4人の大学教授を集めて、本格的な研究が始まったと記されていた。その4人とは、東京工業大学教授の垣花《かきばな》秀武《ひでたけ》と永井陽之助《ようのすけ》。上智《じょうち》大学教授の前田寿《ひさし》と蠟山《ろうやま》道雄である。

「垣花さんは技術的な問題ですね、核に関する問題。永井陽之助さんは、国際政治の問題ね。前田寿さんは、核の技術的なことも含めてやる。蠟山さんは、主として国際問題ですね。それで、垣花・永井・前田・蠟山の頭文字を取りまして、『カナマロ』というふうにしたんですね。『カナマロ会』というふうに言った」

カナマロ会は、外部には一切オープンにされていなかったという。

「オープンにする必要はなかったし、オープンにすればね、必ず問題が起こるだろうと思うんですよ。マスコミを始めね、いろいろやってくるし聞いてくる。うん、うるさいですね。それでまあ秘密というかね、内々でやってたわけです」

カナマロ会の研究は、2冊の報告書にまとめられた。報告書では、核兵器製造に必要なプルトニウムは、イギリスから導入された東海発電所の原子炉で抽出できると分析されている。もともと東海発電所の原子炉は、イギリスが軍事用のプルトニウムを抽出する目的で作った炉が原型だった。志垣氏によると、このアドバイスをしたのは、垣花教授だったという。

そして報告書は、日本が核武装できる可能性について、次のように結果をまとめた。

「原爆を少数製造することは可能であり、また比較的容易」

しかし、カナマロ会では、その後も数回の検討を行った末、最終的には、「有力な核戦力を持つには、多くの困難がある」との結論に至った。そして「日本の安全保障が核武装によって高まるという結論は出てこない」として、当時の時点で核武装することは見送られることになったという。

この結果は、当時の首相、佐藤栄作に伝えられたが、佐藤も具体的な核武装の検討を始めることはなかったという。

「佐藤さんはね、財政的にも各省を説得することも含めてね、なかなか大変なんだよと。そう簡単にはできないよと言ってたんですよね。彼はなかなか勉強していましたね。結局、結論としては日本は核武装すべきでないと。それでアメリカの核の傘の中に入るんだということで結論はついた。しかし、平和利用はね、あくまで必要なんだと。特に原発ですね、原子力発電をやるべきだと。それで核武装の可能性を含めて、そういう体制を取っておくということが必要だというふうになったんです。核燃料サイクル、うん、いいじゃないですか。やってりゃいいじゃないですか」

アメリカの日本封じ込め作戦

日本の官僚たちが極秘で進めていた、核武装の検討。実はこの動きを、アメリカはごく初期の段階から、把握していたこともわかった。アメリカ公文書館に、当時の極秘報告書が残されていたのだ。アメリカは諜報《ちょうほう》機関ＣＩＡを通じて、各国の原子力開発の実態を調査。その結果、１９７０年以降、最も警戒が必要な国は、日本であるとされていた。

一連の報告書には、アメリカは、日本は２年から３年間で核武装できる能力を持っているとの分析結果が記されている。その理由として、日本は核兵器の製造に必要な科学技術や知識を既に持っていることを挙げている。さらに報告書は、日本の指導者が核兵器の保有という判断を下す可能性が大いにあると分析。日本は、核武装する決断を、１９８０年代の初めにも下すかもしれないと予測している。

こうした中、１９７７年、カーター大統領は、日本に対し、さらに強硬な手段に打って出ることにした。カーターは元々、原子力の技術者だったという経歴を持つ。アメリカ海軍のリコーバー提督の下で始まった原子力潜水艦の開発においてはプログラムの担当者を務めており、この時に原子力の深い知識を得た。さらに１９５２年にチョーク・リバー研究所で原子炉が暴走し燃料棒が溶融する事故が起きたときには、事故処理のために現場に駆けつけ被ばくするという経験もしている。こうした経歴から、軍事利用と平和利用の両側面における原子力の本質を、身を以《もっ》て熟知していた。

カーターは、国際核燃料サイクル評価会議「ＩＮＦＣＥ」を開催するよう提案。各国の専門家を集め、核燃料サイクルを進めることが核の拡散に繋《つな》がりかねないことを、厳しく検証しようとした。

この会議に危機感を募らせた一人が、島村研究会の録音テープに証言を残していた、元外務省官僚の遠藤哲也氏だ。遠藤氏によると、アメリカは特に、第二次世界大戦での敗戦国に強い警戒心を抱いていたという。

「日本とドイツというのが、彼らの頭にある最大の懸念国だったんですね。経済的な力もあるし、技術力もあるし、それから戦争で負けたのに対して、夢よもう一度とは言わないまでも、世界の大国になりたいと。そういうふうにアメリカ側は思っていたんではないかと思うわけですね。ですから日本は、そりゃあＩＮＦＣＥについては非常に危機感を持ったんですよ。もしそんなこと決められたら、核燃料サイクルはホントにおじゃんになりますからね」

アメリカが日本に不信感を募らせたのには理由があった。この頃アメリカは、高速増殖炉には技術的な課題が多い上に、コストがかかりすぎるとして、撤退を表明していた。１９７７年、カーター大統領は、建設中だったアメリカで初の本格的な高速増殖炉・クリンチリバー増殖炉の計画中断を表明。これにより、アメリカでの高速増殖炉の開発計画は、基礎的な研究以外は事実上中止となった。

官学総動員でアメリカに対抗した日本

この事態に研究者たちも危機感を抱いた。その一人が、当時東京大学助教授で、後に日本原子力研究開発機構（JAEA）理事長となった鈴木篤之《あつゆき》氏だった。当時、鈴木氏はアメリカに留学し、将来の日本での核燃料サイクル実現に向け知識と技術の習得に励んでいた。鈴木氏が最も恐れたのは、核保有国であるアメリカに比べ、日本は、圧倒的に研究・開発の規模や蓄積が劣っていることだった。

「アメリカが日本と非常に違うのは、核兵器保有国ですから、原子力に対する軍事的な技術というのが厳然としてあって、そこに大変大きなベースがあるんですよ。しかし、日本は軍事部門は持っていないですし、持たない方がいいと思ってますから、そこはないですからね。だから、やめてしまった場合には、ほとんどゼロベースということですからね」

カーター大統領の主導の下、1977年10月にINFCE会議が始まった。会議は61回にわたって開催され、日本は外交官だけでなく多くの技術部門の専門家を送り込み、核燃料サイクルの必要性を繰り返し訴えた。

そして、会議開始から2年が過ぎた1980年1月。結論をまとめる段階に来て、

ＩＮＦＣＥ会議は意外な方向へ進み始めた。日本の核燃料サイクル計画を支持する国が現れたのである。元外務省の遠藤哲也氏の証言だ。

「当時だと、イギリス、ドイツもそうですし、フランスも核燃料サイクルを民間部門でやろうとしていたわけですね。従って日本としては同盟国というか、志を同じくする国があって、一緒に闘えたんですね。それで結局ＩＮＦＣＥではですね、核燃料サイクルと平和利用というのは両立しうるんだという結論が出たわけです。アメリカにしてみりゃ、ＩＮＦＣＥは自分が言い出してやったものの、結果はどうも意図していたものとは違うようなことになってしまったんですね」

しかし、ＩＮＦＣＥ会議の終了後、アメリカは今度は日米の二国間交渉で、日本の核燃料サイクルにストップをかけようとしてきた。プルトニウムを利用する限り、軍事転用の疑いはぬぐいきれないとするアメリカは、日本の核燃料サイクルを認めない方針を崩さなかった。

ちょうどこの交渉の最中《さなか》、日本は、核燃料サイクル計画の実現に向け、重要な段階にさしかかっていた。使用済み核燃料からプルトニウムを取り出すために建設した、茨城県東海村の再処理施設が本格稼働《かどう》を目前に控えていたのである。

アメリカは、東海再処理施設にねらい打ちをかけてきた。日米原子力協定の中に、施設を動かすときにはアメリカの同意が必要という条項を盛り込んできたのである。

これでは、アメリカの同意がない限り、日本は再処理施設を動かすことはできない。

科学技術庁の伊原義徳氏は、この時、科学技術事務次官に就任しアメリカへの説得に当たったが、交渉は難航したという。

「アメリカは、かなり強硬でした。それで、井上五郎原子力委員会委員長代理がワシントン、ニューヨークに行かれて交渉されたり、日本原子力発電技術部長の今井隆《りゅう》吉《きち》さんが、カーター政権で国務次官補を務めたジョセフ・ナイと裏で交渉したり、いろいろやってもらったんですけどね、ずいぶん大変だった記憶があります」


実はこの時、日本にとっては、東海再処理施設をどうしても稼働させなければならない事情があった。電力会社が軽水炉を稼働させ続けた結果、大量の使用済み核燃料が貯《た》まり始めていたのだ。


再処理ができずに行き場を失った使用済み核燃料は、原発の敷地内にある貯蔵プールで一時保管するしかなかった。1989年10月12日に開かれた島村研究会でメンバーたちは、当時の危機感を語り合っていた。

「プールが一杯になりつつある。これは全然みなさんに言ってないけど、敦賀の1号機の燃料はもう一杯になる。使用済み核燃料のプールは小さいわけです。だからすぐに一杯になっちゃう。うちと東電と、もうそろそろ」（元四国電力顧問・田中好雄）
「東電もそうですか」（発言者不明）
「田中さんの所、一番古いから使用済み核燃料の貯蔵プールは小さいわけですね。だからすぐ満杯になっちゃう」（島村武久）
加えて電力会社にとっては、もう一つの深刻な事情があった。地元自治体との間で、原発敷地内での使用済み核燃料の保管は、あくまで再処理までの間の一時的なものであり、いずれ持ち出すことで了解を得ていたのだ。そのためいつまでも敷地内に置き続けるわけにはいかなかったのである。
東京電力の元副社長・豊田正敏氏によると、この事態に危機感を募らせた電力会社は、外務省とは別に、独自でアメリカの政府・議会に、再処理を認めるよう水面下で働きかけを始めたという。
「東電では、私がコンサルタントを雇ってね。アメリカでロビー活動をやっているコンサルタントですね。それで、アメリカの国内の情報をいち早く知らせてもらっていたんですよ。だから外務省より、遥《はる》かに詳しく状況がわかっていまして、これは大変だと。外務省に任せていてはもうダメだと思いまして」

豊田氏は、直ちに電力会社が共同で対策をとる必要があると判断。各電力会社の連合会である電気事業連合会（電事連）で、その具体的な方法を検討したという。

「電事連の社長会に諮《はか》って、まず電事連から主要メンバーがアメリカの電力会社に行って働きかけると。次に、アメリカの電力会社から管内の上院議員をくどいてもらう。さらにワシントンにも行って、原子力関係機関に説明をして、上院議員の元にも通ってね。それで何とか、日本側の言い分を通した。そういういきさつがあるのをね、外務省の連中もOBも知らないんですよね」

難航を重ねたものの、結局、日米交渉は日本側が示した一つの案によって決着することとなった。それは、再処理を行うものの、そこで取り出すのは純粋なプルトニウムではなく、不純物が混ざった状態のものにするというものだった。

さらにこの頃、日本を後押しするもう一つの状況が生まれた。1981年1月、アメリカでは、原子力への慎重姿勢を崩さなかったカーターから、ロナルド・レーガンへと政権が交代。レーガンは日本に対し、カーターほどの強硬姿勢を取らず、日本側が示した案を受け入れた。

伊原義徳氏は、日米交渉は、日本が核燃料サイクル継続の方針を貫き通し、粘り腰で長期の交渉を続けた結果、ようやく勝利を手にすることができたものだったと振り返る。

「本当はね、技術的には混合状態のものをまた工場に持っていけば簡単にプルトニウムは取り出せるわけですからね。これは、まさに政治的な妥協案なんですよ。『プルトニウムを単体で取り出して原子爆弾をつくるというふうなことは日本はいたしません』という姿勢を示しているんですね。で、アメリカも、まあ、そういう条件なら、日本には特別に認めようということになったんですね」

交渉の結果、1988年に日米原子力協定が成立。日本は核燃料サイクル計画を、再び進めていけることになった。しかし、この協定には、30年という有効期限があった。2018年には期限が切れてしまう。それまでに核燃料サイクルを実現させておかなければ、再びアメリカがストップをかけてくるかもしれない。その焦《あせ》りを、島村研究会で、元科技庁の村田浩が語っている。

「早く日本でリサイクルの体系を作ってしまわないとね。作っちゃって実績を示すのがいいと思うんですけど。こういうふうにやれば安全に拡散の問題も含めてやれるんだということを示しておかないとね。タイムテーブルというのは今や、国内的なタイムテーブルだけじゃなくて、発電所の使用済み核燃料のプールが一杯になるからというのじゃなくて、国際的な環境の点でもゆっくりしておられないんじゃないかという気がします」

日米交渉後、村田をはじめ核燃料サイクルの確立を目指して突き進んできた人々の間に、一様に焦りが広がり始めていった。その後、そうした思いが、日本をより核燃料サイクルの確立へと急がせることになっていった。

プルトニウム・プレッシャー

本格稼働を始めた東海再処理施設では、１９９０年までに累積《るいせき》５００トンの使用済み核燃料を再処理した。しかし、実験的な施設で規模が小さく処理能力には限界があった。国の方針では、使用済み核燃料は全《すべ》て再処理すると定められていたが、新たな軽水炉が次々と運転を開始していく中、再処理は全く追いつかず、電力会社はますます行き場のない使用済み核燃料を抱え込むという事態に陥っていった。こうした中、電力会社は窮余の策を取ることにした。残りの使用済み核燃料の再処理を、イギリスとフランスの工場へ委託することにしたのである。各地の原発から海外に向けて、大量の使用済み核燃料が船で送り出されていった。

その結果、新たな問題が生じてきた。再処理を進めていった結果、使用済み核燃料から取り出されたプルトニウムが、使うあてのないままどんどんと貯まっていったのである。

国内にある高速増殖炉は、小規模で発電機能を持たない実験炉の常陽1基のみ。無事に臨界を迎え運転を始めたものの、プルトニウムの利用量は、わずかなものだった。それでも国は、使用済み核燃料を全て再処理するという方針を変えようとはしなかった。そのため常陽だけでは燃やしきれないプルトニウムが、貯まり続ける一方となっていった。

島村研究会のメンバーたちは、この状態を「プルトニウム・プレッシャー」と呼び、危機感を抱いた。そして使用済み核燃料を全量再処理していく方針を見直すべきではないかという意見が、島村武久自身から示されている。

「軽水炉で行くとね、プルトニウム・プレッシャーが起こってくるっていう議論が起こってきましたね」（元日本原子力研究所・島史朗）

「高速炉が遅れたというのがあったんじゃないですか？」（元科学技術庁・青江茂）

「もちろんあるけれども。プルトニウムの始末がかなり大問題になってましたね。再処理施設があったりなんかするとね、プルトニウムは必ず余る」（島史朗）

「必要なものをこなすだけの再処理工場が、まずあればいいだろうと。要するにそれまでは、使用済み核燃料はそのまま置いといてもいいじゃないかと」（島村武久）

「中間貯蔵という概念がですね。なぜ出てこなかったのか」（青江茂）

「ああそれなんだ問題は。なるべくきれいにして貯蔵しようと。保管上きれいだろう。保管上ね。糞便《ふんべん》を瓶につめて収めてあるようなものでね。感じが良くありませんよね」（島史朗）

電力会社も、プルトニウムを抱え込んでいくことを問題視していた。電力会社は、使用済み核燃料は全て再処理するのではなく、そのまま中間貯蔵する方針も検討すべきであると国に申し入れた。しかし、元東京電力の豊田正敏氏によると、国は電力会社の申し入れを全く認めようとはしなかったという。

「今はまだ再処理は、技術的にも経済的にも不完全なものなので、むりに再処理せずに中間貯蔵をまずしたらいいんじゃないかということを言ったんだけどね。ともかく原子力委員会は、基本的に認めないっていうんでね。まあ〝再処理論者〟が原子力委員会の中にいたということですよ。それぞれの選択肢をしっかり検討すべきだと思ったんだけど、全量再処理じゃなきゃダメだと言ってる人がいたということですよ。再処理だけを認める。他のものは認めないということでね」

余ったプルトニウムをどうすべきか。そこで出された一案が、高速増殖炉ができるまでのつなぎとして開発された新型転換炉「ふげん」の燃料に使うことだった。少しでもプルトニウムの量を減らしていくためには、使えるものは何でも使おうという、いわばその場しのぎの方法だった。

そもそもふげんの本来の目的は、プルトニウムを増殖させることだった。しかし、プルトニウム・プレッシャーを解消するため、ふげんは増殖を行わない運転方法に変更され、プルトニウムを燃やし続けることとなった。本来の目的とは真逆の使い方だ。何のために再処理をするのか、核燃料サイクルの本来の意義自体が根本から問われかねない状況へと日本は迷走し始めていた。

核燃料サイクル計画を推し進めてきた、科学技術庁の島村武久、そしてふげんを開発した日本原子力研究所の島史朗も、このままでは本来の目的を見失いかねないのではないかと憂慮する言葉を残している。

「新型転換炉は、プルトニウムわんわん燃やせるということに結局なっちゃった。軽水炉が何基かに対して、新型転換炉があれば、それでね、一つのセルフサステイニングになっちゃうという、そういう考え方がありましてね」（島史朗）

「動燃のパンフレットその他にもね、新型転換炉は、軽水炉でできたプルトニウムをぶちこんでやれると。そのために考えたととれるように、いろいろ書かれているわけですよ。ところがそうじゃないと。動機は」（島村武久）

「僕もそう思いますね」(島史朗)

「その当時、そういう考えはなかったわけですよ。とにかく最初は、日本にふさわしい炉を求めて出発したわけだ。ねえ」(島村武久)

６８５億円をかけて建設されたふげんは、本来の増殖炉としての役割を果たすことなく、「プルトニウム焼却炉」として使われ続けた。増殖というメリットを生かせない限り、その機能とコストを比較すると、新型転換炉は、軽水炉に全く太刀打ちできるものではなかった。

ふげんの建設費は一部を電力会社が負担していたが、電力会社は経済的に見合わないことを理由として後続の新型転換炉をつくる計画に反対した。この時、原子力委員会委員長代理を務めていた伊原義徳氏は、電力会社の主張を認めざるを得なかった。以降、新型転換炉の開発計画は全て中止されることとなった。

「誠に残念だけれども、次に計画していた新型転換炉の実証炉の建設は断念しました。反省し、教訓を今後のために生かしていくしかないと判断し、記者会見でそう発表しました」

新型転換炉ふげんは、２００３年３月29日に運転を終了。日本の独自技術で、核燃料サイクル実現の夢を託された新型転換炉開発計画は、実用化に至ることなく終焉《しゅうえん》を迎えることとなった。

現在、ふげんでは、26年間がかりの廃炉作業が行われている。発生する高レベル放射性廃棄物の処理や管理には、数千年から数万年が必要と見込まれている。

第10章　壮大な夢の挫折《ざせつ》――変質するサイクル計画の〝目的〟

顕在化する核のゴミ問題

　核燃料サイクルを実現する上で、もう一つ、避けて通れない課題がある。サイクルの循環の中で生じる核のゴミ、「高レベル放射性廃棄物」の処理である。私たちは、その最先端の研究が行われている施設を訪ねた。

　岐阜県瑞浪《みずなみ》市。この町の地下で、一つの研究が進められていた。施設の名は「東濃地科学センター瑞浪超深地層研究所」。高レベル放射性廃棄物を、地下深くに埋設処分する方法を研究する施設である。研究は、深さ３００ｍの地下で行われていた。

　使用済み核燃料からプルトニウムを抽出する際、不要な物質が取り除かれる。その中には、半減期が数万年という放射性物質もあり、高レベル放射性廃棄物として処分しなければならない。取り出された高レベル放射性廃棄物は、細かく砕いた後、ガラスに溶かして固められる。それを地下深くに設置した最終処分場で、放射能が安全なレベルに下がるまで保管するのが、現在、国が行おうとしている最終処分の方法である。この工程を経ても、人体に影響がないレベルになるまでには、10万年がかかるとされている。

瑞浪市の施設は、将来、最終処分場を作るときに備え、技術を開発することを目的につくられた。しかし、最終処分場を日本のどこに作るのかは、まだ全く決まっていない。当然ながら、場所によって岩盤の状態や地下水脈の様相は全く異なる。施設の当時の副所長・杉原弘造《こうぞう》氏は、場所が決定されればより具体的な研究に進むことができるが、いまはそれを待っている状態だと語った。

「今は場所が決まらないのに、全般的な課題に取り組んでるという状態ですので。あとは場所が決まれば、もう少し踏み込んだ研究や、どんな評価をしなければいけないかということも決まってくるんですけれどもね」

これまで、国内の10カ所以上で最終処分場の建設が検討されてきた。しかし、いずれも地元住民の反対を受け、建設の見通しは立っていない。

高レベル放射性廃棄物の処分が問題となり始めたのは、1990年代以降。この頃に開かれた島村原子力政策研究会で、メンバーたちは最終処分場の建設がなかなか進まない原因について語り合っていた。
「研究開発には、非常に長い時間かかると。十数年以上かかるというふうに私どもも申しておりまして。処分予定地の選定以下ですね、できますまでにもやはり20年はですね、かかるというふうに考えております。ここで一点、その問題点を指摘いたしますと、様々な社会的条件が非常に強いということが、この間指摘されておりまして」
（当時、科技庁バックエンド室長・干場《ほしば》静夫《しずお》）
「まあ、なかなかね処分地が決まらないっていうのは、やっぱり反対がある。初めはこんなひどい反対はないかもしれないと思って、何とかこううまくいっちゃうんじゃないかと思ってたけども。だんだん反対がはっきりしてきて。もうここまではっきりしてくると、どこへ持って行ってもね、今の考え方だったら、よし俺のとこはいいっていう望みはあまりないような気もしますね。一体これは何なのだろうかという、その根っこのところですね。なんで皆がいやなのかと。これが何なのかということを、よくよく突き止めないとですね」（元科技庁・川島芳郎《よしお》）
「何なの？」（元科技庁・島村武久）
「私は、1万年もね、ある長い間放射能があるっていうのに、これで大丈夫だよといったってね、そりゃあちょっと信用できないなって。やっぱりこれから生まれてくる、ずっと後の子孫の事まで考えると、なるべく私のとこには置かないようにしたいと。そういう感じじゃないかと思いますね」（川島芳郎）
「私はね、若干違う見方をしてるんですね。結局、いまのゴミ戦争と一緒でね、廃棄物っていいますとね、他所《よそ》で発生した廃棄物を私のところに持ってくるなっていうね、単純な発想が非常に根底にはあると思います」（発言者不明）
「どこだって最終処分地なんていったら反対しますよ。どんな地層の場合にどういう対策を講ずればいいかということが、一番問題なんだから。それこそ候補地を決めてから、一所懸命その候補地に適応したやり方を、どうしたら、どういうバリアをすればいいかと。そういうことをすりゃいいんでね。その主体が決まらないで、ただ一般的にやってるのが、全く意味がないんじゃないかと思うんですがね。まあ30年、50年があっという間に過ぎるというけれども、今までいろんな原子力のことをやってきた経験からいうとね、どれだけ処分の研究開発をやったってねえ、極端なこと言うと、本物にはならんと思うんだよ」（島村武久）
　高レベル放射性廃棄物の処分を、誰が受け持つのか。この頃の島村研究会の会話からは、国、電力会社、いずれも重荷を一人で背負わされたくないという姿勢が見て取れる。

「原子力発電をやる場合には、少なくともね、廃棄物の処理処分の問題を横に置いておくわけにはいかんのだよ。そういう意味で僕はね、役所も非常に一生懸命だろうけど、電力さんが一体どうしようと思ってんのかと」（島村武久）

「いやいや、これでいま一生懸命始めているんですよ」（元四国電力顧問・田中好雄）

「一生懸命、何を始めてんだよ」（島村武久）

「だから、そっちはそっちで、こっちはこっちで。一応」（田中好雄）

「いやいや、だから、処分は国でやってくれって言い方じゃない」（島村武久）

「一つだけ問題は、役所との間の取引、取引なんて、お話し合いで役所の方はどこまでやっていただけるんだという線が、暗々にあったわけなんですね。トップ同士では、ひと月いっぺんは必ず飯食って話してるのに、そこで出てないとするとこれは困るでしょ。もういっぺんどっちかで発言してはっきりさせないと、これは。非常に重要な問題になると思いますよ」（田中好雄）

「処分のことは国でやってくださいって、ケロッとしてるっていうのがわからんのだよ」（島村武久）

「難しいものは、なるべく相手の方に持っていきたいわけですね」（川島芳郎）

この議論が繰り広げられた1990年。日本で稼働《かどう》中の原発は、40基に増えていた。それに伴い、再処理される使用済み核燃料も増え続け、プルトニウム・プレッシャーは、ますます深刻な事態になっていった。

期待を一身に背負った高速増殖炉もんじゅ

貯《た》まり続ける一方のプルトニウム。事態の打開のためには、高速増殖炉の運転を一刻も早く始めることが必要不可欠となった。そんな中、期待を一身に集めたのが、高速増殖炉「もんじゅ」だった。

1985年、福井県敦賀市で建設が始まったもんじゅ。発電機能を持たなかった先行の高速増殖炉「常陽」とは異なり、もんじゅでは実際に発電を行いながら、実用化に向けて実績を積んでいくという重要な任務が背負わされていた。もんじゅに大きな期待を寄せた一人が、伊原義徳氏だった。

「プルトニウム増殖の技術が実用化するための非常に重要な一里塚なんですね。もんじゅの存在というのは。これが完成すれば、いよいよ我々の夢が実現できると。そういう感じで、非常に希望で胸を膨らませていたのです。関係者はみんな」

高速増殖炉の研究は、常陽の建設以降、さらに力を入れて進められていた。その中

使用済み核燃料が増え続ける中、プルトニウム・プレッシャーは深刻になっていった。事態を解決する〝切り札〟として期待された高速増殖炉「もんじゅ」だったが……（写真提供：ＮＨＫ）

で最も重視されていたのが、水分に触れると爆発してしまうデリケートな冷却材＝ナトリウムをいかに安全に用いるかという研究だった。元原子力委員会委員長の藤家《ふじいえ》洋一氏は、かつて在籍していた大阪大学で、基礎研究の段階から取り組み続けてきた一人だ。

「私が初めて赴任した大阪大学のボスは、初代の原子力安全委員会委員長の吹田《すいた》（徳雄）先生でした。そこへ億単位の予算が付きました。それで何をやるかということになって、私はやっぱりこれからは高速炉の時代が来るだろうと。そうなったときにナトリウムに慣れていなきゃいかん。そういうことでナトリウムの沸騰《ふっとう》装置を作りました。それで数百キロのナトリウムを１０００度くらいに上げて沸騰させて、どういう挙動を示すかという安全研究を始めたわけです。こういうものは、技術にどれだけ習熟するか、慣れていくかという要素が相当強いんですよね。水だって本当は高温高圧にしたらおっかないですよね。ところが水は、ジェームズ・ワットの時代からの長い蒸気機関の歴史があるから、世界でも扱いやすいものと考えられるようになってきた。いずれナトリウムもそういう目で見てもらえる時期が来ると思いました」

原子力技術の粋を集めたもんじゅの建設には、莫大《ばくだい》な費用がかかった。建設費は年を追う毎《ごと》に増え続け、当初の見込みの３５００億円を上回ることとなった。もんじゅの建設は、日本のメーカー4社が分担して請け負っていた。建設にあたり次々に生じる、新たな技術的課題。その解決のため、コストがかさんでいったのである。それでも国は、もんじゅが無事に運転を開始し実績を積んでいくことができれば、社会的にも信用されるようになり、いずれ高速増殖炉の時代がやってくると考えていた。そのため電力会社にも、今後はできるだけ軽水炉から高速増殖炉に切り替えていくことを求めた。そこには、もんじゅと同型の高速増殖炉を数多くつくっていくことで、コストを下げていけるという見込みもあった。

しかし電力会社は、この政策に危機感を抱いた。建設費の高いもんじゅと同型の高速増殖炉への切り替えは、電力会社の経営を圧迫すると判断。各社で議論が繰り返された結果、もんじゅよりもコストが安い高速増殖炉を、電力会社が自ら開発するという決断が下された。そこには、国への不信感に加え、高速増殖炉の開発を独占的に引き受けていた特殊法人、動力炉・核燃料開発事業団に対する強い不満があったと、東京電力の元副社長・豊田正敏氏は指摘する。

「他の国ではね、国の機関がやってるところもあるんだけれども、私の考えでは動燃に任せても、ろくなものはできないだろうと。要するにね、動燃には、研究者で解析能力があるとか、研究開発がやりたいというような人はいるんだけれども、プラントの設計とか建設、運転、保守、経営的なものも含めてこういうことをしっかりやれる人がいないんですよね。そういう教育ができてないんだよ。だから民間でやってる電力会社としては、とても信用するわけにはいかないんだよね」

しかし、自ら開発するとしても、成功の保証はない。失敗すれば莫大なリスクを背負い込むことになる。そこで電力会社は、電力各社と国が共同出資する日本原子力発電に、もんじゅに続く高速増殖炉の開発を行わせることにした。その責任者となったのが、日本原子力発電の板倉哲郎氏だった。

「全体的に高速増殖炉の開発は、電力会社が独力でできるものではないと。というかね、そんなことしたらもう大変なことになるよと。それから、せっかくこれまで国が開発してきたのにね、とかく電力はすぐに国とやり合う。だけれども、やっぱりこれまで日本で力を持って高速炉の本当の勉強をしておられるのは動燃だと。そこと仲良くやってかなきゃいけないだろう、その力をフルに出してもらおうと考えた。電力というのは、まあ厚かましいと言えば厚かましいんだけども、これは経済的になるとわかればやりますからね。安全の方もちゃんといけて、これが経済的にいけますよとなればね」

板倉氏は、電力会社、国、そして動燃など様々な立場の人々の間を奔走。新しい高は、よく速増殖炉の設計を始めた。しかし、そのスタート時点から日本原子力発電の社内では、本当にコストの安い高速増殖炉を作ることなどできるのだろうかという、不安の声が上がっていたという。

「まあ社内の話であれですけれども、関西電力から来られた当時の会長からは、よくそんな難しいものを引き受けたわいと言ってね。私がその係に任ぜられて色々話に行ったらね、まあそういっちゃ悪いけどまるで私が好きで始めたのかって言わんばかりにね、おまえね、よく考えてみよと。こんなものが簡単にできるはずないじゃないかと。国があれだけ金を出してできてないものをね、こんな喜んでしっぽ振ってするようなものじゃないぞと言ってね。すごく怒られたんです」

苦労を重ねながらも、板倉氏は新たな高速増殖炉の設計図を完成させ、具体的な建設計画に向けて動き出そうとした。しかし、電力会社は、まだ現時点では、高速増殖炉の早期実用化は不可能と判断。さらに国に対しても、従来の核燃料サイクル計画の見直しを求めた。

これを受け、国は、もんじゅに続く次の高速増殖炉の建設を2030年まで先延ばしすることにした。国が目指す理想と電力会社が抱える現実とは、ますますかけ離れていった。

島村研究会のメンバーたちの間でも、はたして核燃料サイクル計画を、従来の方針のまま進めていくべきなのかどうか、自信が揺らぎ始めていた。

「ここだけの話にしてもらいたいけれども、どうも日本の原子力政策の炉型の開発の問題ではね、それを決める過程でね、多くの人の意見を聞くということで専門部会作ったりしてやるんですけれども、そこで声の大きいのは電力さんなんですな。電力さんが、わあわあ言われるとそうなっちゃうんですよ。2030年なんていうのもね、やっぱり電力さんのあれなのかなと」（島村武久）

「まず2030年が出ましたのは、経済性の問題なんですね。確かにウランは逼迫《ひっぱく》していないし、そういう意味から慌《あわ》ててやる必要性はないだろうと。高速増殖炉が軽水炉と競合できればどんどん進めたところなんでしょうが、とてもまだ経済的にいけないと。2030年といったのは、どこまでも経済的なことを考えての話でございまして」（元日本原電・板倉哲郎）

「各電力に高速炉ができなきゃ。それくらいでいかなきゃ。2030年だったら、今やっている人はみんな一人もいなくなっちゃうんですよね」（発言者不明）

「それやこれやを考えると、2030年というのは信頼するわけにもいかんようなところもある。私は2030年を、もっと手前に持ってくると。2030年だから余裕があるという考え方じゃなくて、なるべくそれを近づけるということをしないとですね、燃料サイクル自体がね、問題になってくると思うんですよ。そんなもんいらんじゃないかというのが段々強くなってくる」（島村武久）
「2030年っておっしゃるんですけど、ちょっとあれが、2030年が行き届きすぎましたかね」（板倉哲郎）

こうした中、電力会社の他からも、従来の核燃料サイクル計画に対する疑問の声が上がり始めた。

その一人が、電力中央研究所の研究員だった山地憲治氏だ。

「当初考えていた原子力の規模と、その頃の実態とを比べると、世界レベルで言えば一桁《けた》以上小さい。日本でも4分の1くらいになっている。そうすると、そんなに高速増殖炉って必要なくなってきているんじゃないかと。我が国としては、資源のない国ですからウランを有効利用するという意味では増殖炉というものの意義はある。ただその必要性が、時間的には少し遠のいたなと。そういう意識はありましたね」

山地氏は、電力会社と国の亀裂《きれつ》が深まっていった原因は、そもそも高速増殖炉に対する必要性が、電力会社にとって年を追うごとに低くなっていったことが原因だと指摘した。

「必要性の問題と経済性の問題ってそんなに別の問題じゃなくて、似た問題なんですよね。必要ならそれに対して研究開発をしていくつも建てていけば経済性はその中で実現されるものですけれど、やっぱり必要性がない、あるいは薄いということになると、なかなか開発に身が入らないということになるんじゃないでしょうか。電力会社は国の政策に協力するというスタンスは今も持ってますし、当時も非常に強く持っていたと思いますけれども、ただ、事業者として切実な必要性を感じていたのかというと、そうではないと思います。原子力はやっぱり長期的なプランで開発しなきゃいけないから、その先に高速増殖炉があるという意識はあったのでしょうけれども、ただ、ずいぶん高くつくものだなという意識は持っていたはずです」

それでも、もんじゅの研究開発に携わった研究者や技術者たちは、夢をあきらめなかった。元原子力委員会委員長の藤家洋一氏は、いち早くもんじゅを通常運転にもっていき、続けて次の実証炉の建設も進めるべきだと考えていた。

「私は、核燃料サイクルをしっかりとやって、全体としてまとまりがある原子力じゃなきゃやる意味がないと思うんです。使用済み核燃料を再利用せず、部分的にいいとこ取りをやってなんてことでは、うまくいくはずないですよ。原子力政策というのは、夢と現実をいかにバランスさせるかというのが仕事なんです。ぼくはずっとそう思っていました。夢と現実のよりよいバランスを求めていくんだと。科学技術に夢をなくしたら、やってる意味がないですよ」

取材で出会った人々、そして、島村研究会のメンバーたちは、誰もが核燃料サイクルという国家プロジェクトに生涯を捧《ささ》げる覚悟で、真摯《しんし》に向き合ってきていた。様々な思いが交錯する中、もんじゅの建設は着々と進められていった。ただ、その先に何が待ち受けているのか。この時、誰もが正確な予想をできずにいた。

致命傷となったもんじゅ事故

もんじゅの建設と並行して、もう一つの大規模なプロジェクトが進められていた。それは、青森県六ヶ所村の再処理工場の建設だ。六ヶ所再処理工場は、全国各地の原発で貯まり続ける使用済み核燃料を再処理することを目的とする大規模な施設で、電力会社が共同出資して設立した日本原燃が運営主体となり、１９９３年に建設が開始された。

しかし、六ヶ所再処理工場は、試験運転の段階からトラブルが相次いだ。高レベルの放射性廃液が漏れ、作業員が被ばくする事故などが発生。現在も本格稼働に至っていない。

貯まり続ける一方の使用済み核燃料。電力会社は、その再処理を、イギリスとフランスの工場へ委託することで凌《しの》いできた。その結果、当然ながら取り出されたプルトニウムは、日本に送り返されてきた。こうして、高速増殖炉が実用化されない内に再処理を続けた結果、使う当てのないプルトニウムは、ますます貯まり続けていった。半減期2万4000年の猛毒の放射性物質プルトニウム。使わなければこの上なく厄介なゴミとなる。1990年代半ばまでに、その総量は20トンに達していた。プルトニウムが宝となるか厄介者となるかは、もんじゅの成功如何《いかん》にかかることになったのである。

1995年8月29日。高速増殖炉もんじゅは、5800億円をかけて完成。同日午前9時、出力5%という小さな規模ではあったが、初送電に成功した。4カ月後、もんじゅは原子炉出力を45%にまで上げる試験を実施。フル稼働にむけ、準備が着々と進んでいた。

その直後のことだった。1995年12月8日。万全の対策を立てたはずの、冷却材のナトリウムが漏れる事故が発生。しばらくして、もんじゅを運転する動力炉・核燃料開発事業団が、事故を撮影したビデオを隠蔽《いんぺい》していたことが発覚。安全性に加え、核燃料サイクルの研究開発を進めてきた動燃への信頼が、大きく揺らぐ事態となった。

なぜ、当たり前の対応ができなかったのか。日本原子力研究開発機構理事長（当時）の鈴木篤之氏は、私のインタビューにこう答えた。

「もんじゅを地元に立地させていただくにあたって、関係者は安全性についての説明を、もうたくさんしていると思うんです。そして恐らく何回か説明している内に、安全は大丈夫です、絶対安全ですというイメージを与えるような説明をしてきたんじゃないかと思うんですよね。ところが、こんなことは絶対に起きないと言っていたことを起こしちゃったというので、これを隠蔽するというか、本当に隠すというよりは、世の中にそのまま言ったらもう大騒ぎだというふうに考える人たちが結構いて、できるだけ小さく伝えようとしたと。組織が困るようなことは、その組織の人間としては必要最小限にしておきたいというようなことが心理の中にあったと思うんですよね。それはあっちゃいけないことなんですけれど、現実にはどうもそういうようなこともあってですね、ビデオ隠しと称するようなことが後から露見したりして、まさに社会的な信頼をどんどん失っていったということなんですよね」

高速増殖炉の開発に基礎研究から携わってきた藤家洋一氏は、もんじゅの事故によって、核燃料サイクル計画が頓挫《とんざ》することを誰よりも危惧《きぐ》したという。

「私はナトリウム沸騰の実験なんかをやってましたからね。ナトリウムに対して、ある種の土地勘みたいなものがあるわけだ。私から言わせれば、あれはそんなに大変なものとは思わなかった。どこが問題だったかというと、あれで火災が起こったり、あるいは放射線で人が死んだのではなくて、動燃が情報を公開しなかったことが問題だったんですよ。私は高速増殖炉の技術はきちんとできていないなんて、全然思っていませんよ。克服しながらやっていくわけですよ。それに対して日本のみなさんが、自分たちの子孫に至るまで、日本が平和に豊かに生きていく上で、こういう選択を妥当と見るかどうかですよね」

しかし、一連の出来事により、もんじゅの運転に反対する声が上がり、国民の間には核燃料サイクルに対する不信感が広がっていった。科学技術庁は、動燃を解体し、新たな組織である核燃料サイクル開発機構を設立することを決定。組織を一新するという対応策を受けて、事故後も核燃料サイクル計画は、継続されることとなった。

こうした中、元電力中央研究所の山地憲治氏は、事故をきっかけに、研究者の有志を集めて、具体的な核燃料サイクル政策の見直しを提言し始めた。

「事故をきっかけに、世間に向けて高速増殖炉の必要性について議論していこうということになりました。その中の議論を通して、やはり従来の核燃料サイクル計画は見直すべきだということを感じたわけです。1967年の原子力長期計画の路線を全く変えずにずっと続けてきている。事故の当時で30年ぐらい経《た》っていたわけです。それはやはりいくら何でもおかしいのではないだろうか、政策にも調整が必要じゃないかと。高速増殖炉はまあ究極の原子力の夢であるってことは理解するけれども、実際にお金を費やしてつくっていくということは、もう少しタイミングとか経済性とか、そういうものを考えるべきじゃないかと。そういうことを考えたわけですね」

山地氏は、電力中央研究所の研究員を中心に、原子力未来研究会という会を結成。原子力の専門誌「原子力eye」の2003年9月号から、論文の連載を始めた。その第1回には次のように記されている。

「核燃料サイクルという国策の堅持は、原子力政策の閉塞感《へいそくかん》を強め、責任の所在を曖昧《あいまい》にし、原子力の未来を危機に陥《おとしい》れている」

「40年近い時代の変化を反映できるよう、国策の見直しが不可欠である」

一方、これまでの方針を変えるべきではないと考える人々もいた。その一人が、当時、原子力委員会委員長に就任していた、藤家洋一氏だ。

「私はね、いろんな議論をする中で、タイムスパンをどれだけ取るのかという話をいつもするんですよ。例えば、いま大型の軽水炉の原子力発電所を作ろうとするでしょ。これは計画から運転まで10年だと思います。ところが、高速炉や核燃料サイクルのようなものは、それより一桁大きいセンチュリー、１００年というのを単位で見なければいけませんよと、常々言っているんです。あと20年や30年かけてもいいから、１０0年でものにしようと。そういう意味で、この技術を完成させていくには、センチュリーという単位がいるんです」

もんじゅの事故後、様々な意見が交錯する中、山地憲治氏たちは、連載2回目の記事を執筆した。ところが、突然、出版社から連載中止の連絡が入った。中止の理由は、全く告げられなかったという。わずか1回で、連載は打ち切りとなった。

「内部のほころびは、あまり見せたくないんでしょうね。私は原子力の内部の人間、今でも原子力ムラの人間といわれていますけれど、そこから批判されるのをそのまま受け入れるということに関して、非常に強い抵抗感があったのではないかと思っています。ただ原子力を現実のエネルギーとして使うときに、どういうふうに使うのが最も良いのか。これをしっかり議論して決めるのがエネルギー政策ですから、やっぱり、経済的な合理性、安全性、それから国民の納得、それらの要素をきちんと検討して、合理的なものを選んでいかなきゃいけない。原子力には夢がありますが、その夢の中だけで生きてると、やっぱり原子力ムラっていわれちゃうんじゃないでしょうかね」

結局、この時に従来の核燃料サイクル計画が根本的に見直されることはなかった。核燃料サイクル計画を立ち上げた科学技術庁の島村武久たち第一世代は、この頃、すでに原子力行政の第一線から退き、外からアドバイスを送る立場となっていた。

「長計を見てもプラント施設の燃料および材料にかかる革新的要素技術によるブレイクスルーの追求が必要と書いてある。ブレイクスルーって何だね」（島村武久）

「ブレイクスルーって、ジャンプアップのことです」（田中好雄）

「英語にも強くないやつにわかるように言ってくれって」（島村武久）

「私もブレイクスルーがわからない」（田中好雄）

「やたら新しい言葉ばかり使いおって。果たしてどの程度ね、ブレイクスルーができるのか、さっぱりわからんですよ。もっと革新的なアイディアというものはないのかなあ」（島村武久）

「先頭に立って皆を引っ張っていくには、このぐらい勢いのいいこと言ってなかったら皆落ち込んじゃいますから。ブレイクスルーという変な言葉を使ってるようですけれど、一遍に飛び上がるような技術が出れば、それがぐっと近寄るという事はあり得るわけです。今まで我々がやってきたエネルギー開発の中では、あんまりジャンプア

ップしたものはありませんけどね。飛び上がるような技術開発だってあり得るんですからね」。（田中好雄）

「果たしてね、電力さん自体が本当に心から原子力のことに対して期待を持っておられるのかね。夢はあるのかなと。なんか惰性でズルズル、ズルズルいっているような気がしてしょうがないんだ」（島村武久）

自らが描いた、核燃料サイクル計画という夢が、果たして実現する日は来るのだろうか。それでも島村たちは、後輩の活躍に最後の期待をかけていた。

苦肉の策のプルサーマル計画

貯まり続けるプルトニウムを、どう消費すればいいのか。問題が深刻化する中、国はある打開策に注目した。

それが、プルサーマル。既存の軽水炉で使うウラン燃料に、プルトニウムを混ぜて燃やすという方法である。しかし、国からプルサーマルの実施を命じられた電力会社は、根本的な解決方法とは考えなかった。元東京電力の豊田正敏氏は、こう証言する。

「高速増殖炉の研究開発の見通し、さらに実用化の見通しが非常に暗いということがわかったので、じゃあ、つなぎとしてプルサーマルをやろうということになったんです。つなぎですよ、あくまで」

これに対し、科学技術庁の官僚たちは、プルサーマルをつなぎとしてではなく、国策として本格的に行っていくことを検討した。もんじゅの事故以降、プルサーマル以外に、プルトニウムを使う手だてが見あたらなかったからである。最終的にプルサーマルは、2000年の長期計画で国策として行っていくことが明記された。

このプルサーマルが科学技術庁で内々に検討され始めた1991年、島村武久は研究会に後輩を招き、その考えを質《ただ》している。島村たちにとって、プルトニウムをただ消費するだけに過ぎないプルサーマルは、本来の核燃料サイクルの目的から、大きく外れたものとしか思えなかった。

「リサイクルの主たる理由はですね、資源論を中心にずっとこれまで一貫して言い続けてきたと思います。それ自体は何もおかしな事ではありませんし、今でも最も重要な理由だと思うわけです。けれども、プルサーマルについては、高速増殖炉の実用化が延びちゃったためではありますけれども、基本的にはつなぎといった位置づけは変わりませんけれども、従来よりももっと大きな役割を与える必要がある。プルサーマルを国の政策として、実用規模でしっかりやるんだと」（当時、科技庁核燃料課長・坂田東一《とういち》）

「どうもこの10年くらいというんですかね、私が見ておりますと、基本的なところに立ち戻っての議論がなくて、後始末的な、後から理由をつけるみたいなことばっかりに終始している傾向があると思うんですけれど。最大の問題は、プルトニウムの問題が、その需要の見通しから出発すべきだという事が私の基本的な考え方であったわけですよ。ところがそうじゃなくて、需要が余る分はみんなプルサーマルにぶち込んで計算を合わしたと。こんなこと発表はしないけれど、私が見るところではそうなんです。そんなことではダメだと。リサイクルそのものが必要かどうかということを、もう少し議論しておいてもらえば良かったという気がせんでもないんです。どうも問題の一番大きな根をね、ちょっと従来の大方針は変えずに、理由付けを変えようというふうになってるような。疑い深い男だからね僕は」（島村武久）

「実はですね、こういう議論があるんですね。昔は高速増殖炉だったけれど、変わっちゃった。そこはかなり大きな議論があったんです。日本にとってプルトニウムを高速増殖炉に使うことが大事なのか。プルトニウムを使うことが大事なのか。プルトニウムを使うことが大事であれば、高速増殖炉に固執する必要はないんじゃないかと。これは私なんかは、どちらかというとややそんな感じがあるんですけれど。個人的にはそんな感じを持っております」（坂田東一）

「いやあ、そりゃあ君は若いから」(島村武久)

プルサーマルは、2009年から、国内4カ所の原発で始まった。豊田氏は、当面、プルサーマルがプルトニウム消費のための主軸として据えられたことで、電力会社にとって高速増殖炉の必要性は一層低下したという。

「熱意はあんまりないみたいな。私ね東電の連中に聞いたら、あれどうするんだと、高速増殖炉。そしたらね、答えはね、今の原子力研究開発機構、元動燃のお手並みを拝見してるのがね、一番健全な道であってね、下手に文句を言うとね、またとばっちりがある。健全な方法はお手並み拝見だと言ってました」

核燃料サイクルの確立に生涯を捧げてきた人物の一人、伊原義徳氏。科学技術事務次官や、原子力委員会委員長代理などを歴任してきた伊原氏も、およそ半世紀、一途《いちず》に取り組んできたプルトニウムに対する自信が揺らいできたと語った。

「まあ資源論に基づくものですけど、そこに全《すべ》ての問題が端を発しているわけですから。その可能性の一つがプルトニウムの利用であると。だから別にプルトニウムに惚《ほ》れ込んでいるわけでも何でもなくて、自然にそういう結論になるということだと思いますね。プルトニウムは、色々毒性もあるし扱いにくい元素のようですね。だから中々大変なんですよ、関係者も。だから、ああもう嫌だ、プルトニウムは嫌いだから止《や》めたと言えるかどうかですよね」

プルサーマルを実施した4つの原子炉。その一つが、東京電力福島第一原発の3号機だった。2011年3月。福島第一原発3号機では、炉心溶融と水素爆発が起きた。事故後、原発周辺の住宅地からは、プルトニウムが検出された。

福島第一原発事故後も、プルサーマル計画の中核を担《にな》う炉として建設中の原発がある。下北半島の先端、青森県大間《おおま》町に建設中の大間原発だ。大間原発は、これまでの軽水炉とは異なり、プルサーマル燃料を全ての炉心で使える設計となっている。当初の運転開始目標は、2014年。しかし、東日本大震災後、津波や電源喪失への対策の練り直しを迫られ、予定通りに運転にこぎ着けることができるのか、見通しは不透明だ。

もともとの計画では、大間原発では、プルサーマル炉ではなく、ふげんに次ぐ新型転換炉が建設される予定だった。しかし、建設前に、経済的な理由で電力会社が新型転換炉を新たにつくることに反対したことから、計画は頓挫。その後の政策転換によって、プルサーマル炉に計画が変更された。

日本の核燃料サイクル計画は、果たして本当に一貫性を持って進んできたのか。そして、その場しのぎのやり方ではない、長期的な将来を考えての政策は、本当に真剣に検討されてきたのだろうか。ここまでの取材で、私は疑問を抱かざるを得なかった。

豊田氏は、プルサーマル計画に反対を唱えている。その最大の理由は、燃料に混ぜたウランが炉内で中性子を吸収して新たにプルトニウムが生成されてしまうため、結局、プルトニウムが溜《た》まり続けてしまう点だ。さらに、プルトニウムのみならず、高レベルの放射性廃棄物であるアクチニド元素が、プルサーマルでは通常の軽水炉ウラン燃料に比べて7倍も多く発生してしまう。そのため高レベル放射性廃棄物の処分場は、これまでより2倍以上の面積が必要となり、用地確保はよりいっそう困難化する。結果として、処分費のコストも嵩《かさ》んでしまう。

豊田氏は現在、こうしたプルサーマル計画の諸問題を指摘した上で、別の方法への転換を訴えている。それはプルトニウムにウランではなくトリウムを混ぜて軽水炉で燃やしてしまうという、トリウム発電炉の構想だ。

「この方法ならば新たなプルトニウムはほとんど発生しません。また、新たにウラン２３３が生成されるのですが、これは強い放射線を発するため近寄り難い。そのためテロリストなどによる持ち出しは不可能で、完全な核拡散の防止ができます。さらにアクチニド元素の発生は非常に少ない上、炉内で燃やした時により多くの中性子が放出されるため、2倍長く燃やし続けることができ、経済性が飛躍的に向上します」

プルトニウムを処理し、核兵器への転用が極めて難しいウラン233に変えてしまおうというわけだ。しかし、豊田氏が主張するこのトリウム発電炉の構想はワンスルー、つまり使い捨ての方法であり、トリウム発電炉に使われた燃料は再処理せずに直接処分されることになる。この方法に舵《かじ》を切ることは、従来の核燃料サイクル計画を完全に放棄することを意味するため、豊田氏の構想を積極的に支持する声はほとんど聞こえない。

豊田氏は取材の最後にこう語った。

「もしプルサーマルを今後も続けていったら、2018年に向けて始まる次の日米原子力協定の改定作業において、日本はアメリカからひどい目に遭わされることになるでしょう。アメリカの学者や国防総省、エネルギー省の核不拡散論者たちの反対によって、日本だけに許されている再処理、核燃料サイクルの権利が失われる可能性が高いでしょう。現在のアジアや中近東の情勢を見れば、アメリカが日本だけに既得権益を認めることは考えにくい。だからこそ、先手を取ってトリウム発電の併用に日本は踏み切るべきです。まあ、その実現を目にする前に、私の命が尽きてしまうかもしれないなと、最近はそう思っていますがね」

迷走の末、残された課題

2011年、スタートから55年を経て、初めて核燃料サイクルが根本的な見直しの対象となったことは第8章で、既に述べた。原子力委員会では、民間の有識者を交えた小委員会が組織され、今後の選択肢が検討された。

科学技術庁から計画を引き継いだ文部科学省は、今後も高速増殖炉の開発を軸に、核燃料サイクル計画を進めていくとした。小委員会で、文部科学省原子力課の生川浩史《いくかわひろし》課長（当時）は、今後の方針を次のように説明した。

「高速増殖炉の実証炉、実用炉ということでございますが、2015年頃をアウトプットとしてとりまとめるということを目指して、研究開発を進めてきております。もんじゅのナトリウム漏洩《ろうえい》事故を踏まえて、改めてゼロベースで、冷却材の選択も含めて幅広く実用化戦略調査研究というのを実施してきております」

研究開発に携わってきた京都大学原子炉実験所の山名元《はじむ》委員は、核燃料サイクルは、今後も継続すべきだと主張した。

「日本の立場という意味では、リサイクルに技術的ポテンシャルはあると見ています。高速炉技術の探究は、継続すべきであると考えます。今のリサイクル路線はダメだというようなですね、短絡的な話ではないと私は理解しております」

専門家以外から選出された委員の一人、東京大学社会科学研究所の松村敏弘《としひろ》委員は、核燃料サイクル計画は見直すべきと主張した。

「私は正直言って、これだけ長く原子力に携わっている方々が、こういう認識を持っていること自体が甘いのではないかと思っているのですが。今までフレキシビリティが全くないもので、これだけの状況があったとしても、見直すというようなことは事実上極めて難しいと。本当に柔軟な対応というのはできるんだろうかという強い危機意識があって出てきているのだということを、是非認識していただきたいと思います」

小委員会で出されたのは、3つの案。核燃料サイクルをこのまま続けていく。全て中止する。サイクルを続けながら別の方法も探っていく。小委員会の座長を務めた、鈴木達治郎原子力委員会委員長代理は、小委員会をしめくくるにあたり、次のような言葉を残した。

「非常にどの選択肢も課題が多いんです。したがってどれが易しいか、選択肢はない。どれも非常に難しい選択を今迫られているということについては、ぜひ強調したいと思います」

現在でも、今後の核燃料サイクル計画の具体的な方針を巡る意見はまとまらず、継続して議論されていくことになっている。

核燃料サイクルを中止した場合、使用済み核燃料は地下に直接処分することになる。その危険性を少しでも減らそうという研究が、茨城県東海村にある研究施設J－PARCで行われている。現在、具体化を目指して進められているのは、使用済み核燃料の中にある半減期数万年という放射性元素に中性子を当てて核分裂させ、より短い寿命のものに変える方法だ。これまでの研究で、数万年の寿命をおよそ1000年まで減らせることがわかってきた。

しかし、研究の中軸であるJ－PARC核変換セクションリーダーの大井川宏之《ひろゆき》氏は、研究費の工面に相当の苦労を強いられ、思うように進めていくことが難しい状態だという。現在でも原子力の世界では、高速増殖炉の開発が最も花形のポストとして厚遇を受けており、廃棄物の処分の研究にはなかなか予算が回ってこないのだそうだ。

「なかなかまだ、国のこれまでの方針というのがですね、まあ高速増殖炉に集中的に投資するという形だったんですけども、いま福島を踏まえるとですね、使用済み核燃料というのが大変蓄積して困っているという状況で、こういう廃棄物処分の負担を軽減するような基礎研究にも、どんどん投資してもらいたいなというのが正直な我々の考えです。まだまだ本当に少ない予算で研究している状態なので」

島村研究会に集った人々は、誰もが無限のエネルギーの確保に人生をかけて取り組んできた。しかし、彼らの録音記録の中からは、核のゴミの問題を解決しなければ日本全体を危機にさらすという、切迫感を持った言葉が聞かれることはなかった。

「まあ、いつの時代が楽で良かったということは、原子力にとってはなかったと思うんですよね。いつも何か問題がある。みんな苦労してきて今日に至っている。私なんか一番貧乏くじを引いた」（島村武久）

「日本ではプロジェクト不滅の法則というのがあって、いかにおかしくても死なないと。プロジェクト不滅というのはおかしいじゃないかって叱《しか》られるんですけれど。まあいったん決めたら何とか最後までやるというのが、体質なんでしょうか。例えば高速増殖炉開発、そのための核燃料サイクルの確立というものが、今までの原子力委員会の非常に大きな柱だったわけですね。それを依然として今の考え方でいけるのかどうかという問題は、私は個人的にはちょっと気になっておりますが。まあ依然として、再処理をやってというのは、理屈は一番いいんですけど」（伊原義徳）

「どうもマンネリズムではないかと。私も変えてもらいたくはないし、本当に真理だと思うんです、プルトニウムは利用しなきゃいかんというのは。日本にとって大切な

ことだと。それは変わりないとしても、たとえばの話だけどね、手法がね間違ってお
ると私は思うんです。そのへんの再検討は、ぜひ必要なんじゃないかな。まあしかし、
私も隠居の身になりましたから、後は若い者に任せて」（島村武久）

半世紀の時間と巨額の国家予算をつぎ込んで推し進められてきた、核燃料サイクル計画。壮大な夢を追った後に残されたのは、半減期2万4000年のプルトニウム。そして、この先10万年にわたって監視を続けなければならない高レベル放射性廃棄物だった。

果たして日本は、これからも核燃料サイクルの実現という夢を追い続けていくべきであろうか。これまでに抱え込んでしまったリスクの呆然《ぼうぜん》としてしまうまでの深刻さを考えると、今すぐにでも課題の解決に向けた具体的な取り組みが、何よりも必要であることを痛感させられる。そして最も重要なのは、その解決は私たちの世代だけでは、いくら努力しても決して終わらせることができず、これから先、何世代にも亘《わた》る私たちの子孫に、丸ごと委《ゆだ》ねられているということである。

（文中一部敬称略）

あとがき

被爆国として放射能の恐ろしさを身をもって知る日本に、なぜ安全神話などという幻想が生まれることになったのか。それはいつ、どのように作られたのか――。

この疑問に答えを見出《みいだ》そうと、私たちは日本への原子力発電所導入の始まりから、福島原発事故に至るまでの道のりをたどってみた。改めて通史として原発の歩みをみつめてみると、意外な事が多かった。

日本の原発導入は原子力予算が成立した1954年ごろが出発点になる。当初、原子力に対しては慎重論が主流だった。理論物理学者・湯川秀樹博士の門下生だった森一久氏は広島で被爆した体験をふまえ、「私は〝原爆の子〟ですからね。それに物理学の端っこを囓《かじ》った人間としての責任感があります」と、放射能の危険性を訴えた。慎重だったのは研究者やジャーナリストだけではない。東京電力の元副社長で原子力部門のリーダーだった豊田正敏氏は1958年に執筆した論説で以下のように述べている。

「設計および運転上の過失が二重三重に重複することは皆無とはいい得ないわけで、非常に少ない確率ではあろうが原子炉の暴走事故の起こる可能性はあり得る。燃料要素が溶融してその中に内蔵されていた放射能の強い核分裂生成物質、いわゆる『死の灰』が原子炉の施設の外に放出されるような事故が起る可能性が絶無であるとはいいきれない」

今からみると意外ではあるが、原子力ムラとよばれるグループの中で、電力会社は原発導入に最後まで尻込《しりご》みしていた。その理由はやはり事故が起きたときの被害の甚《じん》大《だい》さと、経済的負担の大きさだった。当時試算された大事故発生の被害シミュレーションによると避難民は360万人、農作物の栽培制限が及ぶ地域は3万7500平方キロメートル。損害額は3兆7300億円（当時の国家予算の2倍強）と、1回の事故で国が破綻《はたん》するほどの経済的損失が生じることが示されていた。

ところが、こうした慎重論を置き去りにして原子力の導入は急ピッチで進められていく。島村原子力政策研究会に集った政財官界の人々は、危険性を認めながらも原子力に惹《ひ》かれる理由を明かしている。

「太平洋戦争に日本が突入した理由の一つに、資源エネルギーをいかに確保するかということがあったというのは周知の事実でございましょうけれども、長期的に見て日本のように資源の乏しい国は、原子力の平和利用というのが非常に有効な手段であるということは事実です」（元科学技術事務次官・伊原義徳氏）
彼らを原発導入へと突き動かした原動力のひとつが、「石油のために戦争を始め、石油が尽きて戦争に負けた」というアジア・太平洋戦争での経験だった。特に戦争を直接体験した世代の政治家や財界人は「資源の無い国の限界」から逃れたいという思いを強烈に持っていた。さらに国を復興させる実務を背負った島村武久氏や伊原義徳氏ら官僚たちにとっても原子力は「夢のエネルギー」としてまばゆく輝いて見えた。それでもまだ高度経済成長が始まる１９６０年代前半まではムラの内部でも「危険なものは危険」と言える雰囲気は保たれていた。
慎重論が完全に封印されたのは60年代半ば、原発建設のために日本の寒村部で立地交渉が始まった頃からだ。原発の立地条件を定めたのが、国の「原子炉立地審査指針」である。人口密集地から離れている事を立地条件にしているため、日本の原発はすべて過疎《かそ》地《ち》の沿岸部に計画された。原発の建設が計画された地域の住民は、原発マネーによって過疎と貧困から脱出できるという理由で立地を受け入れていった。しかしその一方で、コンクリートで覆《おお》われた巨大な装置に命を脅《おびや》かされるかもしれないという不安は拭《ぬぐ》いきれなかった。住民達は原発と暮らす恐怖から逃れようと、国や電力会社に「絶対に安全である」という保証を求めた。求められた国や電力会社も、推進を急ぐあまり「絶対に安全である」というお墨付きを口にした。安全性にこだわっていたら原発建設は前に進まない。そこで原発を作ろうとする側も、故郷を提供する側も、原発は安全「ということ」にした。そこに安全神話が芽吹いていったのだ。

1979年にアメリカのスリーマイル島原子力発電所で炉心溶融の大事故が起きた。翌年、日本では原子力安全委員会が原子力発電所の防災指針を作成した。これに猛反発したのが原発を誘致した当の自治体だった。大きな事故が起きた場合に備えるというのは「原発は安全ではない」と言うに等しい。絶対に安全だと言われて原発の設置に協力したのに、前言を翻《ひるがえ》すとは何事かというわけだ。原子力安全委員会委員長を務めた佐藤一男氏は、当時の原子力ムラ内部では「安全なんていうことを口にするな、安全の研究なんかとんでもない。そんなものは国民を不安に陥《おとしい》れるだけじゃないか」という風潮が蔓延《まんえん》し、掟《おきて》に背けば村八分にされるようになっていたと言う。自ら発した「原発は安全」という言葉に自縄自縛となり、安全神話は強化されていった。

この流れに疑問を投げかけたのが、愛媛県伊方原発に反対する住民が国を訴えた伊方原発訴訟だった。裁判で原告住民たちは「原子力施設はメルトダウンなどが起きれば甚大な被害をもたらす」と主張した。これに対して、国側の証人は「確率的に無視できる程度のリスクは許容可能」という論理で対抗した。法廷では津波の危険性、活断層のとらえ方、想定不適当事故（想定外事故）、そして炉心溶融の確率など後に福島第一原発事故でクローズアップされる問題がほぼ網羅されていた。この裁判は原発の安全性という問題を曖昧《あいまい》にせず、科学的に突き詰めて対策を立てる道に方向転換するチャンスだったはずだ。しかし最高裁まで足かけ19年間争われながら１９９２年に原告敗訴で終わったことで、状況を変えるには至らなかった。

１９８６年、旧ソ連でチェルノブイリ原発事故が発生した。この頃に開かれた島村原子力政策研究会ではもちろん事故について語られている。

「石油が足らなくなって、脆弱で一番困るのは日本じゃないかという俗説に対して、石油を最も効率的にうまく使う技術なり、産業ポテンシャルが一番高いのは日本だから、日本が一番得をした。今度のチェルノブイリでも、ブレーキがかかった時に、一番改善の能力と持ちこたえる能力があるのは日本じゃないか」（元通産省資源エネル

ギー庁技術課長・谷口富裕氏）
原子力ムラの人々にとって安全神話は、はじめは原発建設を推進するための方便だった。しかし安全を強調し続けた結果、いつしか自分自身も安全神話の虜《とりこ》になってしまったようだ。「事故がおこるかもしれないから、規制を厳しくしよう」という規制強化は安全神話と矛盾するため、独立性のある強い原発規制組織は作られなかった。安全神話は入道雲のように膨張し、福島でレベル7の事故が起きるまで誰も止められなかった。

本書の第I部、II部では主に軽水炉型原発の歴史をたどったが、第III部では福島原発事故の後も続いている核燃料サイクル計画の歴史をたどった。ここでは〝安全神話〟と並んで日本の原子力政策に根付くもうひとつの神話〝プロジェクト不滅の法則〟の謎《なぞ》を追った。

燃やせば燃やすほど新たな燃料を生み出す高速増殖炉を軸に、エネルギー資源の半永久的なリサイクルをめざす核燃料サイクル。その実現は原子力政策の出発点で究極の国家目標として掲げられた。確かに夢とロマンに満ちた技術的挑戦だったが、研究開始から60年近くたってもまだ高速増殖炉も再処理工場も完成していない。それでも国は計画を見直そうとしない。この硬直性は何に由来するのかを歴史的側面から探った。

「日本ではプロジェクト不滅の法則というのがあって、いかにおかしくても死なないと。いったん決めたら何とか最後までやるというのが、体質なんでしょうか」（伊原義徳氏）

いったん走り始めると止まらない。走り出した集団に異を唱えることをやりたがらない。戦前、戦中、戦後、日本社会の様々なレベルに蔓延した現象である。戦後の原子力ムラも同じ体質を持っていた。しかし、核燃料サイクルのプロジェクトがここまで続いたのには別の理由もあった。安全保障というまったく違う観点から、「核武装」のオプションとしてとらえた政官界の勢力の影響だ。さらに燃やさなければ「核爆弾の材料」と見なされるだけのプルトニウムを40トンもため込んでしまい、止《や》めるにやめられない袋小路に追い込んだ原子力行政のミスもあった。原子力ムラといっても一枚岩ではなく、様々なセクターが思惑を実現しようとするなかで政策の一貫性は損なわれ、場当たり的なつじつま合わせが横行した。高速増殖炉までのつなぎであったはずの軽水炉型原発が50基以上も作られ、そこでプルトニウムをＭＯＸ燃料として使うなど、歴史をたどると場当たり主義そのものであることがわかる。福島第一原発３号機から漏れ出したプルトニウムはこうした迷走の成れの果てだ。

本書の元になったETV特集「原発事故への道程」は2012年の科学ジャーナリスト大賞をいただいた。こうした番組も、事故後の再出発に少しは寄与できるかもしれないと思った。しかし東日本大震災から2年経《た》った今の状況を前にすると無力感にとらわれる。廃炉に向けて放射性廃棄物の処分方法が決まらないどころか、汚染水ひとつ処理できないことが明らかになっている。原発の暴走により16万人もの人々が故郷を奪い去られたが、その帰還のメドが立ったとは言いがたい。そもそも事故原因そのものさえ完全に解明されているわけではない。にもかかわらず原発の再《さい》稼働《かどう》が急がれている。海外に原発を輸出する動きも再開している。どこかで〝安全神話〟の第二章が始まっているのではないかと考えるのは、私の思い過ごしだろうか。

哲学者のイヴァン・イリイチは現代を覆《おお》う悪について次のように語っている。

「今日では最も大きな脅威は悪意を持つ者よりも、むしろ善意の産業によってもたらされる。私たちを脅かす巨大な機械を操作する人々が有能かつ誠実であることのほうがはるかに深刻なのだ。なぜなら、そのような人々は自分たちが非難されていることを理解できない」

この言葉は、事故後に相当な規模で巻き起こった反原発デモと、昨今の原子力政策との乖離《かいり》を思い起こさせる。

肉声テープを残した原子力ムラの人々の声からは徹頭徹尾、悪びれた様子は窺えなかった。彼らには資源の乏しい日本に豊かなエネルギーをもたらすために尽力しているという強烈な自負はあっても、悪意は無かった。したがって事故後にどれだけ諸悪の根源のように糾弾されてもピンとこない。結局、両者の議論は空しくすれ違うばかりで、カタストロフィーを回避するための抜本的な方法を探す方向には進んでいないように思う。

原発の安全神話という病理が私たちの社会に根を張る過程をみつめた本書が、原発反対を訴える人々にとっても、原発推進を訴える人々にとっても、これまで原発問題に深く関わってこなかった人々にとっても、巨大技術がはらむリスクを客観的に見つめる一助となれば望外の幸せだ。

ＥＴＶ特集の３つのドキュメンタリーはディレクターだけではなくカメラマンや編集マン、リサーチャーなど番組制作スタッフ全員の熱意があればこそ実現した。また本書の刊行にあたっては株式会社　新潮社の原宏介氏にお世話になった。この場を借りて感謝申し上げたい。

２０１３年10月

ＮＨＫ大型企画開発センター　チーフ・プロデューサー　増田　秀樹

関連年表

年月日	国内	海外
1935年2月2日	湯川秀樹、中間子論を発表	
1937年3月30日	大阪帝国大学にサイクロトロン完成	
4月6日	理化学研究所にサイクロトロン完成	
4月15日	ボーア来日、日本の研究者と世界との学術交流が深まる	
7月7日	日中戦争勃発	
1938年12月23日		ドイツのオットー・ハーンら、ウランの核分裂現象発見
1939年2月2日		シラードら、ドイツに利用されるのを防ぐため、ウランの研究成果を非公開にするよう働きかけ
3月16日		フェルミ、米国海軍に核分裂の軍事利用を急ぐよう要請
8月2日		アインシュタイン、ルーズベルト大統領宛の「原爆製造の早期着手を」のシラードの書簡に署名
9月1日		ドイツ軍ポーランド侵攻、第二次世界大戦勃発
1941年4月	陸軍航空技術研究所が理研にウラン研究を依頼	

5月	海軍、ウラン爆弾に関心を示す	
12月6日		米国、原爆開発のための科学研究開発局ウランS－1部が発足
12月8日	日本軍真珠湾攻撃、太平洋戦争開戦	
1942年6月18日		米国の原爆開発計画（マンハッタン計画）が軍の管理下で開始
12月2日		原子炉CP－1完成、フェルミら世界初の核分裂連鎖反応の制御に成功
1943年1月	陸軍による原爆開発計画（ニ号研究）開始	
3月15日		米国、ロスアラモス研究所が完成、原爆開発開始
3月20日		米国、アルゴンヌ研究所で天然ウラン黒鉛炉CP－2臨界
5月	海軍による原爆開発計画（F研究）開始	
7月2日	仁科芳雄、陸軍に原爆開発は可能と報告	
1945年7月16日		米国、ニューメキシコ州で初の原爆実験
8月6日	広島にウラン原爆投下	
8月9日	長崎にプルトニウム原爆投下	

8月15日	日本、無条件降伏、太平洋戦争終戦	
11月24日	理研、京大、阪大のサイクロトロンが米軍によって破壊	
1946年12月25日		ソ連、原子炉1号機が初臨界
1947年1月30日	極東委員会、日本の原子力研究の禁止を決議	
1949年8月29日		ソ連、セミパラチンスクで初の核実験実施
11月3日	湯川秀樹、ノーベル物理学賞受賞	
1950年1月31日		米国、トルーマン大統領、水爆開発製造を決定
1951年9月8日	日米講和条約、日米安全保障条約調印、翌年発効	
12月29日		米国、高速増殖実験炉ＥＢＲ－１で原子力発電に成功
1952年4月28日	サンフランシスコ講和条約発効	
9月16日	電源開発株式会社（電発）設立	
10月	橋本清之助らが電力経済研究所設立 森一久ら原子力談話会第1回会合開催 正力松太郎、日本テレビ放送網初代社長就任 武谷三男「日本の原子力研究の方向」発表	

10月24日	茅誠司・伏見康治、学術会議に原子力研究の再開を提案、反対多数で却下	
11月1日		米国、エニウェトク環礁で初の水爆実験を実施
11月25日		米国、高速増殖実験炉EBR－1で増殖に成功
1953年4月30日		英国、コールダーホール原発の建設計画を発表
6月	電力経済研究所、原子力発電調査のための研究委員会を設置	
8月12日		ソ連、セミパラチンスクで初の水爆実験実施
夏	中曽根康弘、ハーバード大学夏期国際問題セミナーに参加、帰路、ローレンス研究所の嵯峨根遼吉からレクチャーを受ける	
10月22日		米国、シッピングポート原発（軽水炉）の建設計画を発表
12月8日		米国、アイゼンハワー大統領「平和のための原子力」国連演説
1954年1月21日		米国、原子力潜水艦ノーチラス号進水
2月27日	学術会議原子力問題委員会、原子力に関するシンポジウム開催	

3月1日	米国、ビキニ環礁で水爆実験、第五福竜丸乗組員が被爆	
3月2日	初の原子力予算案国会提出（4月3日に自然成立）	
4月23日	日本学術会議「原子力平和利用三原則」表明	
6月27日		ソ連、世界初の民用原子力発電所オブニンスク原発運転開始
9月23日	第五福竜丸乗組員の久保山愛吉さん死去	
12月25日	初の原子力海外調査団出発	
1955年2月	衆院選で正力松太郎が当選	
3月14日	初の原子力留学生がアルゴンヌ国立研究所に派遣（伊原義徳氏ら）	
4月7日		米国、ヤンキー原発などの軽水炉による発電炉建設計画を発表
4月29日	原子力平和利用懇談会発足（代表・正力松太郎）	
5月13日	原子力平和利用使節団、日比谷公会堂で原子力平和利用大講演会を開催	
6月		東京の英国大使館、本国宛に日本の情勢を報告

6月21日	日米原子力協定仮調印、12月27日発効	
8月6日	第1回原水爆禁止世界大会開催	
8月8日		ジュネーブで第1回原子力平和利用国際会議開催
10月21日	原子力利用準備調査会で原子力政策の基本方針が定められる（実質は中曽根康弘らの合同委員会が主導）	
10月31日	三菱グループ、三菱原子動力委員会結成（その後5大グループが出揃う）	
11月1日	東電、原子力発電課を設置	
	原子力平和利用博覧会開始（57年8月まで全国各地で巡回開催）	
11月22日	正力松太郎、国務大臣（原子力担当大臣）に就任	
11月29日		米国、EBR－1で炉心溶融事故
11月30日	財団法人原子力研究所設立	
12月19日	原子力基本法など原子力三法公布	
1956年1月1日	原子力委員会発足、正力松太郎が委員長に就任	
1月4日	正力、5年以内に実用的な原子力発電を行うとの	

	声明を発表
3月1日	社団法人日本原子力産業会議（原産）発足
3月27日	原研、JRR－1（研究1号炉）導入をノース・アメリカン・エイビエイション社と契約
5月16日	英国原子力公社のヒントン来日、コールダーホール原発の発電コスト説明を受け正力松太郎は導入へ積極的に
5月19日	科学技術庁設置、正力松太郎が初代長官に就任
6月15日	財団法人原子力研究所を継承する形で日本原子力研究所（原研）設立
6月26日	科技庁にて島村武久ら原子力長期計画のための会議を開催
8月10日	原子燃料公社設立
	日本原水爆被害者団体協議会（日本被団協）結成
8月20日	JRR－1（研究1号炉）着工
9月6日	原子力委員会、「原子力開発利用長期基本計画」で、「増殖型動力炉がわが国の国情に最も適合する」とし、核燃料サイクル確立の方向性を示す
9月11日	原子力産業会議海外使節団（原子力産業使節団）

	米国や英国などへ派遣	
10月15日	訪英調査団派遣、コールダーホール原発視察へ	
10月17日		英国、コールダーホール原発運転開始
11月19日	正力松太郎、英国からコールダーホール型原発の導入を決定	
12月4日	三菱グループ、JRR－2（研究2号炉）の建設でAMF社と提携	
1957年1月17日	訪英調査団、コールダーホール型原発の安全性と経済性を評価、導入方針へ	
2月7日	電源開発の内海清温総裁、原発導入の主体となる意向を表明	
3月		米国、WASH740（原発事故の被害シミュレーション）を発表。最悪の原発事故の場合、急性死者3400人、急性障害者4万3000人、永久立退き面積2000平方kmと予測
3月29日	湯川秀樹、原子力委員を辞任	
4月11日	電源開発、原子力発電懇談会を設置し原子力発電への意欲を示す	

5月19日	電力9社、原子力発電振興会社の設立を決定、民間主導を主張する	
7月10日	正力松太郎、科学技術庁長官に就任 電源開発の内海清温総裁、輸入発電炉の受け入れは電発が妥当と原子力委員会に申し入れ	
7月19日	正力、原発導入は民間主導で行う意向を表明	
8月9日	電力9社社長会議、正力の民営方式を支持	
8月27日	JRR－1（研究1号炉）初臨界	
9月		米国、プライス・アンダーソン法（原子力損害賠償法）成立
9月3日	発電炉受け入れ会社として日本原子力発電株式会社の設立を閣議で了解	
10月5日	原子力委員会、発電炉開発長期計画案を発表、1965年までにコールダーホール改良型4基の建設を計画	
11月1日	日本原子力発電株式会社（原電）設立	
12月2日		米国、シッピングポート原発（軽水炉）初臨界
1958年6月	正力松太郎、読売新聞社主に復帰	

9月1日		ジュネーブで第2回原子力平和利用国際会議開催
10月10日	富士電機、東海発電所の建設で英GE社と技術提携契約	
1959年10月	原電、コールダーホール改良型原発の耐震設計をハニカム構造に変更の方向で研究	
10月15日		米国、ドレスデン原発（軽水炉）臨界
1960年1月16日	東海発電所着工	
4月	原産、「大型原子炉の事故の理論的可能性及び公衆損害額に関する試算」を科学技術庁に提出	
10月1日	JRR－2（研究2号炉）初臨界	
11月	福島県知事が東電の申し入れを受け、原子力誘致計画を発表	
1961年1月25日	原研、西堀榮三郎らによる半均質炉の臨界実験装置が臨界を達成	
6月17日	原子力損害賠償法公布	
1962年11月9日	原電、原発建設用の敷地を福井県敦賀市に決定 関西電力、原発建設用の敷地を福井県美浜町に決定	
1963年6月	原子力委員会国産動力炉の炉型としては重水減速	

	型にしぼると決定（西堀榮三郎らによる半均質炉開発プロジェクト中止）	
1964年10月16日		中国、初の核実験を実施
11月	東電、福島県大熊町と双葉町に原発建設用の敷地を取得	
12月	東電、原子力発電準備委員会、福島調査所を設置	
1965年5月4日	東海発電所初臨界、11月10日試験発電に成功	
1966年7月25日	東海発電所営業運転開始	
12月8日	東電、福島第一原発1号機をGE社からターン・キー契約で購入締結	
1967年4月13日	原子力委員会、「原子力の開発利用長期基本計画」で、高速増殖炉と新型転換炉を軸とした核燃料サイクル確立の方向性を示す	
9月29日	福島第一原発着工	
10月2日	動力炉・核燃料開発事業団発足	
12月	佐藤栄作首相、非核三原則を表明	
1968年3月	内閣調査室の志垣民郎氏ら「カナマロ会」で日本の核武装研究を開始	

5月9日	動燃、高速増殖炉の開発計画を東芝、日立、三菱、富士、住友の5グループ共同設計で進めていくことを決定	
6月12日		国連、核拡散防止条約（NPT）決議案を可決
10月29日	動燃、新型転換炉の建設を敦賀発電所敷地内で決定	
11月1日	動燃、新型転換炉の主契約社を日立に、高速増殖炉の主契約社を東芝に内定	
11月20日	外務省、矢田部厚彦国際局科学課長はじめ参事官が集まり、日本の核武装の可能性について検討	
11月27日	原子力船むつ着工	
1969年5月3日		米国、オイスタークリーク原発臨界、12月1日に営業運転開始
6月12日	原子力船むつ進水	
10月3日	敦賀原発初臨界	
10月9日	正力松太郎死去	
1970年1月	内閣調査室の志垣民郎氏ら「カナマロ会」、日本の核武装は非現実的との結論	

3月5日		NPT発効
3月14日	敦賀発電所（原電）運転開始	
5月2日	高速増殖実験炉「常陽」着工	
7月5日	福島第一原発初臨界	
7月29日	美浜原発初臨界	
9月22日	四国電力、伊方町に原発建設を決定	
1971年3月26日	福島第一原発営業運転開始	
3月30日	四国電力、伊方原発建設に当たり、一部漁協と漁業補償を調印	
1972年5月10日	新型転換炉「ふげん」着工	
1973年1月27日	伊方原発建設反対八西連絡協議会、伊方原発設置に伴う安全審査に対し異議申し立て	
8月27日	伊方原発建設反対八西連絡協議会、伊方原発設置許可取り消し、工事中止を求め、松山地裁に行政訴訟起す	
8月31日		仏、高速増殖炉フェニックス初臨界
1974年5月17日		インド、初の核実験実施

6月3日	電源三法制定（電源開発促進税法・電源開発促進対策特別会計法・発電用施設周辺地域整備法）	
9月1日	原子力船むつ放射線漏洩事故	
1975年6月30日		米国、高速増殖炉計画がエネルギー研究開発計画案の最優先項目から外される
10月30日		米国原子力委員会、ラスムッセン最終報告書（WASH1400）公表
12月29日	有沢広巳座長の原子力行政懇談会、「原子力行政体制の改革、強化に関する意見」を首相に提出	
1976年1月21日	電力会社社長会、使用済み燃料を英国に再処理委託することを決定	
8月11日	原子力委員会、軽水炉から高速増殖炉への転換を基本路線とすると定める（新型転換炉については判断持ち越し）	
1977年1月29日	伊方原発初臨界	
3月12日		米国原子力政策グループ、再処理凍結と高速増殖炉開発延期を大統領に勧告（フォード・マイター報告）
4月		米国、カーター大統領、国際核燃料サイクル評価

		会議（ＩＮＦＣＥ）の設立を提言
4月7日		米国、カーター大統領、再処理凍結および高速増殖炉開発延期を発表
4月24日	高速増殖実験炉「常陽」初臨界	
9月1日	東海再処理施設運転をめぐる日米交渉が合意に至る	
9月13日	原子力委員会、ＩＮＦＣＥ対策協議会を設置、10月14日に「ＩＮＦＣＥに臨むわが国の基本的な考え方」を決定、核燃料サイクル継続を表明	
9月22日	東海再処理施設運転開始	
1978年2月7日		米国上院、核不拡散法案を可決
3月20日	新型転換炉「ふげん」初臨界	
4月25日	伊方原発訴訟、1審請求棄却判決で原告敗訴、原告は高松高裁へ控訴	
7月29日	新型転換炉「ふげん」初送電	
9月7日	東海再処理工場の再処理、混合抽出の実験を行うことで日米の専門家が合意	
10月4日	原子力安全委員会発足	

1979年3月28日		米国、スリーマイル島原発事故
1980年2月27日		INFCE、原子力の平和利用と核不拡散は両立しうるとの結論で合意
12月10日	動燃、高速増殖原型炉「もんじゅ」設置許可申請	
1981年1月17日	東海再処理施設本格運転開始	
10月10日	新型転換炉「ふげん」でプルトニウム混合燃料の装荷が始まる	
1982年2月22日	動燃、「もんじゅ」の安全性について地元説明会を開く	
1983年10月26日		米国、クリンチリバー高速増殖原型炉の建設予算案を上院が否決、建設計画中止に
12月		米国、バーンウェル再処理工場の建設を中止
1984年4月20日	電事連、青森県に六ヶ所村での再処理工場など核燃料サイクル3施設の立地を要請	
12月14日	伊方原発訴訟、2審請求棄却判決で原告敗訴、最高裁へ上告	
1985年7月11日	島村原子力政策研究会、初会合	
9月7日		仏、高速増殖炉スーパーフェニックス初臨界

10月28日	高速増殖原型炉「もんじゅ」着工	
１９８６年４月26日		ソ連、チェルノブイリ原発事故
１９９１年３月		独、高速増殖炉ＳＮＲ－300計画中止
10月４日	科技庁、通産省、電事連、動燃、高レベル放射性廃棄物対策協議会を設置	
１９９２年10月29日	伊方原発訴訟、上告審で原告敗訴確定	
11月７日	プルトニウム輸送船あかつき丸、フランスのシェルブール港から日本へ出港（翌年１月５日東海村に入港）	
１９９３年４月28日	六ヶ所再処理工場着工	
１９９４年３月		英、高速増殖炉ＰＦＲ閉鎖
１９９５年８月25日	新型転換炉の青森県大間での建設計画中止	
８月29日	「もんじゅ」初送電	
９月12日	原子力委員会、高レベル放射性廃棄物処分懇談会を設置	
12月８日	「もんじゅ」ナトリウム漏洩事故	
１９９７年２月21日	電事連、電力11社のプルサーマル全体計画を発表	

1998年3月31日	東海発電所運転終了	
10月1日	動燃解体、核燃料サイクル開発機構が新たに発足	
10月2日	六ヶ所村に使用済み核燃料の搬入開始	
12月31日		仏、高速増殖炉スーパーフェニックス運転終了
1999年9月30日	東海村JCOウラン精製工場で臨界事故	
2001年1月6日	原子力安全・保安院発足	
2003年3月29日	新型転換炉「ふげん」運転終了	
2005年10月1日	日本原子力研究開発機構（JAEA）設立（原研とサイクル機構を統合再編）	
2009年11月9日	九州電力玄海原発3号機で、国内初のプルサーマル発電開始	
2010年2月1日		仏、高速増殖炉フェニックス運転終了
3月2日	伊方原発3号機でプルサーマル試運転開始	
9月18日	福島第一原発3号機でプルサーマル試運転開始	
12月25日	関西電力高浜原発3号機でプルサーマル試運転開始	
2011年3月11日	福島第一原発事故	

放送記録

ＥＴＶ特集
シリーズ　原発事故への道程
前編　置き去りにされた慎重論
２０１１年９月18日放送
〈取材協力〉　原子力政策研究会　原子力安全研究協会　社団法人日本原子力産業協会
原子力資料情報室　東京電力　日本原子力研究開発機構　広島平和記念資料館
川本俊雄　日映科学映画製作所　読売映像　共同通信社　毎日新聞社　朝日新聞社
読売新聞社　Schenectady Museum & Suits-Bueche Planetarium
アメリカ国立公文書館　京都大学基礎物理学研究所　日本学術会議図書館
〈語り〉　広瀬修子
〈撮影〉　入江領
〈音声〉　鈴木彰浩
〈映像技術〉　小林八万
〈音響効果〉　細見浩三

〈編集〉　須山秀司
〈リサーチャー〉　高柳陶子
〈取材〉　森下光泰
〈ディレクター〉　松丸慶太
〈制作統括〉　増田秀樹

ETV特集
シリーズ　原発事故への道程
後編　そして〝安全神話〟は生まれた
２０１１年9月25日放送
〈資料提供〉　立教大学共生社会研究センター　埼玉大学共生社会教育研究センター
内閣府原子力委員会　原子力公開資料センター　伊方町　原子力資料情報室
共同通信社　毎日新聞社　朝日新聞社　読売新聞社　愛媛新聞社
社団法人日本原子力産業協会　日本地質学会　ＮＲＣ　NBC News Archives Sales
クルチャトフ原子力研究所　東京大学工学・情報理工学図書館
財団法人放送番組センター　独立行政法人理化学研究所　熊野勝之

〈取材協力〉田中俊一　斉間淳子
〈語り〉広瀬修子
〈撮影〉井上衛
〈照明〉木村文義
〈音声〉鈴木彰浩　会田雄次
〈映像技術〉杉澤賢太郎
〈音響効果〉細見浩三
〈リサーチャー〉和田京子
〈取材〉伊藤夏子
〈編集〉田村愛
〈ディレクター〉森下光泰　松丸慶太
〈制作統括〉増田秀樹

ETV特集
〝不滅〟のプロジェクト
〜核燃料サイクルの道程〜

２０１２年6月17日放送
〈取材協力〉日本原子力研究開発機構　高エネルギー加速器研究機構
〈資料提供〉原子力委員会　国立国会図書館　原子力資料情報室
　アメリカ国立公文書館　ロスアラモス国立研究所　共同通信社　毎日新聞社
　読売新聞社
〈語り〉広瀬修子
〈撮影〉中尾潤一
〈音声〉内村和嗣　類家翔
〈映像技術〉島田隆之
〈ＣＧ制作〉高崎太介
〈音響効果〉細見浩三
〈編集〉須山秀司
〈リサーチャー〉野口修司
〈ディレクター〉松丸慶太
〈制作統括〉増田秀樹

解説

開沼博

日本に暮らす人々は、日本における「原発の歴史」をほとんど知らなかった。原発とは何で、いかに導入されて、いかなる社会的な位置づけをなされてきて、いかなる課題と可能性を抱えながらいまに至っているのか。

それは「不勉強のせい」だけではない。そもそも、福島第一原発事故以前、「原発の歴史」を一般向けかつ体系的、あるいは通史的に整理した人文社会科学系の研究・書物がほとんどなかったからだ。吉岡斉《ひとし》『原子力の社会史』や武田徹《とおる》『「核」論』、あるいは反原発運動の記録など一部の予言的な学術研究を除き「原発の歴史」は明文化されることがほとんどなかった。あるのは、特筆すべきできごとに立ち会った関係者の残した文書や、頭の中に眠っている断片的な記録・記憶に過ぎなかった。

その記録・記憶を掘り起こし、歴史に変換する作業が、3・11後、一定程度進んだのは間違いないことだ。安全神話の陰で指摘されていた危険性や、不公正な政治の実態。それらは私たちが3・11によって感じた大きな不安・不満の原因を言い当ててくれるものでもあった。

その中で本書が重要な成果であるのは、いまとなっては集めようのない人々の言葉を蘇《よみがえ》らせているからだ。本書は、偶然にも記録されていた、原発が導入された時期にその中心となって関わった人々の記憶にあらわれる重要な断片を、鮮やかに歴史へと転換している。音声データとして保存されていた「文書には残らない、残せない話」には、これまで描かれてきた「原発の歴史」が触れられなかったエピソード、あるいは触れてきたもののその詳細を明らかにできなかった事実が様々な形で存在した。

100時間を超える「島村原子力政策研究会」を録音したテープ。1985年から始まったこの研究会には原発導入に携わった官僚・電力関係者・研究者らが集まった。「原発の歴史」にとって1985年という年は、転換点だったと言えるだろう。

1955年の原子力基本法制定以来、原子力技術は宇宙開発とならんで日本が政府をあげて開発すべき科学技術と位置づけられた。それは冷戦下の米ソの科学技術開発競争の最重要課題でもあった。その先に核兵器やミサイル・情報技術などが存在したが故《ゆえ》だ。それは、「鉄腕アトム」にあらわれるような大衆的な夢とも結びついていた。

しかし、1970年代になると、産業・科学技術の発展をただ無批判に褒めそやす時代の空気はなくなっていく。公害やオイルショック、ベトナム戦争が背景にあった。

１９７９年のスリーマイル島原発事故を受け、国内の原発立地予定地域での原発反対運動は以前より盛んになり、そこに起きた１９８６年のチェルノブイリ原発事故が世界的な反原発ムーブメントにつながる。それはグローバルに見ればソ連の崩壊と冷戦の終焉《しゅうえん》へとつながる時代であるし、国内的に見ればサブカルチャーが様々な形で「陰謀論」「終末論」を発信しオウム真理教事件にもつながっていく時代でもあった。

一方、原発不信の中でも70年代に急速に進んだ原発立地計画・建設工事の成果として新設の原発が全国各地で動き始めて、重要な電力源となりつつ、青森県六ヶ所村の核燃料サイクル関連施設が形になりはじめ、日本がグローバルな原子力技術開発競争において、先頭集団の中で頭角を現しはじめた時期でもあった。そこには、それまでにはなかった反省と誇りとがあっただろう。

そんな時代を背景として、本書に登場する証言者たちは率直に歴史的証言を述べていった。それはいまとなってはどこにも残っていない貴重な記憶の数々であり、ともすれば、彼らが「墓場までもっていく」ことも十分にあり得た記憶でもあった。その、本来表に出ないままに永遠に葬《ほうむ》られることになったかもしれないリアリティのある話を当事者が語ったのは、彼らの多くが引退して利害関係から離れていたが故であり、また若い頃から多かれ少なかれ知った顔同士であるが故だったのだろう。

冷戦下における米国との関係、商業炉導入の経緯、正力松太郎の強引なことの進め方、原発への様々な批判の受け止め方。「平和を望むからこそ進められた原発導入」、「それに最後まで尻込《しりご》みしたのは他ならぬ電力会社だった」、といった「当時の文脈」。

もちろん、これまでだって史料の渉猟の中でこの歴史の大きな枠組をとらえることは可能だったが、その具体的な根拠や背景が口述情報の中から分かりやすく立ち上がってくる点に本書の新規性がある。

この歴史の掘り起こし作業から見えてくることは、2点ある。

一つは、1945年8月、戦争を終わらせ、戦後社会が始まる「点」に存在した原子力・核が、戦後社会を規定し続けてきたことだ。

日本では「原子力」と「核」として言葉が使い分けられることが多かったが、グローバルには両者とも「nuclear」と同一概念で捉《とら》えられる場合が多い。その平和的利用が「原子力」で軍事的利用が「核」であった。日本において、建前上、この両概念は区別されながら今日に至るが、大衆意識は両者を混同しつつ恐れ、忌避しながらきた。

核の傘のもとで経済成長を遂げ、国民がもつ広く強い反核意識の上で絶妙なバランスをとりながら外交を進める。資源小国の弱点を原子力エネルギーでまかない、貧しい地域の開発を原発や関連施設立地を通して行う。3・11が揺るがしたのは、そうやって無意識的に生きてきた私たちの戦後社会を根底から支えるいくつもの基盤だった。グローバル、ナショナル、ローカル、3つのレベルにおいて原子力・核は日本社会をいまのあり方にする上で重要な役割を果たしたのは間違いない。

本書はその根底に存在していた政官財学の調整の過程を明らかにした。本書に出てくるエピソードの結果が、現代社会にとっても「OS（オペレーションシステム）」のような役割を果たし、その「OS」は古くなりつつも様々な側面で生きながらえていることを感じるだろう。

もうひとつは、その重要なことの中心に空白がある「中空構造」だったということだ。

3・11後の原発に関する議論が象徴する通り、推進か反対か極論は聞こえるがそれ自体が噛《か》みあうことはなく、その間にあるであろう前に進むための議論が見えてこない。それは、本来語られるべき議論の中心点、例えば立地地域の状況や、新興国・途上国における急速な原子力利用拡大の現実、廃棄物処理の落とし所などがいつまでたっても語られずに放置されていることと表裏をなしている。3・11以後、その問題の最も中心にあるはずの福島第一原発廃炉の現状について、あれだけ情報が飛び交っているかのように見えるのに、実は、私たちはほとんどそれを語る言葉も知識も、5年経《た》った今になっても持っていないことと同様だ。原発を取り巻く議論は常に中心を欠いた、ドーナツのような「中空構造」をなしている。

重要なのは、そのドーナツ構造の穴を埋める作業だ。現実的にどのようなことが起こっていたのか、いるのか、今後どうなるのかということを直視しながら議論することが、失敗を避け、状況を改善することにつながる。本書はそのドーナツの穴を埋める貴重な作業の一つだった。

3・11から5年たち、原発をめぐる社会構造は様々な面でかつての状態を取り戻しつつある。高経年化した原発が稼動《かどう》し、推進・反対の二項対立的な議論は膠着《こうちゃく》状態となり、漠然とした不安感と無関心が広がる。盛んな原発インフラ輸出の国際競争と北朝鮮の核実験など核をめぐる国際秩序の変化。もちろん、電力の自由化、再生可能エネルギーの普及、福島第一原発廃炉作業の進展など大きな変化もあるが、その根底にある原発の存在感はむしろ増しているように見える。

いま、重要なのは、大きな革新を夢想することではなく、歴史をふまえて広い視野を確保しながら、二度と原発、あるいは他のあらゆるエネルギーにまつわる「危機への道」を進まないための方策を具体的に考え、地道に実行していくことだ。それは、端的に言えば、かつてのように何かに依存したり、絶対安全神話を盲信したり、公正さを欠いた議論をし続けたりしない道を模索し続けるということに尽きる。

本書の明かした歴史の上に、新たな「原発の歴史」が築かれていくためには何が必要なのか、私たちは考え続けなければならない。

（平成二十八年一月、社会学者）

この作品は平成二十五年十一月新潮社より刊行された『原発メルトダウンへの道――原子力政策研究会100時間の証言』を改題したものである。

原《げん》子《し》力《りょく》政《せい》策《さく》研《けん》究《きゅう》会《かい》100時《じ》間《かん》の極《ごく》秘《ひ》音《おん》源《げん》

—メルトダウンへの道—

新潮文庫　え－17－1

平成二十八年三月一日発行

著者　NHK ETV特集《とくしゅう》取材班《しゅざいはん》

発行者　佐藤隆信

発行所　株式会社新潮社

郵便番号　一六二―八七一一
東京都新宿区矢来町七一
電話　編集部(〇三)三二六六―五四四〇
　　　読者係(〇三)三二六六―五一一一
http://www.shinchosha.co.jp

価格はカバーに表示してあります。

乱丁・落丁本は、ご面倒ですが小社読者係宛ご送付ください。送料小社負担にてお取替えいたします。

印刷・錦明印刷株式会社　製本・錦明印刷株式会社

© NHK 2013　Printed in Japan

ISBN978-4-10-129552-7　C0195